Die Innovationsmaschine

Vorwort

Motivator für dieses Buch ist meine schon lange währende Faszination für das Thema Innovationsmanagement. Inhaltlich hat das Buch zwei Quellen. Zunächst meine langjährige praktische Erfahrung als Manager bei Procter & Gamble, SC Johnson und Campbell's. Außerdem meine Tätigkeit als Dozent an der Universität Hamburg im Arbeitsbereich Marketing und Innovation.

Die Hauptzielgruppe dieses Buches sind Manager aus der Unternehmenspraxis. Sie sollten zumindest einen doppelten Mehrwert aus diesem Buch ziehen. Einerseits Anregungen und Erkenntnisgewinne aus dem Innovationsmanagement der weltbesten Unternehmen von Apple, Google über Toyota, Procter & Gamble und 3M bis Sony und von vielen anderen Firmen. Und andererseits ein theoretisches Gerüst für die angesprochenen Themen, das ich mitliefere.

Daneben werden sich auch Studenten und andere Leser aus dem akademischen Bereich für dieses Buch interessieren, weil es mit Hilfe von vielen ausführlichen Fallstudien einen sehr praktischen Bezug zu den theoretischen Themen des Innovationsmanagements schafft. Das heißt aber auch, dass dieses Buch theoretische Standardwerke zum Innovationsmanagement, egal ob aus dem deutschen oder aus dem angelsächsischen Raum nicht ersetzen will und kann.

Für die Durchsicht des Manuskriptes dieses Buches und ihre hilfreichen Kommentare möchte ich mich bei Herrn Professor Thorsten Teichert und Herrn Herbert Busen bedanken.

Für ihre Geduld und Rücksichtnahme danke ich ganz herzlich meiner Frau. Sie hat immer großes Verständnis für die zeitlichen Anforderungen dieses Buches gezeigt und vor allem auch die Unordnung ertragen, die die Erstellung eines Buches irgendwie mit sich zu bringen scheint. Ihr ist dieses Buch gewidmet.

Hamburg, im Juli 2007 *Rolf-Christian Wentz*

Inhaltsverzeichnis

1 Innovation treibt die Wirtschaft

1.1 Überraschungsangriff von Brise One Touch

Es ist Anfang 1999. SC Johnson Wax in Haan, die deutsche Tochtergesellschaft des Familienunternehmens SC Johnson mit Konzernzentrale in Racine, Wisconsin, USA, hat in den letzten zwei Jahren den deutschen Lufterfrischermarkt umgekrempelt. Mit der äußerst erfolgreichen Einführung von Brise Duftkerzen hat SCJ Deutschland ein ganz neues Marktsegment eröffnet. Der Lohn dieser erfolgreichen Innovation ist die Rückgewinnung der Marktführerschaft im Lufterfrischermarkt von unserem Hauptwettbewerber, Airwick von Reckitt Benckiser (damals noch Reckitt & Colman).

Mir und meinem SC Johnson Wax Team ist klar: Reckitt wird es damit nicht bewenden lassen. Sie werden die Marktführerschaft mit eigenen Innovationen zurückgewinnen wollen; denn Marktführerschaft ist ein wichtiges Verkaufsargument, vor allem auch gegenüber dem Handel.

Der deutsche Lufterfrischermarkt setzt sich 1999 aus drei Hauptsegmenten zusammen: Instant-Lufterfrischer, typischerweise in Sprayform, zur sofortigen Lösung auftretender Geruchsprobleme; Dauer-Lufterfrischer, typischerweise in Gelform, zur Bekämpfung langanhaltender Geruchsprobleme; und schließlich ganz neu: das Duftkerzensegment.

Trotz der Erringung der Marktführerschaft insgesamt hat Brise seit langem eine große Schwachstelle in seinem Produktportfolio: die Instant-Lufterfrischer. In diesem Marktsegment der Aerosol Sprays ist Airwick der dominante Marktführer. Airwick hält einen Marktanteil von ca. 60%. Der deutsche Handel betrachtet die Brise Sprays dagegen als „me-too" Produkte. Deshalb und wegen des knappen Regalplatzes im deutschen Handel führen nur etwa 20% der Einzelhändler die Brise Produkte. Das Resultat: ein völlig unbefriedigender Marktanteil der Brise Sprays von 10%.

Uns ist klar: Brise braucht eine radikale Innovation im Spray-Segment. Nur damit hat Brise eine Chance, den deutschen Handel und deutschen Verbraucher zu überzeugen und Marktanteile hinzuzugewinnen.

Schon seit einiger Zeit suchen wir in der deutschen SCJ Organisation nach solchen radikalen Ideen für den Aerosolmarkt. Wir erforschen alle möglichen Ideenquellen. Basierend auf Informationen von der SCJ Schwestergesellschaft in Taiwan kristallisiert sich ein dort vertriebener Minispray als eine interessante Produktidee heraus. Dieser Minispray ist von SCJ Taiwan mit großem Erfolg vor vielen Jahren im dortigen Markt eingeführt worden. Irgendwie ist aber dann diese Produktidee in der SCJ Welt nicht mehr weiterverfolgt worden.

Zu bedenken haben wir jedoch, dass Jahre zurück, in 1992, SC Johnson Wax Deutschland bereits einen Minispray zum Aufstellen eingeführt hat. Dieser Minispray mit dem Namen Brise Air de Parfum ist aber in Deutschland gefloppt und hat uns viel Geld gekostet. Die Beziehungen zu den Handelspartnern hat er damals sehr belastet.

Der Minispray aus Taiwan ist anders. Er ist zum Ankleben an die Wand, und er ist kleiner. Die Idee erscheint uns definitiv wert, genauer untersucht zu werden.

Der erste Feedback der deutschen Verbraucher in Fokusgruppen ist viel versprechend. Daraufhin beschließen wir Anfang 1999 in der Geschäftsleitung von SCJ Deutschland, dass wir ein vollständiges Innovationsteam mit Vertretern aller relevanten Abteilungen aufstellen, um diese Produktidee mit Dringlichkeit weiterzuverfolgen. Das neue Produkt erhält den Namen Brise One Touch. Das asiatische Produkt wird in Rekordzeit für den deutschen Markt adaptiert. Dazu gehört zum Beispiel, dass wir die Stärke der Düfte reduzieren; denn die Mehrzahl der deutschen Verbraucher mag keine intensiven Düfte. Quantitative Konzept- und Produkttests mit deutschen Verbrauchern signalisieren: Brise One Touch wird ein Erfolg. Der Plan für die Markteinführung wird entwickelt. Wir beschließen, Brise One Touch in Deutschland noch Ende 1999 in den Markt einzuführen.

Brise One Touch wird dem deutschen Handel sofort vorgestellt. Die Reaktion ist äußerst positiv. Dies sei eine echte Innovation, wird uns gesagt. Die erste Produktauslieferung erfolgt im Februar 2000. Innerhalb von drei Monaten haben wir eine gewichtete Distribution von 50% im deutschen Handel. Brancheninsider wissen: dies ist ein guter Wert in Deutschland.

Es dauert nur etwas mehr als ein Jahr, bis dass Brise die Verhältnisse im deutschen Instant-Lufterfrischersegment komplett gedreht hat. Von Brise One Touch werden jährlich mehr als 10 Millionen Stück verkauft. Das Aerosol-Segment erhält einen starken Wachstumsschub durch die Einführung von Brise Touch. Brises Marktanteil im Instant-Lufterfrischermarkt schnellt von vorher 10% auf mehr als 50% hoch. Airwicks Anteil fällt von 60% auf etwa 25%. Brise ist jetzt auch Marktführer im Instant-Lufterfrischersegment.

1.2 Neues Geschäftsmodell: Southwest Airlines

1960 gründen vier texanische Unternehmer, Rollin King, Herb Kelleher, Alfred Negley and John Peace eine neue Fluglinie. Sie nennen die Fluglinie Southwest Airlines (Freiberg u. Freiberg 1996; Gittell 2003). Sie soll im „goldenen Dreieck von Texas“, d. h. zwischen den drei texanischen Städten Houston, Dallas und San Antonio verkehren. Die meisten Leute müssen 1960 ein Auto oder einen Bus nehmen, wenn sie von einer dieser Städte zu einer anderen reisen wollen. Das ist beschwerlich. Es gibt kaum Flüge. Oder diese sind teuer.

Die Gründer fällen eine kritische Entscheidung: sie entschließen sich, nicht die großen Flughäfen zu benutzen. Anstelle von Houston International und Dallas-Fort Worth werden die kleineren Flughäfen Houston Hobby und Dallas Love Field angeflogen. Das spart Kosten. Die beiden kleinen Flughäfen sind natürlich hoch erfreut über das Zusatzgeschäft, das sie bekommen. Trotz der Gewinnung von Southwest Airlines herrscht aber noch immer wesentlich weniger Verkehr auf diesen kleinen Flughäfen. Die Flugzeuge von Southwest können deshalb schneller be- und entladen werden. Das spart teure Flughafengebühren, und dadurch können die Flugzeuge länger in der Luft produktiv arbeiten. Die niedrigeren Kosten versetzen Southwest in die Lage, seinen Kunden einen sehr günstigen Ticketpreis anzubieten.

Nach dem erfolgreichen Start im „goldenen Dreieck“ weitet Southwest sein Flugnetz auf andere Städte mit kleinen zweitklassigen Flughäfen aus. Immer geht es um den schnellen direkten Punkt-zu-Punkt-Transport von Stadt zu Stadt, also ohne Umsteigen. Southwests Angebot an die Passagiere ist eingeschränkt. Sitzplätze können nicht reserviert werden. Es gibt keine Lounge. Für Mahlzeiten an Bord, falls sie gewünscht werden, muss extra gezahlt werden. Das Flugpersonal von Southwest ist aber hoch motiviert und äußerst freundlich, und die Ticketpreise wesentlich günstiger als die der Konkurrenz.

Southwest Airlines verfeinert sein Geschäftsmodell über die Jahre. Alle neu angeschafften Flugzeuge sind grundsätzlich vom selben Typ, nämlich Boeing 737. Das reduziert Anschaffungs-, Wartungs- und Trainingskosten. Southwest verringert den Zeitzyklus fürs Be- und Entladen der Flugzeuge immer weiter. Das Ziel ist zehn Minuten. Die Folge: Southwest hat mit Abstand die höchste Mitarbeiter- und Flugzeugproduktivität unter den amerikanischen Fluggesellschaften.

30 Jahre später, also 1990 ist Southwest die profitabelste Fluglinie der USA, obwohl Southwest den höchsten Anteil an Gewerkschaftsmitgliedern

hat. Seit Mai 2003 ist Southwest die größte amerikanische Fluggesellschaft basierend auf der Anzahl an Passagieren, die auf inneramerikanischen Routen transportiert werden. Im August 2006 führt Southwest sogar zum ersten Mal die Rangliste amerikanischer Fluggesellschaften an basierend auf der kombinierten Anzahl transportierter Passagiere auf inneramerikanischen und auf internationalen Routen, obwohl Southwest bislang nur Routen innerhalb der USA betreibt (US DOT 2006). Die Bewertung von Southwest am Aktienmarkt ist höher als die von American Airlines, Delta und United Airlines zusammen.[1]

Bis heute operiert Southwest Airlines nur in Nordamerika. In Europa hat als Erster Ryanair die Grundzüge des Southwest Geschäftsmodells kopiert.

1.3 Kreative Zerstörung: Das Kommen und Gehen von Unternehmen

Der Fall von Brise One Touch und der von Southwest Airlines demonstrieren: bestehende Unternehmen können durch Innovationen urplötzlich erheblich unter Druck geraten. Im schlimmsten Fall kann das den Untergang des nichtinnovativen Unternehmens bedeuten. Kurzfristig können Umsatz- und Gewinnsteigerungen durch globale Expansion, Akquisition und Kostensenkungen Unternehmen scheinbar eine Erholungspause geben. Doch richtiger ist der Vergleich dieser Erholungspause mit einer Einschläferung der Organisation, die über die Realitäten hinwegtäuscht: Innovationen sind überlebenswichtig für *jedes* Unternehmen.

Schumpeter hat als Erster den innovativen Unternehmer als denjenigen charakterisiert, der durch seine Neuerungen und sein Streben nach einem Monopol den Gleichgewichtszustand der Wirtschaft zerstört (Schumpeter 1939). Die „Stürme der kreativen Zerstörung", die Innovationen auslösen können, werden am besten durch folgendes Beispiel aus den USA veranschaulicht (Foster u. Kaplan 2001). Dabei wurden die 100 größten amerikanischen Unternehmen des Jahres 1917 über siebzig Jahre verfolgt, also bis zum Jahr 1987. Das erstaunliche Resultat:

- Von den ursprünglich 100 größten Unternehmen existierten 61 nicht mehr im Jahr 1987.
- Von den überlebenden 39 Firmen gehörten 21 nicht mehr zu den 100 größten Firmen im Jahr 1987. Also: von den Top 100 Firmen des Jahres 1917 gehörten insgesamt 82 nicht mehr zu den größten 100 des Jahres 1987.

---

[1] http://biz.yahoo.com/p/770conameu.html abgerufen am 30.11.2006.

- Von den ursprünglich 100 größten Unternehmen erfüllten ganze zwei folgende Doppel-Bedingung: sie gehörten auch in 1987 zu den Top 100 *und* sie haben über die siebzig Jahre des Beobachtungszeitraumes eine Rendite erzielt, die über der durchschnittlichen Rendite des US-amerikanischen Aktienmarktes lag. Diese zwei Unternehmen sind General Electric und Kodak. In der Zwischenzeit wissen wir, dass Kodak durch den technologischen Umbruch von chemischer Phototechnologie auf digitale Technik schwer gefährdet ist (siehe auch Kodak Easy Share in Kap. 5). Und auch General Electrics Wachstum hat sich in den letzten Jahren verlangsamt.

Neben dem Aspekt der Bedrohung bestehender Unternehmen durch Innovationen der Konkurrenz besteht natürlich aus der Sicht der neuen Unternehmen die große Chance zum Aufbau einer starken Markstellung und vielleicht sogar zur Schaffung völlig neuer Märkte. Es handelt sich eben um ein Kommen und Gehen von Unternehmen. Die Teilhabe an der Schaffung dieser völlig neuen Märkte ist für Unternehmen und Volkswirtschaften eine große Herausforderung, so auch für die deutsche (Bullinger u. Engel (2006). Es sind die Innovationen, die die Wirtschaft treiben.

1.4 Der Zwang zur schnellen Innovation nimmt zu

Innovation ist also überlebenswichtig. Um im heutigen Wirtschaftsumfeld zu überleben, ist Stagnation nicht ausreichend, sondern Wachstum vonnöten. Und es ist dieses Wachstum, was wir von Innovationen erwarten. Was bedeutet aber Wachstum?

Ich unterscheide hier ganz einfach zwischen Wachstum am Absatz- und Beschaffungsmarkt und am Kapitalmarkt.

Wachstum am *Absatz- und Beschaffungsmarkt* bedeutet:

- Zunächst Wachstum im Umsatz als auch im Ergebnis, aber auch
- Marktanteilszuwachs
- Vertrauenszuwachs beim Handel
- Imagezuwachs in der Öffentlichkeit und bei den eigenen Mitarbeitern
- Imagezuwachs bei neuen Mitarbeitern und bei den Lieferanten. So findet es Google im Augenblick leichter als Microsoft, die besten Absolventen von den Universitäten zu rekrutieren, weil Google als innovativer und „cooler" als Microsoft gilt.

In der deutschen Konsumgüterindustrie und im deutschen Einzelhandel zum Beispiel wird die Innovationsfähigkeit der Konsumgüterhersteller sehr hoch gewichtet. Der Innovationsgrad des neuen Produktes hat entscheidende Bedeutung für die Distribution und die Einräumung von Regalplatz im Handel, der generell ja sehr knapp ist (Der Handel spricht davon, dass er keine „Gummiregale“ habe.). Höherer Innovationsgrad bedeutet also mehr Distribution und damit mehr Wachstum.

Ranglisten der innovativsten Produkte sind in der deutschen Konsumgüterindustrie und im deutschen Einzelhandel sehr beliebt, wie z. B. diese aus dem Jahre 2004 (LP 2004):

Die erfolgreichsten neuen Produkte im Handel
(Index: erfolgreichste Neueinführung = 100)

1.	Hanuta minis/ Ferrero	100
2.	Persil mit Kurzwasch-Formel/ Henkel	98
3.	Dr. Oetker Kuchenmischungen ohne Backen/Dr.Oetker	91
4.	Rügenwalder Mühlenquartett/ Rügenwalder	89
5.	Coca-Cola Vanilla Coke/ Coca-Cola	88
6.	Schwartau Extra des Jahres Himbeere Pfirsich/ Schwartauer Werke	87
7.	Maggi Suppenbar/ Maggi	71
8.	Mövenpick „Unser Eis des Jahres“ Crème Ricotta Pfirsich/Nestlé Schöller	69
9.	funny-frisch Ofenchips/ Intersnack	64
10.	Gillette Mach3 Turbo Champion/ Gillette	62

Abb. 1.1. HIT 2004: Die erfolgreichsten Konsumgüterinnovationen (LP 2004)

Wachstum am Kapitalmarkt bedeutet:

- Vor allem steigender Unternehmens- und Börsenwert und damit
- eine stärkere Übernahmewährung zur Akquisition anderer Unternehmen bzw.
- eine stärkere Währung zur Verteidigung gegen eine unerwünschte Übernahme.

Der positive Einfluss des Innovationsgrades eines Unternehmens auf seine Bewertung am Aktienmarkt ist gut untersucht:

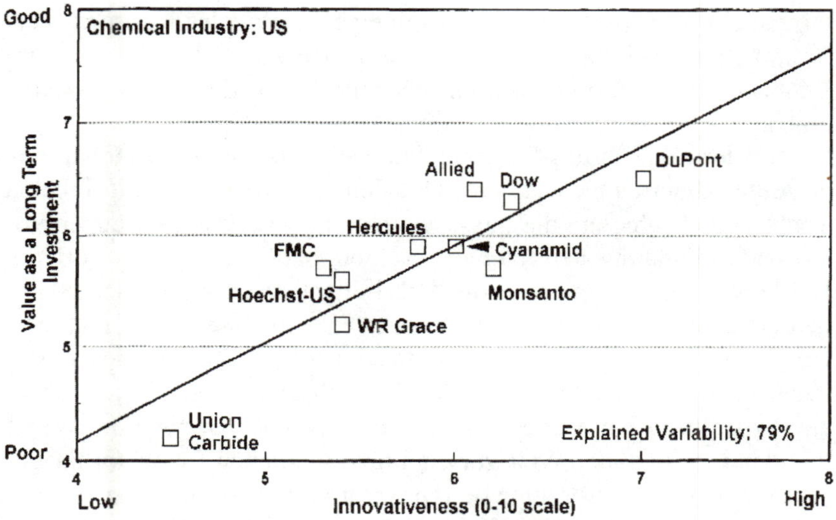

Abb. 1.2. Einfluss des Innovationsgrades auf die Unternehmensbewertung (Cooper 1998)

Die Graphik demonstriert: je innovativer ein Unternehmen ist, desto höher ist seine Bewertung. Dabei gehen in die Erwartungen des Aktienmarktes sowohl der in der Vergangenheit bewiesene Innovationsgrad des Unternehmens als auch kommunizierte zukünftige Innovationen ein.

Tatsache ist, dass der Zwang zur beschleunigten Innovation und zur schnellen Umsetzung im Markt noch weiter zunimmt. Dafür gibt es viele Gründe:

- Globalisierung, d. h.
  - verschärfte Konkurrenz durch ganz neue Wettbewerber, die auf die Weltmärkte drängen. Die Bedrohung der westlichen Automobilhersteller durch japanische und koreanische Hersteller ist schon legendär. In Kürze drängen aber auch chinesische Hersteller wie Chery

oder Brilliance oder der indische Autobauer Mahindra & Mahindra auf den internationalen Markt. In der IT Branche ist die Bedrohung durch indische Software-Anbieter wie Wipro oder Infosys inzwischen Allgemeinwissen. Bei IT Hardware spielt der chinesische PC-Anbieter Lenovo bereits auf dem Weltmarkt mit, bei „weißer (Haushalts-)Ware" Haier aus China. Und in der Telekommunikationsausrüstung taucht als ernsthafter Konkurrent Huawei Technologies aus China auf.

  - wesentlich größere Transparenz über Innovationen auf dem gesamten Globus. Heute ist praktisch kein Markt und kein Land mehr unbeobachtet, vor allem auch nicht durch die Konkurrenz. Falls ein Unternehmen selbst noch nicht über ein eigenes globales Netzwerk verfügt, bieten sich internationale Servicefirmen wie z. B. NPD Inc. zum Beobachten und Berichterstatten über die Innovationen der Konkurrenz an.
  - Gefahr der „Entführung" eigener Innovationsideen durch global aufgestellte Unternehmen. Diese globalen Unternehmen mit lokalen Tochtergesellschaften, die quasi wie Horchposten das Geschehen vor Ort laufend und aus der Nähe beobachten, haben hier große Vorteile. Die heutige Kommunikationstechnik mit Internet usw. erleichtert ihnen die schnelle Kommunikation neuer Erkenntnisse im internationalen Unternehmen. Erfolgreiche Innovationsideen, die von diesen globalen Firmen in einem lokalen Markt beobachtet werden, können so aufgegriffen, in ein eigenes Produkt oder eigenen Service umgesetzt und dann im Rest der Welt vor dem ursprünglichen Innovator ausgerollt werden. Der ursprüngliche Innovator verliert somit seine Innovationsidee für den Rest der Welt (engl. pre-emption). Kleine Wettbewerber mit nur lokaler Marktübersicht und fehlendem globalen Netzwerk zum schnellen weltweiten Ausrollen von Innovationen haben hier einen entscheidenden Wettbewerbsnachteil. Das werde ich im sechsten Kapitel am Bespiel von Procter & Gambles Innovation Swiffer verdeutlichen.

- Beschleunigter technischer Fortschritt: Die Geschwindigkeit, mit der sich neue Technologien durchsetzen, ist wesentlich höher als früher. Das Internet hat nur 5 Jahre gebraucht, um 50 Millionen Nutzer zu gewinnen. Die Diffusionsgeschwindigkeit früherer Technologien war wesentlich langsamer: Radio brauchte 38 Jahre, um 50 Millionen Kunden zu überzeugen, TV 13 Jahre, Kabel 10 Jahre:

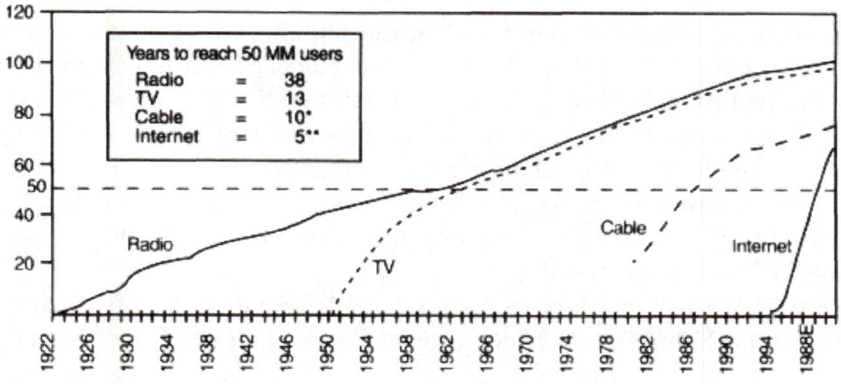

Abb. 1.3. Durchsetzungsgeschwindigkeit neuer Technologien (SCN 2000)

Rasant ist zum Beispiel auch die Geschwindigkeit, mit der Verbraucher analoge Kameras durch Digitalkameras ersetzen:

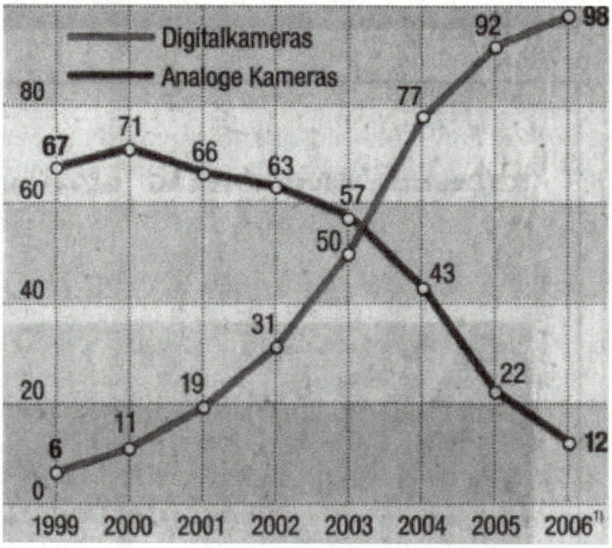

Abb. 1.4. Weltweite Anzahl verkaufter Kameras (Winkelhage 2006)

Schon 2003 wurden weltweit genauso viele Digitalkameras wie analoge Kameras verkauft. In 2006 wird der Anteil der Digitalkameras am Gesamtmarkt auf ca. 90% gestiegen sein, während analoge Kameras nur noch 10% ausmachen werden. Vor welche Herausforderungen dieser rasante Umbruch Firmen wie z. B. Kodak stellt, werden wir im fünften Kapitel sehen.

- Beschleunigte Imitation durch andere Einstellung zum geistigen Eigentum (engl. Intellectual Property = IP). Mangelnder Schutz des eigenen IP und schnelles und unbeschränktes Kopieren durch lokale Wettbewerber ist ein brisantes Thema. Ein viel zitiertes Beispiel ist China. Aufgrund der anderen Kultur ist in China die Einstellung zum Kopieren eine andere als in der westlichen Welt und die Fähigkeit zum schnellen Kopieren stark ausgeprägt. Innovatoren unterliegen deshalb dem Zwang, immer einen Schritt voraus zu sein.
- Erhöhter Verlust von IP durch z. B. steigende Mobilität der Mitarbeiter. Das ist die Kehrseite der abnehmenden Bereitschaft der Unternehmen, sich länger an ihre Mitarbeiter zu binden.
- Schnellere Bereitschaft der Verbraucher, Neues auszuprobieren. Der Verbraucher ist inzwischen konditioniert auf einen ständigen Strom von Innovationen. Er erwartet immer etwas Neues.
- Verstärkte und beschleunigte Imitation durch Eigenmarken des Handels. Das ist Ausdruck der wachsenden Macht des Handels und von dessen zunehmender Professionalisierung auch in Sachen Einführung neuer Produkte und Eigenmarken. Die Commoditisierung von Innovationen erfolgt viel rasanter als früher. Beispiele für Handelsimitationen gibt es zuhauf. Balea von dm als verwechslungsträchtige Konkurrenz von Nivea oder die inzwischen auch von Aldi, und zwar als Eigenmarke angebotenen Lufterfrischer-Minisprays als Konkurrenz von Brise One Touch sind hier nur zwei Beispiele.
- Erwartungsdruck des Kapitalmarktes. Der Aktienmarkt erwartet von innovativen Unternehmen, dass sie auch in Zukunft weiterhin innovativ sind. Die Innovationserwartungen, die vom Markt in die Aktienkurse eingepreist werden, können dabei teilweise unseriöse Ausmaße annehmen:

  Die in der nachfolgenden Abbildung aufgeführten Aktienkurse vom 21. August 2002 spiegeln zwei Komponenten wider (Christensen u. Raynor 2003): den Wert des bestehenden Geschäftes und die Wachstumserwartungen aus neuen Investitionen bzw. Geschäftsfeldern. Für Dell z. B. lassen sich 78% des Aktienkurses vom 21. August 2002 nur mit dem erwarteten Wachstum aus ganz neuen Investitionen bzw. Geschäftsfeldern erklären. Dass diese Wachstumserwartungen immens hoch und eben überhöht waren, hat sich kurz danach herausgestellt. Heute liegt der Dell Aktienkurs erheblich unter dem damaligen Kurs[2], und das Unternehmen ist in Schwierigkeiten. Der Unternehmensgründer Michael Dell hat inzwischen wieder selbst das Steuer übernommen und erweitert sein vor Jahren noch hoch gelobtes Geschäftsmodell des Direktvertriebs um einen Indirektvertrieb über Zwischenhändler wie Wal-Mart (Bittner 2007).

---

2 http://finance.yahoo.com/q/bc?s=DELL&t=my abgerufen am 18.6.2007.

		% der Unternehmensbewertung basierend auf:	
Unternehmen	Aktienkurs	Neuen Investitionen	Bestehendem Geschäft
Dell Computer	$ 28.05	78%	22%
Johnson & Johnson	$ 56.20	66%	34%
Procter & Gamble	$ 90.76	62%	38%
General Electric	$ 32.80	60%	40%
Lockheed Martin	$ 62.16	59%	41%
Wal-Mart Stores	$ 53.88	50%	50%
Intel	$ 19.15	49%	51%
Pfizer	$ 34.92	48%	52%
IBM	$ 81.93	46%	54%
Merck	$ 53.80	44%	56%
Cisco Systems	$ 15.00	42%	58%
Home Depot	$ 33.86	37%	63%
Boeing	$ 28.36	30%	70%
Verizon	$ 31.80	21%	79%
Kroger	$ 22.20	13%	87%
Sears Roebuck	$ 36.94	8%	92%
AOL Time Warner	$ 35.00	8%	92%
General Motors	$ 49.40	5%	95%
Philips Petroleum	$ 35.00	3%	97%

Abb. 1.5. % des Unternehmenswertes, der von den Markterwartungen hinsichtlich neuer Investitionen bzw. Geschäftsfelder bestimmt wird (Christensen u. Raynor 2003)

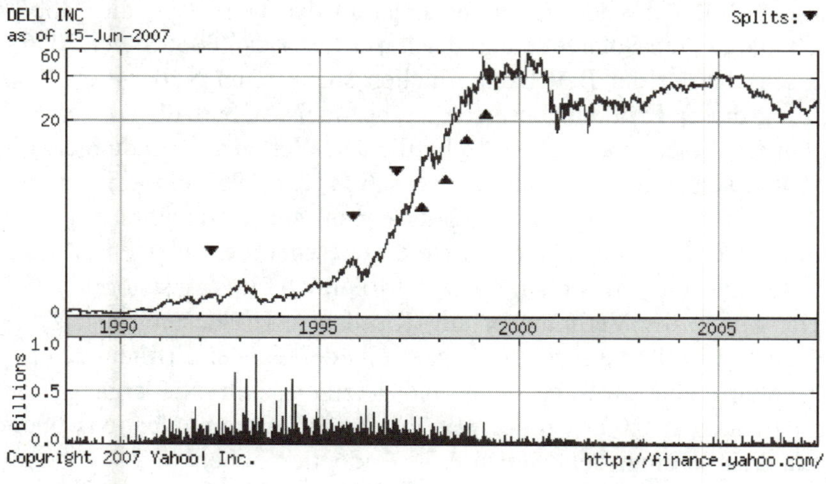

Abb. 1.6. Aktienkursentwicklung von Dell

Für die anderen in der Tabelle aufgeführten Unternehmen sind die Erwartungen des Aktienmarktes bezüglich der neuen Geschäftsfelder nicht wesentlich bescheidener.

1.5 Erfindung ist nicht gleich Innovation

Erfindung ist nicht gleich Innovation. Erfindung ist die erste kreative Phase. Sie bringt das neue Produkt oder den neuen Service noch nicht in den Markt. Das Besondere der Innovation? Innovation lanciert die Erfindung in den Markt und ermöglicht damit erst die Ausschöpfung des kommerziellen Potentials der Erfindung. Innovation ist also Erfindung plus kommerzielle Umsetzung im Markt. Innovationen müssen den Markt berühren! Daher ist es irreführend, Unternehmen als besonders innovativ zu bezeichnen, nur weil sie besonders viele Patente angemeldet haben. Leider wird dies viel zu oft noch verwechselt.

Ein Unternehmen wie Southwest Airlines ist als Innovationsführer anerkannt, auch wenn es kaum ein Patent angemeldet hat. Edison war in seiner ersten Arbeitsphase ein reiner Erfinder mit mehr als 400 Patenten, unter anderem für die elektrische Glühbirne. Erst in seiner zweiten Schaffensphase kümmerte er sich um die Umsetzung im Markt und wurde zum wahren Innovator (Hargadon 2003).

Die Bell Laboratories von AT&T waren wohl das größte privatwirtschaftliche Forschungslabor aller Zeiten. Zu den bahnbrechenden Erfindungen der Bell Labs gehören unter anderem der Transistor, die Mobilfunktechnologie, die Solarzelle und der Laser (Rhoads 2005; Silver 2006). Elf Wissenschaftler der Bell Labs erhielten sogar einen Nobel-Preis. Die Umsetzung dieser Erfindungen erfolgte aber meist außerhalb von AT&T durch Unternehmen, die den wirtschaftlichen Wert der Erfindungen erkannten und schneller reagierten. So vergab AT&T 1953 eine Lizenz auf seine Transistor-Erfindung an das kleine japanische Unternehmen Tokyo Tsushin Kogyo. Ein Jahr später änderte diese Firma ihren Namen in Sony und führte unter diesem Namen äußerst erfolgreich ein Transistorradio für die breite Masse der Verbraucher ein (Riordan u. Hoddeson 1997, siehe auch später). AT&Ts mangelhafte Umsetzung der eigenen Erfindungen hat neue Konkurrenten groß gezogen und letztlich zum Niedergang von AT&T beigetragen. 2005 wurde AT&T von SBC Communications übernommen, die allerdings den Namen AT&T adoptiert haben.

Innovation soll für die Zwecke dieses Buches auch nicht gleichbedeutend sein mit jeder Verbesserung im Unternehmen. Das hat nicht zuletzt auch mit einer Fokussierung zu tun, die eine Banalisierung des Begriffes der Innovation vermeiden soll. Der Begriff Innovation wird hier reserviert für Neuerungen, die den Markt berühren, die also nicht nur intern im

Unternehmen verbleiben. Neue kostensenkende Produktionsverfahren, neue Finanzierungsmethoden oder eine neue produktivitätssteigernde ERP-Software[3], die nach außen hin nicht im Produkt, Service oder Verkaufspreis sichtbar werden und die auch als Prozessinnovationen bezeichnet werden (Hauschildt 2004), werden hier also nicht als Innovationen behandelt. Das schmälert nicht den Wert solcher Neuerungen, dient aber einer klaren Begriffsabgrenzung.

Innovation ist aber auch nicht gleich Innovationsmanagement. Eine einzelne bahnbrechende Innovation zu lancieren ist schon schwer genug, vor allem auch für ein junges Unternehmen. Denken Sie nur an die Google Suchmaschine oder an Starbucks. Aber sie ist nur die Eintrittskarte zum Erfolg. Die wirkliche Herausforderung ist die Absicherung dieses Erfolges durch einen Strom von Folgeinnovationen, die die gewonnene Marktstellung nachhaltig absichern und ausbauen. Das ist die Herausforderung eines professionellen Innovationsmanagements. Es muss durch Vision und Strategie, Struktur, Prozesse, Kultur und die richtigen Mitarbeiter die Voraussetzungen für einen nachhaltigen Innovationserfolg schaffen.

1.6 Produktinnovation oder Geschäftsmodellinnovation?

Zwei Grundtypen von Innovationen und deren Management sind der Fokus dieses Buches:

- Innovationen innerhalb des bestehenden Geschäftsmodells: Brise One Touch ist ein Beispiel für diesen Innovationstyp. Es handelt sich hier um eine typische Produktinnovation.
- Innovation durch ein neues Geschäftsmodell: Southwest Airlines ist hierfür ein hervorragendes Beispiel.

Abhandlungen über Innovation und Innovationsmanagement befassen sich oft nur mit Produktinnovationen, also Innovationen im bestehenden Geschäftsmodell. Das ist definitiv zu kurz gegriffen. Damit würde eine Hauptquelle von Innovationen nicht vom Radarschirm des Unternehmens erfasst werden.

Um den Unterschied zwischen den beiden Grundtypen von Innovationen zu verstehen, will ich den Begriff der Geschäftsmodellinnovation kurz erklären, da er meist sehr locker benutzt wird.

---

[3] ERP = Enterprise Resource Planning Software wie z.B. SAP.

Ein Geschäftsmodell (engl. business model) ist eine verkürzte Beschreibung der Geschäftstätigkeit eines Unternehmens bzw. einer Unternehmenseinheit (Stähler 2001; Osterwalder 2004)[4] Die Beschreibung erfolgt auf einem hohen Aggregationsniveau und liefert einen schnellen „Big Picture" Überblick. Ein Geschäftsmodell besteht aus zwei Säulen, dem physischen Modell und dem Ertragsmodell, wobei sich die erste Säule in drei Komponenten wie folgt unterteilt:

- Physisches Modell
  - Produkt
  - Kundenschnittstelle
  - Infrastruktur des Unternehmens
- Ertragsmodell.

Graphisch stellt sich das wie folgt dar:

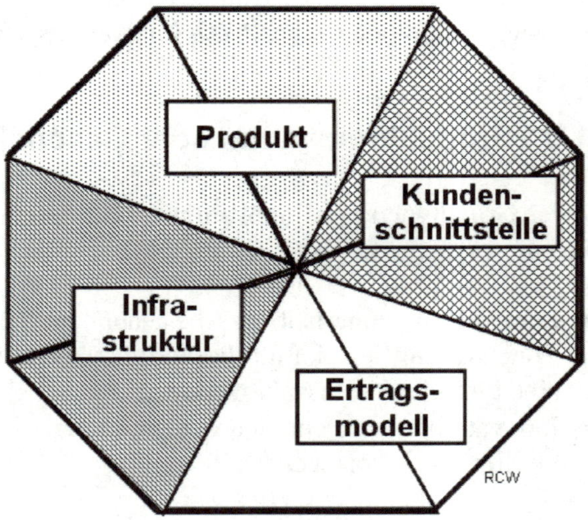

Abb. 1.7. Geschäftsmodell und seine Komponenten

Zur markanten Beschreibung der Geschäftstätigkeit einzelner Unternehmen oder Unternehmensteile können diese Komponenten dann in einzelne Attribute zerlegt werden. Wichtig ist dabei, dass die Beschreibung der Geschäftstätigkeit leicht überschaubar bleibt. Das Geschäftsmodell von Southwest Airlines kann dann zum Beispiel wie folgt beschrieben werden:

[4] Ein Vorgänger des Begriffs „Geschäftsmodell" ist der Begriff „Business Design" wie z.B. verwendet von Slywotzky (1996).

- Physisches Modell von Southwest
  - Produkt
    - Preis (niedrig)
    - Zeitersparnis (hoch)
    - Sitzreservierung (keine)
  - Kundenschnittstelle
    - Freundlicher Service (hoch)
  - Infrastruktur des Unternehmens
    - Anzahl Flugzeugtypen (niedrig – nur einer)
    - Gute Mitarbeiterbeziehungen (hoch)
- Ertragsmodell von Southwest
    - Mitarbeitervergütung (hoch)
    - Mitarbeiterproduktivität (hoch)

Und graphisch sieht das Southwest Geschäftsmodell wie folgt aus:

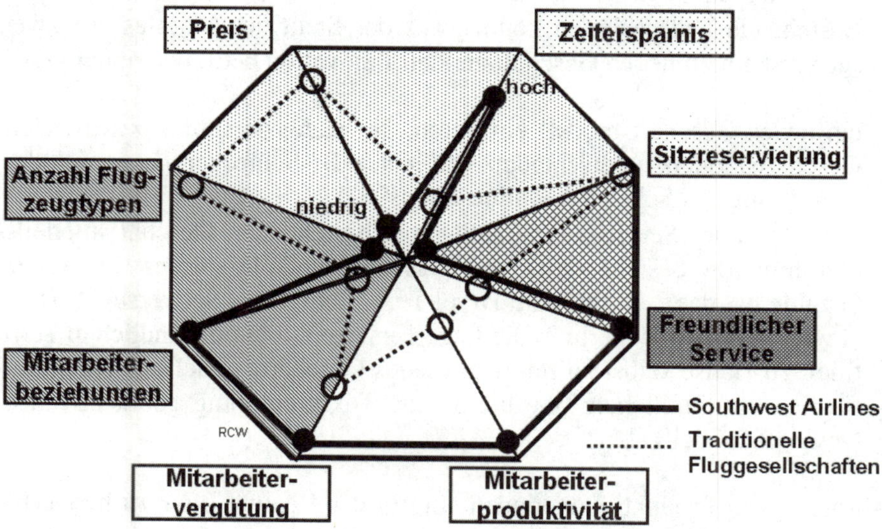

Abb. 1.8. Vereinfachtes Geschäftsmodell von Southwest Airlines im Vergleich zur Konkurrenz

Die dunkle Linie fasst das Geschäftsmodell von Southwest Airlines spinnennetzförmig zusammen. Das Geschäftsmodell von Southwest Airlines wird in der Abbildung kontrastiert mit dem der traditionellen Fluggesellschaften, das sich eher durch hohe Preise, niedrige Zeitersparnis, aber die Möglichkeit der Platzreservierung auszeichnet.

An der Darstellung des Geschäftsmodells kann man erkennen: das Produkt ist nur ein Ausschnitt. Entsprechend sind Produktinnovationen nur eine Untermenge von Geschäftsmodellinnovationen. Aus Gründen der

Einfachheit wollen wir aber im folgenden sprachlich zwischen Produktinnovationen und Geschäftsmodellinnovationen unterscheiden, als wenn sie auf derselben Ebene ständen. Danach sind Produktinnovationen solche, die im wesentlichen das für den Kunden sichtbare Produkt betreffen. Geschäftsmodellinnovationen dagegen kombinieren bestehende Produkte mit den Kundenschnittstellen und der Infrastruktur des Unternehmens in ganz neuer Weise. Das spiegelt sich dann auch in einem neuen Ertragsmodell wider.

Produktinnovationen sind nach dieser Definition nicht notwendiger Bestandteil von Geschäftsmodellinnovationen. Ganz zu schweigen von Patenten. So auch bei Southwest Airlines (Kim u. Mauborge 2005). Oder denken Sie an Aldi. Auch in dieser Geschäftsmodellinnovation spielten Produktinnovationen oder Patente keine wirkliche Rolle (Brandes 1998). Das heißt aber nicht, dass eine gleichzeitige Geschäftsmodellinnovation plus Produktinnovation wie z. B. beim Apple iPod nicht noch ein größeres Erfolgspotential hätte. Das werden wir im siebten Kapitel sehen.

Bestehende Unternehmen können aus der Sicht des Marktes auf zwei Wegen mit einem neuen Geschäftsmodell Innovation betreiben, indem sie

- ein neues Geschäftsmodell einführen, das sich von ihrem bestehenden Geschäftsmodell unterscheidet. Das hat z. B. Schlecker getan mit der Einführung des Schlecker Online-Shops.
- Produkte oder Services innerhalb ihres bestehenden Geschäftsmodells einführen, die bestehende externe Geschäftsmodelle ablösen. Procter & Gamble hat das z. B. mit dem Dryel Textilreinigungs-Set versucht. Dryel will die Verbraucherin in die Lage versetzen, ihre empfindlichen Textilien zu Hause selbst zu reinigen (neues Geschäftsmodell). Bislang hat sie ihre empfindlichen Textilien in die Textilreinigung gebracht (altes Geschäftsmodell).

Abfolgen von Produktinnovationen sind in der Realität öfter zu beobachten als häufige Umstellungen des Geschäftsmodells. Oft folgt auf die Einführung eines neuen Geschäftsmodells eine Vielzahl von Produktinnovationen innerhalb des Geschäftsmodells. Siehe zum Beispiel Microsoft. Microsofts Geschäftsmodell blieb lange unverändert oder wurde nur inkremental an das neue Geschäftsumfeld angepasst. Ein anderes gutes Beispiel ist Toyota, deren Autos zunächst sehr rudimentär waren. Toyotas Innovation war das „Lean“ Geschäftsmodell, das zunächst beim Lean-Manufacturing System ansetzte, dann ein Lean-Product-Development-System und ein Lean-Delivery-System hinzufügte (Womack et al. 1990; Womack u. Jones 2003; Womack u. Jones 2005). Die Autos, die Toyota mit diesem System hervorbrachte, zeichneten sich in dieser Phase durch ein sehr gutes

Preis-Leistungs-Verhältnis, exzellente Qualität und hohe Kundenzufriedenheit aus. Sie waren aber weder technologisch noch vom Design her beeindruckend. Den Durchbruch hat Toyota dann aber mit der Produktinnovation Prius mit Hybridantrieb geschafft, die in Japan 1997 und weltweit 2000 eingeführt wurde. Der Prius hat Toyota zu einem Image der Technologie- und Umweltführerschaft verholfen, zumindest schon einmal in den USA.

Oft führen Unternehmen neue Geschäftsmodelle aus defensiven Überlegungen parallel zu ihrem bestehenden Geschäftsmodell ein. So versuchte sich 1994 United Airlines mit dem Launch von United Shuttle oder Continental mit der Einführung von Continental Lite gegen Southwest Airlines zu verteidigen. Diese neuen Geschäftsmodelle werden dann typischerweise durch eine separate Organisation gemanagt.

Dass aber tatsächlich in der häufigeren Innovation des eigenen Geschäftsmodells mehr Potential steckt, als allgemein vermutet, werden wir später sehen.

1.7 Innovationsgrad

Es gibt unterschiedlichste Ansätze, den Neuigkeitsgrad von Innovationen zu messen. Der Einfachheit halber unterscheide ich hier zunächst zwei:

- Inkrementale Innovationen. Sie implizieren kleine Veränderungen im Produkt (inkrementale Produktinnovation) oder im Geschäftsmodell (inkrementale Geschäftsmodellinnovation).
- Radikale Innovationen. Sie verursachen erhebliche Veränderungen im Produkt (radikale Produktinnovation) oder im Geschäftsmodell (radikale Geschäftsmodellinnovation).

Natürlich kommen in der Realität auch alle möglichen Kombinationen zwischen den vier Innovationstypen vor, d. h. z. B. inkrementale Produktinnovationen werden gleichzeitig mit radikalen Geschäftsmodellinnovationen eingeführt oder radikale Produktinnovationen mit einer radikalen Geschäftsmodellinnovation kombiniert.

Entscheidend für die Beurteilung des Innovationsgrades ist die Sicht des Marktes. „Neu“ kann nur sein, was neu für den Markt ist. Keine Innovation ist, was nur neu fürs Unternehmen ist, aber nicht für den Markt. Die Marktsicht kann dabei aber sehr subjektiv und vielleicht auch „ungerecht“ sein, d. h. „neu“ für den Markt ist, was der Markt als solches subjektiv wahrnimmt (Hauschildt 2004). So haben viele deutsche Nutzer das Internet-Auktionshaus Alando, das erst Anfang 1999 von den Samwer Brüdern in Berlin gegründet wurde, als Innovation angesehen (und damit war es eine Innovation!), obwohl die Idee eines solchen e-Auktionshauses mit ebay schon seit 1995 in den USA sehr erfolgreich existierte. Ähnlich war es mit dem Staubwischtuch Swiffer. Ein ähnliches Produkt gab es vorher bereits in Japan von Kao. In Deutschland wurde Swiffer als Innovation von P&G eingeführt und wurde von den deutschen Verbrauchern auch als Innovation betrachtet (mehr dazu später im sechsten Kapitel).

Erfolgreiche radikale Innovationen sind das, wonach die meisten Unternehmen streben. Inkrementale Innovationen werden gewöhnlich gering geschätzt. Ist das gerechtfertigt? Richtig ist, dass inkrementale Innovationen

- gefährlich sein können, da sie alleine nicht ausreichen,
- aber nötig sind.

Was heißt das?

Die Geschichte der Segelschifffahrt demonstriert die Gefährlichkeit von inkrementalen Innovationen, wenn sie zur Selbsttäuschung führen (Foster u. Kaplan 2001).

Ende des 19. Jahrhunderts waren Segelschiffe die am häufigsten verwendeten Transportschiffe. Durch Hunderte von Jahren der inkrementalen Innovation waren sie perfektioniert worden. Aber die Konkurrenz durch Dampfschiffe nahm zu. Der Hauptnachteil der Dampfschiffe war zunächst, dass ein Großteil der Schiffskapazität durch die Tanks für den flüssigen bzw. festen Brennstoff aufgefressen wurde. In dem Maße aber, wie es gelang, die Größe der Tanks zu reduzieren, wurden die Dampfschiffe immer wettbewerbsfähiger. Die Segelschiffindustrie reagierte darauf mit weiteren Verbesserungen: neue Schiffe mit noch mehr Segelmasten wurden vom Stapel gelassen, und die Segelfläche wurde stetig vergrößert. Bis diese Segelschiffe schließlich selbst für die besten Kapitäne in Stürmen nicht mehr manövrierbar wurden und es zu schweren Schiffsunfällen kam. Der Untergang dieser Segelschiffe läutete dann auch den wirtschaftlichen Untergang der Segelschiffe im Transportmarkt ein. Die inkrementalen Innovationen der Segelschifftechnologie waren an ihre Grenze gestoßen. Die Dampfschifffahrt übernahm die Marktführerschaft und drängte schließlich die Segelschiffe vollständig aus dem Transportmarkt heraus. Interessant ist, dass heute das Segel in der Transportschifffahrt möglicherweise wieder ein Comeback feiert. Das 2001 gegründete Hamburger Unternehmen Skysails bietet Segel, auch Zugdrachen genannt, als Zusatzantrieb für Transportschiffe an. Skysails verspricht eine Reduktion der Treibstoffkosten eines Schiffes im Jahresdurchschnitt um 10% bis 35% (Skysails 2007). So wird aus der Inkrementalität des Segels eventuell doch noch eine neue radikale Innovation.

Obwohl inkrementale Innovationen gefährlich, da nicht ausreichend sind, sind sie gleichwohl nötig. Das klingt nach Widerspruch.

Eine gewisse Anzahl von inkrementalen Innovationen wird in jedem Innovationsportfolio gebraucht, und zwar als Folgeinnovationen auf radikale Innovationen. Dafür gibt es zwei Gründe (Davila et al. (2006):

- Inkrementale Innovationen erhöhen die Rendite der vorangehenden radikalen Innovation. Radikale Innovationen auf sich alleine gestellt sind sehr teuer und bringen oft keinen Payback, der dem Risiko angemessen ist. Nachfolgende inkrementale Innovationen, die auf der Plattform der radikalen Innovation aufsetzen, verursachen oft nur geringe Zusatzinvestitionen und erzielen eine höchst interessante Rendite, die der radikalen Innovation zugute kommt.
- Inkrementale Innovationen halten uns die Imitatoren und Konkurrenten fern. Indem wir nach der Einführung einer radikalen Innovation in schneller Abfolge inkrementale Innovationen einführen, bringen wir unsere Konkurrenz aus der Balance. Wir agieren, und die Konkurrenz muss reagieren, d. h. sie muss sich immer wieder auf unsere Neuerungen einstellen. Mit dieser Taktik sichern wir unseren Vorsprung, Marktanteil, Umsatz und Gewinn länger, als wenn wir es bei einer einmaligen radikalen Innovation belassen würden.

Eine optimale Innovationsfolge sieht also wie folgt aus:

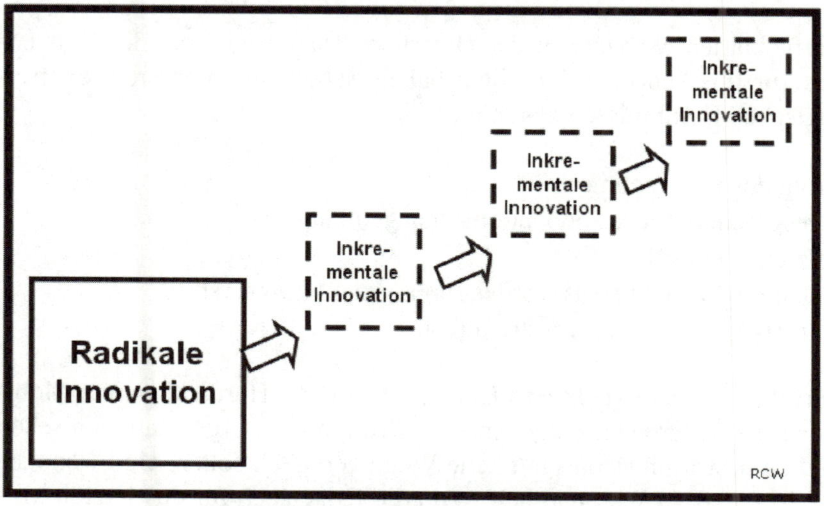

Abb. 1.9. Innovationsplattform

Es gilt daher: Ein Innovationsportfolio muss genauso radikale Innovationen wie inkrementale Innovationen enthalten. Es kommt auf die richtige Balance an. Tatsache ist, dass inkrementale Innovationen heute in den Innovationsportfolien der Unternehmen im Durchschnitt 85% bis 90% ausmachen. Beunruhigend ist, dass umgekehrt der Anteil radikaler Innovationen in den Portfolios der Unternehmen im Zeitraum von 1990 bis 2004 von 20% auf 12% gefallen ist (Day 2007).

Innovationen müssen nicht immer auf Verbesserung hinauslaufen, so wie es die Kunden bisher verstanden haben. Weniger kann oft durchaus mehr sein! Es kann höchst erfolgversprechend sein, Innovationen einzuführen, die von etwas geringerer Qualität sind, dafür aber wesentlich preisgünstiger angeboten werden können und eventuell auch viel leichter zu handhaben sind. In vielen Märkten überschreiten (engl. overshoot) nämlich der Nutzen und die Leistung der gegenwärtigen Produkte die Bedürfnisse der Kunden oder zumindest eines bedeutsamen Teils der Kunden. Deshalb besteht Potential zur Leistungs- und Preissenkung. „Disruptive" (Christensen 1997) Innovationen, die diesen Weg gehen, ziehen meist die große Gruppe der preissensitiven gegenwärtigen Kunden an bzw. gewinnen ganz neue preissensitive Kundengruppen hinzu, die vorher nie ein solches Produkt benutzt haben.

1.8 Innovationshürden fürs Management

Die aufgeklärten Manager in der Unternehmensführung, die die Notwendigkeit zur Innovation verinnerlicht haben, sehen sich mehreren, oft psychologischen Hemmnissen gegenüber:

- Erfolg des Unternehmens
- Tagesgeschäft neben Innovationsmanagement
- Effizienz versus Kreativität
- Globale Effizienz versus lokales Engagement (Ownership)
- Langfristigkeit versus Kurzfristigkeit.

Der Erfolg eines Unternehmens ist wohl die größte Hürde, die einer Mobilisierung der Mitarbeiter entgegensteht. Erfolgreiche Organisationen sehen oft nicht ein, warum sie ausgetretene Wege verlassen sollen. Und wenn sie es tun, ist es oft zu spät, nämlich wenn die Krise auch für den letzten Mitarbeiter sichtbar ist. Es ist die Aufgabe des Managements, die institutionelle Erinnerung (engl. institutional memory) (Slyowtzky 1996) der Organisation an Sicht- und Arbeitsweisen, die in der Vergangenheit richtig waren, aber jetzt nicht mehr, zu überwinden. Das Konzept des Produktlebenszyklus und des Geschäftsmodelllebenszyklus ist ein hervorragendes Mittel, um die Organisation davon zu überzeugen, neue Wege zu gehen (siehe später im siebten Kapitel).

Neben der Führung des Innovationsprogramms der Unternehmung hat sich die Unternehmensspitze natürlich weiterhin ganz wesentlich um das Tagesgeschäft zu kümmern. Das wird zur Frage der richtigen Prioritätensetzung und Delegation. Ohne ein gesundes laufendes Geschäft als Basis sind Innovationen leicht auf Sand gebaut. Wichtig ist dabei aber, dass die Unternehmensspitze für die Organisation erkenntlich an der Spitze der Innovationsbewegung steht und das mit ihrem Handeln dokumentiert.

Innovationsmanagement unterscheidet sich von anderen Managementaufgaben, da es einen besonderen Schuss Kreativität verlangt. Zwischen Kreativität und Effizienz scheint aber eine natürliche Spannung zu bestehen. Wie kann ich ein Unternehmen effizient führen und gleichzeitig den Boden für eine kreative Kultur bereiten? Wichtig dabei zu erinnern ist: der Manager selbst soll nicht der Künstler sein. Vielmehr ist er der Regisseur (Davila et al. 2006). Die besten Unternehmen zeichnen sich dadurch aus, dass das Management gleichermaßen Kreativität und Unternehmergeist auf der einen Seite zulässt und Disziplin auf der anderen Seite einfordert (Collins 2001):

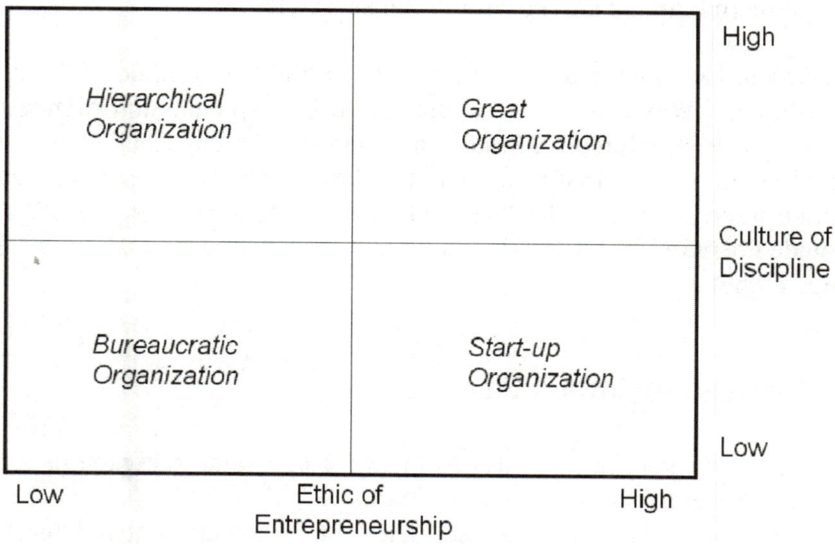

Abb. 1.10. Matrix der kreativen Disziplin (Collins 2001)

Die besten Unternehmen kombinieren Kreativität bzw. Unternehmergeist mit Disziplin wie in Abb. 1.10. Dagegen ähneln Unternehmen mit viel Kreativität und wenig Disziplin vielen der wenig erfolgreichen Start-up Unternehmen der dot.com Hochphase. Umgekehrt sind Unternehmen mit viel Disziplin und wenig Kreativität hierarchische unbewegliche Bürokratien.

Im globalen Unternehmen verschärft sich dieser Gegensatz möglicherweise. Er wird zum Gegensatz zwischen globaler Effizienz und lokalem Engagement (Ownership). Die Unternehmensführung muss die richtige Balance finden zwischen Zentralisierung gewisser Funktionen in globalen Zentralen, die die Effizienz steigern kann, und der Motivation der lokalen Teams im Sinne mitdenkender Unternehmer, die nahe am Markt agieren.

Im Alltag wird schließlich das Management eingeholt von dem ständigen Konflikt zwischen kurzfristigen und langfristigen Überlegungen.

- Soll ich die Innovationsanstrengungen zurückschneiden, um Kosten zu sparen und das Gewinnziel zu erreichen?
- Soll ich auf die Einführung der Innovation verzichten, weil sie mein bestehendes Geschäft kannibalisiert, selbst wenn die Innovation mich besser gegen eine möglicherweise aufkommende Konkurrenz schützen würde?
- Soll ich ein neues Produkt oder ein neues Geschäftsmodell einführen, selbst wenn es kurzfristig zunächst zu Konflikten mit meinen Distributionspartnern führen kann (Foster u. Kaplan 2001)?

Die Hürden, Hemmnisse und Verführungen für die Unternehmensführung sind zahlreich. Was benötigt wird, um sie zu überwinden, sind Manager mit einer starken gefühlten Mission, mit starken Führungsqualitäten und Vorbildfunktion. Langfristig orientierte authentische Manager werden aufgrund ihrer Einsicht in die Notwendigkeit von Innovationen diese Widerstände überwinden. Ihr Handeln wird mit dem übereinstimmen, was sie predigen (engl. walk the talk).

1.9 Innovationsintensität

Die Innovationsintensität, d. h. das Ausmaß der Innovationstätigkeit in den einzelnen Wirtschaftsbranchen variiert stark.

Eine beliebte Sichtweise ist die auf den Forschungs- und Entwicklungs- (F+E) Aufwand als % des Umsatzes:

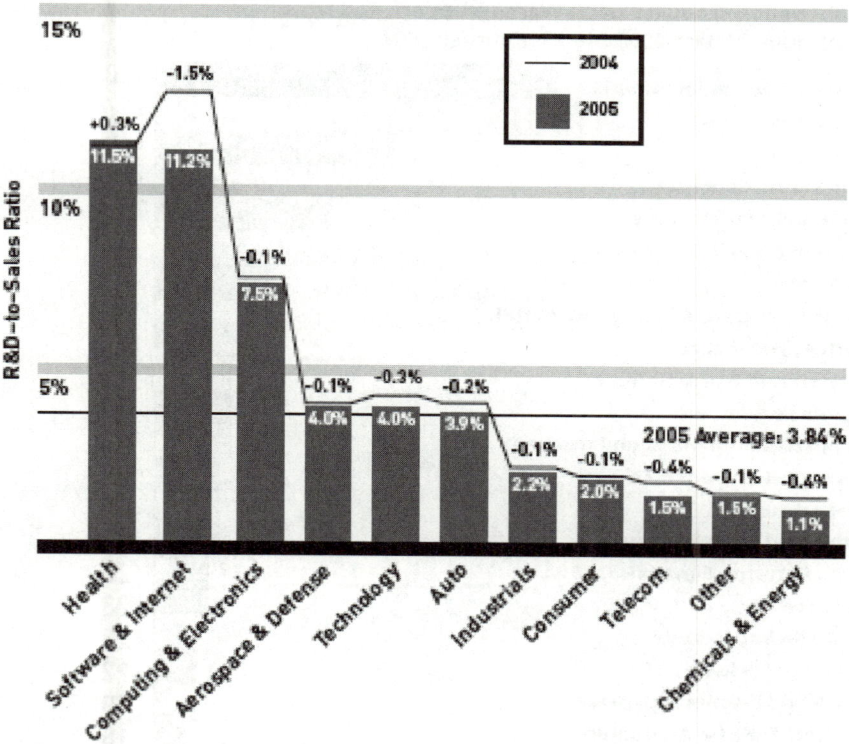

Abb. 1.11. F+E-Aufwand verschiedener globaler Branchen als % vom Umsatz (Jaruzelski et al. 2006)

Nach dieser globalen Analyse von Booz Allen Hamilton stehen in Abb. 1.11 an der Spitze der F+E-Aufwendungen in 2005 die Gesundheitsbranche (11.5% vom Umsatz oder 0.3 Prozentpunkte höher als im Vorjahr) vor Software + Internet (11.2% vom Umsatz bzw. 1.5% Punkte niedriger als 2004). Am anderen Ende der Tabelle wendet die Chemie- und Energieindustrie dagegen nur 1.1% des Umsatzes für F+E auf.

Hier wird also auf eine objektiv messbare Inputgröße abgestellt. Da aber der F+E-Aufwand von Unternehmen unterschiedlich hohe Anteile an Grundlagenforschung enthält und da die Wirksamkeit, mit der Unternehmen F+E Aufwand in tatsächliche Innovationen umsetzen, sehr unterschiedlich ist, eignet sich dieser Maßstab nicht zur Beurteilung der Innovationsstärke. Es gibt keine statistisch belegbare Korrelation zwischen F+E Aufwendungen und Unternehmenserfolg (Jaruzelski et al. 2006).

Eine bessere Beurteilung der Innovationstätigkeit erfolgt durch die Kunden selbst, auch wenn diese Betrachtung natürlich subjektiv ist. In der

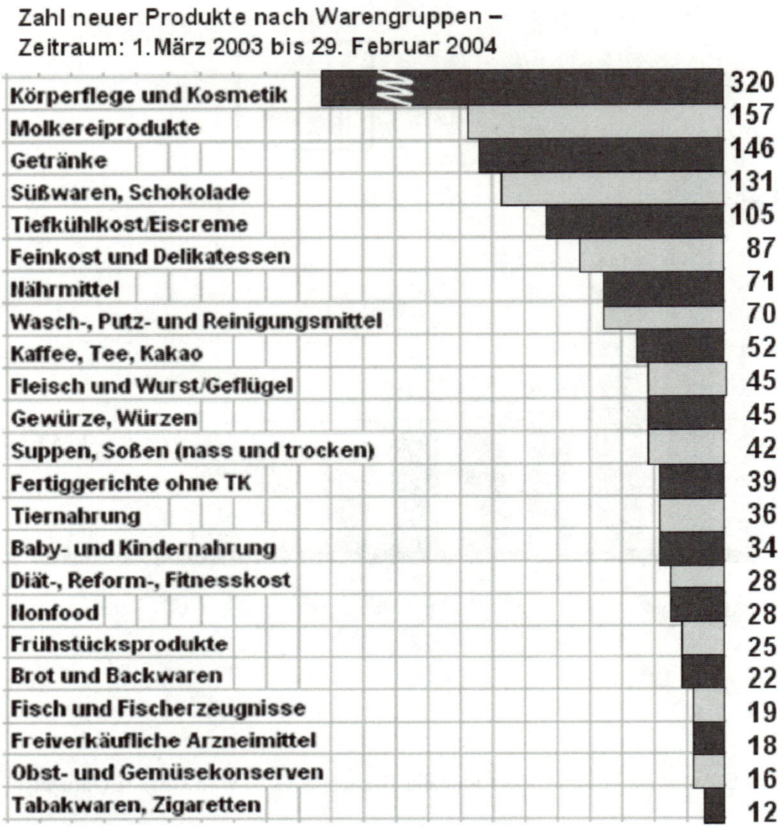

Abb. 1.12. HIT 2004: Die innovativsten Branchen der deutschen Konsumgüterindustrie nach Einschätzung des Handels (LP 2004)

deutschen Konsumgüterindustrie beurteilt der Kunde Handel die Innovationstätigkeit der verschiedenen Branchen wie in Abb. 1.12. An der Spitze der Innovationsintensität 2004 stand in den Augen des deutschen Handels die Körperpflege- und Kosmetikindustrie gefolgt von Molkereiprodukten und Getränken.

Eine dritte häufige Beurteilung stützt sich auf die objektiv messbare Outputgröße „Umsatzanteil der innovativen Produkte". Die Innovationen werden typischerweise abgegrenzt als die neuen Produkte, die in den letzten drei oder fünf Jahren eingeführt wurden. Die Vergleichbarkeit der Resultate zwischen den einzelnen Branchen ist natürlich abhängig von einem konsistenten Einhalten dieser Definition.

Nach der Untersuchung von Arthur D. Little (Arthur D. Little 2005) in Abb. 1.13 ist die Spreizung im Umsatzanteil innovativer Produkte in den verschiedenen Branchen sehr hoch. Das muss berücksichtigt werden, wenn

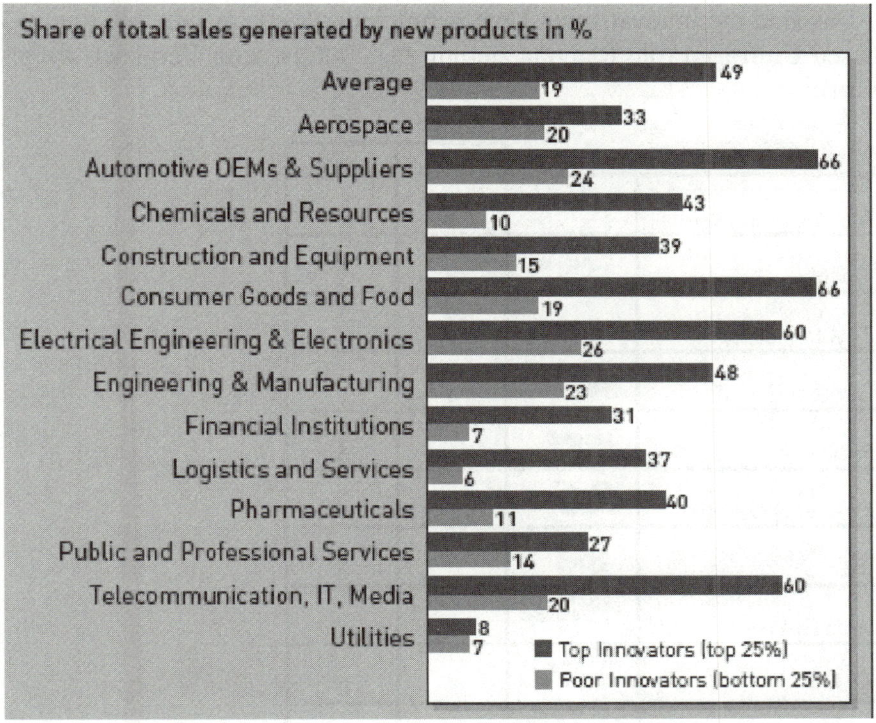

Abb. 1.13. Umsatzanteil innovativer Produkte (Arthur D. Little 2005)

aufgrund dieser Studie die Automobilindustrie inklusive Lieferanten und die Konsumgüter- und Lebensmittelindustrie als die innovativsten Branchen bezeichnet werden (Die Spitzenunternehmen beider Industriezweige haben einen Umsatzanteil innovativer Produkte von jeweils 66%).

Bislang haben wir die innovativsten Branchen betrachtet. Die Frage bleibt: welche sind die innovativsten Unternehmen der Welt?

1.10 Die innovativsten Unternehmen der Welt

Es gibt noch keine Studie, die anhand von objektiv nachprüfbaren Kriterien die innovativsten Unternehmen der Welt bestimmt. Als Ersatzmethode verlässt man sich auf Umfragen. So auch der bislang dritte (2006) bzw. vierte (2007) Innovation Survey, den Boston Consulting Group allein (BCG 2006-1) bzw. in Kooperation mit der Zeitschrift Business Week (McGregor 2007) durchgeführt hat. Diese Umfragen geben die Antworten von 1070 Top-Managern (2006) bzw. 2468 Managern (2007) weltweit wieder.

Das sind die innovativsten Unternehmen der Welt im Jahr 2007 gemäß diesen Umfragen (die Rangplatzierung für 2006 ist zum Vergleich aufgeführt):

		2007	2006
Apple Computer		1	1
Google		2	2
Toyota Motor		3	4
General Electric		4	6
Microsoft		5	5
Procter & Gamble		6	7
3M		7	3
Walt Disney		8	43
IBM		9	10
Sony		10	13

Abb. 1.14. Die zehn innovativsten Firmen der Welt (McGregor 2007, BCG 2006-1)

Apple wird von den befragten Führungskräften als der klare Führer unter den Innovatoren angesehen, und zwar sowohl in 2007 als auch in 2006. Die Antworten der europäischen Manager weichen von den weltweiten Ergebnissen leicht ab: Statt Disney, IBM und Sony sind Nokia, BMW und ebay unter den Top 10 der europäischen Rangliste (Business Week 4.5.2007).

Es überrascht nicht, dass die führenden Innovatoren alles große Unternehmen sind, die im Rampenlicht der Öffentlichkeit stehen und eben auch den befragten Managern sehr gut bekannt sind. Auffällig ist natürlich auch das Übergewicht der Business-to-Consumer (B2C) Firmen, was wiederum darauf zurückzuführen ist, dass Business-to-Business (B2B) Unternehmen nicht so stark in der Öffentlichkeit agieren. Die vielen kleinen und mittelgroßen hochinnovativen Firmen, die es natürlich gibt, zumal solche aus dem B2B-Sektor mögen über diese methodische Schwäche großzügig hinweggehen. Nicht in Abrede gestellt werden kann: die führenden Innovatoren der BCG Umfrage haben alle eine Vorbildfunktion. Sie werden in diesem Buch eine zentrale Rolle spielen.

1.11 Plan dieses Buches

In den folgenden elf Kapiteln beleuchtet dieses Buch das praktische Innovationsmanagement der Unternehmen aus unterschiedlichen Perspektiven. Jedes Kapitel beginnt mit ein oder zwei Fallstudien aus der Praxis, die in Tiefe in das betreffende Thema einführen.

Im zweiten Kapitel erkläre ich auf Basis der weltweiten Umfrage von Boston Consulting, wieso viele Unternehmensführungen nicht zufrieden sind mit ihrem Innovationsmanagement. Die Fallstudie von Whirlpool legt die ganz speziellen Gründe dar, wieso Whirlpool sein Innovationsmanagement umgekrempelt hat und wie es zu einem der 100 weltbesten Innovatoren wurde. Dass sogar das am meisten bewunderte Unternehmen der Welt Verbesserungspotential im Innovationsmanagement erkennt und wie es dieses ausschöpft, erläutert dann die General Electric Fallstudie.

Im dritten Kapitel steht die Innovationsstrategie als Startpunkt des Innovationsmanagements im Zentrum des Interesses. Die Sony und die Microsoft Xbox Fallstudien zeigen auf, wie ein Unternehmen und ein Geschäftsbereich eine neue Innovationsstrategie suchen. Die sieben Komponenten der Innovationsstrategie, nämlich die Rolle der Innovationen, die Investitionsziele, die Auswahl der Innovationsfelder, der Grundtypus der Hauptinnovationen, Plattformen und Roadmaps und die Markteintritts- und die Beschaffungsstrategie werden im Detail erörtert.

Das vierte Kapitel befasst sich mit dem Innovationsprozess. Fallstudien von Procter & Gambles Ariel und Toyota führen in das Kapitel ein. Der Innovationsprozess ist das Hauptwerkzeug, um Disziplin ins Innovationsmanagement zu bringen. Wegen seiner großen Bedeutung wird der Innovationsprozess in seinen einzelnen Phasen detailliert dargelegt.

Im fünften Kapitel lernen wir die Bedeutung der Kundennähe und der Total Quality in der Marktforschung kennen. Verschiedene Methoden werden vorgestellt, um Consumer Insights zu generieren. Fallstudien von Kodak und von SC Johnsons Drano zeigen Wege zum Erfolg mittels Consumer Insights, d. h. tiefen Einsichten in die Einstellung und das Verhalten der Kunden.

Wie Ideen generiert werden, erläutert das sechste Kapitel. Ideensuche ist der erste Schritt, gefolgt von der Ideenkreation. Es gibt fast unendlich viele Quellen für vorhandene Ideen. Fallstudien von Procter & Gambles Pampers und vom Zweikampf zwischen Procter & Gamble und SC Johnson plus Kao im Staubwischermarkt zeigen Ideengenerierung in der Praxis.

Unternehmen müssen aus ihren großen Ideen den maximalen Wert schöpfen, ist die Kernaussage des siebten Kapitels. Das erfordert eine Wertmaximierung und ein Power-Marketing über den gesamten Innovationszyklus.

Apples iPod und SC Johnsons Brise One Touch sind Beispiele dafür, wie man das macht.

Das achte Kapitel legt einen pragmatischen Weg dar, wie Innovationsportfoliomanagement in der Praxis betrieben werden kann. Eine Fallstudie von Pfizer demonstriert die große Bedeutung des Themas.

Im neunten Kapitel erläutere ich, wieso es für ein erfolgreiches Innovationsmanagement auf die richtige Balance zwischen Struktur und Chaos ankommt. Eine Fallstudie von 3M als dem Unternehmen mit dem möglicherweise längsten Nachweis nachhaltiger Innovationskraft zeigt uns, wie man genügend Freiheit gibt und doch die Kontrolle bewahrt. Wie ein Unternehmen die Kontakte zu externen Innovationsnetzwerken organisiert, beschreibt die Fallstudie von P&Gs neuer Connect + Develop Organisation.

Innovationsteams sind ein zentraler Baustein eines erfolgreichen Innovationsmanagements. Wie starke Innovationsteams geschaffen werden, illustriert das zehnte Kapitel. Sonys Workstation Team und das IBM-Sony-Toshiba „Cell Chip“ Team sind hervorragende Beispiele.

Das elfte Kapitel ist der Innovationskultur gewidmet. Die richtige Innovationskultur ist eine Hauptvoraussetzung dafür, dass Unternehmen nachhaltig häufige Innovationen in den Markt bringen. Der Weg hin zu einer echten Innovationskultur erfordert Hartnäckigkeit. Aber auch wenn eine starke Innovationskultur besteht, erfordert es große Anstrengungen, sie zu bewahren. Das zeigt die Fallstudie von Google als einem sehr innovationsfördernden Unternehmen. Die Google Fallstudie kontrastiere ich mit der Fallstudie des Marineoffiziers Sims der U.S. Navy, um den Kulturunterschied herauszuarbeiten.

Im zwölften Kapitel wende ich mich den Besonderheiten des Innovationsmanagements globaler Unternehmen zu. Durch die Globalisierung der Wirtschaft geht in den Unternehmen der Zug in Richtung zunehmender Zentralisierung des Innovationsmanagements. Dem widerspricht aber nicht, dass die Standorte der Innovationszentren über verschiedene Regionen des Globus verteilt werden. Die Fallstudien von Procter & Gambles „Organisation 2005“ und von SAP demonstrieren die globalen Herausforderungen. Ich gebe Empfehlungen, wie virtuelle Teams und kulturelle Unterschiede zu managen sind.

Im letzten und dreizehnten Kapitel werfe ich schließlich einen Blick in die Zukunft des Innovationsmanagements. Unternehmen, die Innovation nur als Modeerscheinung betrachten, tun dies auf ihre eigene Gefahr.

1.12 Fazit

- Innovationen haben schon immer das Wirtschaftsgeschehen bestimmt im Sinne „kreativer Zerstörung“. Die Folge ist, dass Unternehmen kommen und gehen. Und ganze Branchen werden umgekrempelt.
- Der Zwang zur noch schnelleren Innovation nimmt zu. Die Globalisierung der Wirtschaft ist ein neuer treibender Faktor.
- Erfindung ist nicht gleich Innovation. Was zählt, ist letztlich nur, was den Markt erreicht und umgesetzt wird.
- Das Innovationsparadigma ist zu erweitern. Neben den typischen Produktinnovationen innerhalb bestehender Geschäftsmodelle stehen Geschäftsmodellinnovationen.
- Radikale Innovationen sind nötig, aber inkrementale ebenso. Inkrementale Innovationen, die auf der Plattform der radikalen Innovation aufsetzen, erhöhen die Rendite der vorangehenden radikalen Innovation und bringen die Konkurrenz aus der Balance.
- Die weltbesten Innovatoren zeigen sowohl Kreativität und Unternehmergeist als auch Disziplin.
- Die F&E Intensität eines Unternehmens ist kein guter Indikator der Innovationsstärke. Die Beurteilung durch Kunden bzw. Messgrößen wie der Anteil innovativer Produkte am Umsatz sind ihr überlegen.
- Es gibt noch keine Studie, die anhand von objektiv nachprüfbaren Kriterien die innovativsten Unternehmen der Welt bestimmt. Als Ersatzmethode dienen weltweite Umfragen wie die von Boston Consulting. Danach führt Apple die Liste der Top-Innovatoren an.
- Die Brise One Touch Fallstudie zeigt, wie eine Produktinnovation innerhalb eines bestehenden Geschäftsmodells einen Markt total umkrempeln kann.
- Die Fallstudie von Southwest Airlines demonstriert, wie durch die Justierung vieler Stellschrauben ein ganz neues erfolgreiches Geschäftsmodell kreiert wird, das einen Markt revolutioniert.

2 Unzufrieden mit dem Innovationsmanagement?

2.1 Whirlpool erfindet sich neu

David Whitwam, der Vorstandsvorsitzende von Whirlpool, ist unzufrieden. Er ist überzeugt, dass er Whirlpools Strategie jetzt, Ende 1999, dem neuen Wettbewerbsumfeld anpassen muss (Arndt 2002, 2006/1,2,3). Seit einigen Jahren schon fällt der Verkaufspreis der Whirlpool Geräte jedes Jahr durchschnittlich um 3,4%. Das ist letztlich auch nicht erstaunlich; denn dem Verbraucher, der in einem Kaufhaus oder Verbrauchermarkt die Abteilung für Waschmaschinen oder große Küchengeräte betritt, bietet sich ein einziges Meer von Weiß. Die verschiedenen Marken sehen sich alle sehr ähnlich. Wenn es tatsächlich einmal eine echte Innovation geben sollte, kopieren die Wettbewerber die Neuigkeit innerhalb kurzer Zeit. Kein Wunder, dass der Verbraucher seine Wahl zwischen den verschiedenen Marken zunehmend auf der Basis des Preises trifft.

Apropos Innovation: Whitwam muss zugeben, dass der große Rivale Maytag gerade in diesem Jahr Whirlpool im amerikanischen Markt mit einer revolutionären Innovation kalt erwischt hat. Maytags neue Neptune Frontlader-Waschmaschine ist ein Riesenerfolg.

Beide Faktoren, die stetig sinkenden Verkaufspreise und die Schmach durch Maytags Innovation, bringen Whitwam zum Schluss, dass er Whirlpool neu aufstellen muss. Während seiner 96jährigen Geschichte hat Whirlpool damit geglänzt, dass es seine Werke und Vertriebskanäle sehr effizient gemanagt hat und Waschmaschinen und Trockner produziert hat, die solide und langlebig sind. In seinen bisher 12 Jahren als Vorstandsvorsitzender hat Whitwam Whirlpool zu dem größten globalen Hersteller von Haushaltsgeräten gemacht, unter anderem mit Hilfe von Akquisitionen wie der von Bauknecht in Deutschland. Whirlpool ist inzwischen in 170 Ländern präsent.

Whitwam sieht jetzt die Notwendigkeit, Whirlpools Produktfokus durch einen Verbraucher-, Marken- und Innovationsfokus zu ergänzen und

Whirlpool zu einem Innovationschampion zu machen. Innovationen sollen Zusatzumsatz bringen und vor allem aber auch höhere Verkaufspreise und höhere Gewinnmargen ermöglichen. Die Durchschnittspreise der Whirlpool Geräte sollen in Zukunft nicht weiter fallen, sondern ansteigen, und Whirlpools Profitabilität soll wachsen.

Whitwam ist sich klar: um ein wirklicher Innovationschampion zu werden, muss Innovation im Unternehmen breit verankert werden. Um den Fortschritt messbar zu machen, müssen Innovationsziele definiert werden, und die Manager und Mitarbeiter müssen Anreize erhalten, diese Ziele zu erreichen. Es muss ein Prozess etabliert werden, der statt sporadischer Innovationen einen breiten nachhaltigen Strom häufiger Innovationen liefert. Die Innovationen müssen wesentlich schneller in den Markt gelangen als bisher. Das Kundenverständnis muss dramatisch verbessert werden, um die Erfolgschancen zu erhöhen. Die Anzahl der neuen Ideen muss wesentlich erhöht werden; aber gleichzeitig muss eine Methode entwickelt werden, um die besten Ideen aus diesem Ideenpool herauszufiltern. Kurzum: Whirlpools Unternehmenskultur muss neu erfunden werden.

Whitwam wendet sich mit einem breiten Hilferuf an alle Whirlpool Mitarbeiter. Seine Vision ist: „Innovation from Everyone and Everywhere" (Snyder u. Duarte 2003). Mit der festen Überzeugung, dass viele brilliante Ideen tief in der Unternehmenshierarchie vergraben sind, fordert er alle 61000 Whirlpool Mitarbeiter auf, ihrer Kreativität Ausdruck zu geben und innovativ tätig zu werden.

Whitwam ernennt einen Global Vice President of Innovation, deren Aufgabe es ist, eine neue Innovationskultur in Whirlpool zu verankern. Whirlpool spricht in diesem Zusammenhang von „Innovation Embedment". Auf der regionalen Ebene ernennen Whirlpools drei größte regionale strategische Geschäftseinheiten, Nordamerika, Europa und Lateinamerika, je einen Vice President oder General Manager of Regional Innovation. Ihre Mission ist es, die neue Whirlpool Innovationskultur regional zu verankern.

Zusätzlich etabliert jede Region die Funktion eines Knowledge Management Managers, der für die zentrale Sammlung, Speicherung und Verteilung von innovationsrelevantem Wissen und Informationen verantwortlich ist. Whirlpools Knowledge Management System bekommt den Namen Innovation Pipe oder I-Pipe. Die Knowledge Manager schaffen im firmeneigenen Intranet eine neue Website („Innovation E-Space"), auf der die Mitarbeiter ihre Ideen hinterlassen können und auf der sie mit anderen Kollegen Kontakt aufnehmen können, um ihren Rat zu Innovationsideen zu erfragen oder sich mit ihnen diesbezüglich zusammen zu tun. Mitarbeiter, die sich für Innovationen engagieren, können außerdem den Rat von

I-Consultants in Anspruch nehmen, die in Vollzeit in Innovationsangelegenheiten beraten, oder von I-Mentors, die Kenntnisse im Innovationsmanagement erworben haben und jetzt neben ihrem Job firmeninterne Innovatoren beraten.

Neben Whitwams Executive Committee, das Whirlpools neun Top Manager umfasst, sind die Innovation Boards oder I-Boards die wichtigste Steuerungseinheit, um die neue Whirlpool Innovationskultur zu verankern und die Innovationstätigkeit zu stärken. Jede der drei Regionen richtet solch einen I-Board ein, in dem die Top-Manager der Region vertreten sind. Die I-Boards kommen monatlich für einen halben oder einen ganzen Tag zusammen, vereinbaren Innovationsziele, teilen Finanzmittel und Personalressourcen zu, überprüfen den Innovationsprozess auf weitere Verbesserungen hin und entscheiden über die weitere Förderung von Innovationsprojekten. Mit Hilfe der I-Boards sollen die Top-Manager der Region eng in die Innovationsprojekte involviert werden.

75 Mitarbeiter, vom Vice President bis zum Arbeiter an der Produktionslinie, werden von Whirlpool für ein Jahr von ihrer bisherigen Arbeit freigestellt und in drei so genannten Innovation Teams (I-Teams) organisiert. Diese drei Innovationsteams aus Nordamerika, Europa und Lateinamerika erhalten den Auftrag, die Methoden des Innovationsmanagements zu erlernen, im Brainstorming neue Innovationsideen zu entwickeln und dem Innovationsprogramm einen entscheidenden Impuls zu geben. Ein Teil dieser I-Team-Mitglieder soll später nach Finalisierung ihres Innovationsprojektes in die Organisation zurückkehren und dort als I-Consultants die Wissensbasis der Whirlpool Mitarbeiter übers Innovationsmanagement verbreitern. Treffpunkt der I-Teams sind die Unternehmensniederlassungen in Benton Harbor, USA, in Como, Italien, und in Brasilien.

Whitwams Innovationsinitiative entfacht großen Enthusiasmus. Whirlpool stellt für das erste schnelle Austesten von neuen Ideen, egal wo aus der Organisation sie herkommen, einen Seed Fonds von je 1 bis 3 Millionen $ pro Region zur Verfügung. Diese regionalen Seed Fonds werden ergänzt von einem zentralen Seed Fonds von 5 Millionen $. Whitwam stellt insgesamt 45 Millionen $ aus dem 2000er Investitionsbudget für Innovationen bereit. Fürs folgende Jahr verdoppelt er sogar den Betrag.

Nach einem Jahr kommen die drei I-Teams mit ihren Ideen zurück. Darunter ist die große Idee von Geräten und Möbeln für die Garage unter der neuen Marke Gladiator. Aber viele Ideen sind schlicht unbrauchbar. Das europäische Team z. B. propagiert die Idee eines ganz neuen Geschäftes im Internet. Die Verbraucher sollen übers Internet miteinander in Wettbewerb treten, indem sie auf stationären Fahrrädern Rennen fahren. Eine solche Geschäftsidee, die in keiner Weise auf Whirlpools Stärken aufbaut, wird natürlich nicht ganz überraschend vom Management verworfen.

Whirlpool lernt so auf dem harten Wege, dass Innovationsmanagement mehr verlangt, als die Tausenden von Mitarbeitern aufzufordern, ihre Ideen nur so sprudeln zu lassen. Innovationsmanagement verlangt harte Arbeit, Struktur, Prozesse und Disziplin. Insbesondere verlangt erfolgreiches Innovationsmanagement auch, dass der strategische Raum begrenzt wird, in dem Innovationsideen gesucht werden können.

Trotz dieses Rückschlages gibt Whitwam nicht auf, sondern verfolgt seine Vision eines innovativen Unternehmens hartnäckig weiter. 3 Prozentpunkte vom Whirlpool Umsatzwachstum kommen inzwischen jährlich aus den Innovationen. Whirlpool erzielt Riesenerfolge mit Produktinnovationen wie z. B. der Duet Waschmaschine + Trockner oder mit Geschäftsmodellinnovationen wie dem Brastemp Wasserfiltrierer, dessen Filter basierend auf einem Abonnement der Verbraucher regelmäßig ersetzt werden. Ab 2002 steigen die durchschnittlichen Verkaufspreise der Whirlpool Geräte jährlich um 5%. Die Innovationen mit ihren höheren Gewinnmargen verbessern Whirlpools Profitabilität sichtbar. 30% des Bonus der Manager ist von der Erreichung spezifischer Innovationsziele wie z. B. dem Umsatzanteil der Innovationen bzw. dem Wert der Innovationspipeline abhängig. Die Ideen, die die Whirlpool Mitarbeiter weltweit auf einer Intranet Seite einsenden können, werden heute von 240 I-Consultants daraufhin überprüft, ob sie verfolgenswert sind. Jene Projekte, die von den I-Consultants unterstützt werden, bekommen 100 Tage Zeit und ein Budget von bis zu 100.000 $, um schnell die Machbarkeit und das Marktpotential mit Hilfe der Entwicklung eines Prototypen und der begleitende Marktforschung zu demonstrieren. Erst dann werden diese Projekte der Unternehmensführung für den offiziellen Innovationsprozess präsentiert.

Whirlpool hat gegenwärtig 60 Projekte in der Phase der Prototypenentwicklung, und 190 Innovationsprojekte sind in der Entwicklungsphase zur Vorbereitung der Markteinführung. Whirlpools Innovationen gelangen heute viel schneller in den Markt als früher. 1.6 Milliarden $ oder rund 9% von Whirlpools weltweitem Umsatz in 2006 stammen von Innovationen (Whirlpool 2006). Whirlpools Innovationspipeline umfasst inzwischen Projekte im Wert von circa 3.3 Milliarden $ (Whirlpool 2005) und wächst weiter auf 3.5 Milliarden in 2006 (Whirlpool 2006). Und zu guter Letzt: im Mai 2006 hat Whirlpool seinen Erzrivalen Maytag übernommen.

Im Jahre 2006 wird Whirlpool aufgrund der Boston Consulting Umfrage (BCG 2006) zu einem der 100 weltbesten Innovatoren gewählt.

2.2 Wie bitte, General Electric?

„Zwanzig Jahre lang habe ich mich gefragt, was GE tun würde, wenn wir unsere operative Disziplin darauf verwenden würden, Wachstum zu erzeugen. Ich war überzeugt, dass die Verbindung von operativer Exzellenz mit einer aufregenden Wachstumskultur GE auf neue Bewertungsniveaus treiben würde." Mit diesen zwei Sätzen beginnt Jeff Immelt, der im September 2001 General Electrics Vorstandsvorsitz vom legendären Jack Welch übernommen hat, seinen „Letter to Stakeholders" im Geschäftsbericht 2004 (GE 2004). Das klingt nach Verbesserungspotential und nach Unzufriedenheit. Wie bitte, General Electric, das 1878 gegründet wurde und auf Thomas Edison zurückgeht, kann noch besser werden? Dabei hat General Electric in seiner Geschichte nicht nur eine Top-Rendite abgeliefert (siehe Kap. 1), sondern es ist auch 2001 und in den folgenden Jahren von der Zeitschrift Fortune aufgrund einer weltweiten Umfrage wieder zum am meisten bewunderten Unternehmen der Welt gekürt worden (GE 2001).

Doch Immelt ist überzeugt, er muss GEs starke Firmenkultur um einige neue Seiten erweitern; denn er will das interne organische Wachstum von historischen 5% auf 8% erhöhen (Brady 2005-1). Dafür wird General Electric, das in der Vergangenheit seinen Umsatz vor allem durch Akquisitionen und seinen Gewinn durch Prozess- und Kostenreduzierungen gesteigert hat, seine Innovationstätigkeit erheblich erhöhen müssen. Und dafür erwartet Immelt von seinen Mitarbeitern eine höhere Bereitschaft zum Risiko. Sie sollen mehr wagen, zum „Wetten" bereit sein. Immelt ist da ganz klar: „Keiner wird in diesem Unternehmen bleiben, wenn er keine Wetten eingeht." Immelt will nicht nur kleine Innovationen sehen, sondern Big Ideas, die einen inkrementalen Umsatz von jährlich 100 Millionen US $ oder mehr erwarten lassen. Er nennt diese „Imagination Breakthroughs" (Brady 2005-2). Zusätzlich zur Änderung der risikoscheuen Unternehmenskultur sieht Immelt die Notwendigkeit, GEs Marketingorganisation zu stärken, um die Kunden besser zu verstehen und um mit ihnen besser zu kommunizieren. Marketing hat in der Vergangenheit bei General Electric eine untergeordnete Rolle gespielt. Das hat sich unter anderem auch darin gezeigt, dass die Marketingfunktion nicht in GEs Unternehmensführung vertreten war (Immelt 2006).

Um GE auf den neuen Kurs zu bringen, muss Immelt die unterschiedlichsten Stellschrauben bedienen. Er erklärt ein 8%iges organisches Wachstum zur offiziellen Zielgröße, an der sich das Unternehmen selbst messen lassen will und an der alle Geschäftsbereiche gemessen werden sollen. 20% des Bonus der Top-Manager werden von verschiedenen Kriterien abhängig gemacht, die anzeigen, wie gut ihr Geschäftsbereich die Bedürfnisse der Kunden erfüllt. Die Top 5000 Manager des Unternehmens werden in Zukunft in den jährlichen Beurteilungsgesprächen anhand von fünf zusätzlichen Kriterien beurteilt: externer Fokus auf Märkte und Kunden, Einfallsreichtum und Kreativität, gedankliche Klarheit und Entscheidungsfreude, Einbeziehung aller Mitarbeiter und tiefes Branchenwissen (Immelt 2006). Ganz in der GE Tradition werden diese Manager in der GE-Universität in Crotonville, die jetzt „John F. Welch Learning Center" heißt, in diesen Führungsqualitäten trainiert. Zusätzlich entwickelt GE für seine Führungskräfte einen Trainingskursus mit dem Namen „Leadership Innovation and Growth (LIG)". Bis Ende 2007 sollen 50 Business Teams diesen Kursus absolviert haben (GE 2006).

Immelt investiert kräftig in die Forschung. Das Global Research Center in Niskayuna, New York wird erneuert. Zusätzlich werden neue globale Forschungszentren in Bangalore, Indien, in Shanghai und in München eröffnet.

Tausende von Marketingleuten werden extern rekrutiert, was ein Novum für GEs Kultur der Beförderung aus den eigenen Reihen ist. Mit Beth Comstock wird zum ersten Mal ein Chief Marketing Officer ernannt. Die besten Marketing- und Vertriebsmanager der Firma treffen sich regelmäßig im neu gebildeten Commercial Council, das Immelt selbst führt. Die Mission des Commercial Councils ist, Best Practices im Marketing und Verkauf zu teilen, einen Prozess für das Wachstumsmanagement zu definieren und konkrete Wachstumspläne zu entwickeln (Immelt 2006). Immelt will aus GE eine der besten Verkaufs- und Marketingunternehmen der Welt machen (Brady 2005-1). In der GE-Universität wird jetzt das Experienced Commercial Leadership Program gelehrt und auch wieder das Advanced Marketing Management Seminar. Zusätzlich rekrutiert Immelt Procter & Gambles Vorstandsvorsitzenden, A.G. Lafley, für seinen Aufsichtsrat (Immelt 2006). GEs Top-Marketing Manager untersuchen die Marketing-Methoden von Firmen wie P&G, und ein GE Marketingteam trifft sich mit Procter Managern zum Gedankenaustausch.

Immelt erwartet von seinen Geschäftsführern pro Jahr mindestens drei Vorschläge für „Imagination Breakthroughs", die anschließend dem Commercial Council vorgestellt und von ihm beurteilt werden. Für die besten Ideen hat Immelt einen Venture Fonds. „Imagination Breakthrough" Projekte sind eine geschützte Spezies von Ideen. Sie erhalten ausreichende finanzielle Unterstützung und sind vor Budgetkürzungen geschützt. Immelt diskutiert den Fortschritt der ausgewählten Projekte jeden Monat.

Außerdem lässt er sich jeden Monat acht neue „Imagination Breakthrough“ Ideen vorstellen (Immelt 2006).

Anfang 2007 hat GE 60 Imagination Breakthroughs im Markt, die im Geschäftsjahr 2007 einen Umsatz von 25 Milliarden US $ erzielen sollen (GE 2006). Weitere 90 Imagination Breakthroughs sind in der Innovationspipeline. Eine besonders enthusiastische Reaktion haben jene Imagination Breakthrough Projekte erfahren, die GE seit Mai 2005 unter dem Titel „Ecomagination“ in den Markt bringt. GE versteht unter Ecomagination eine Geschäftsstrategie, die Umweltschutz, Energieeinsparungen für den Kunden und profitables Wachstum für GE vereint. GE ist fest davon überzeugt, dass Umweltschutz für GE ein hochprofitables Geschäft sein wird. Projekte müssen strenge Kriterien erfüllen, um sich als Ecomagination Projekte zu qualifizieren. Ein GE Ecomagination Projekt ist beispielsweise aus der Kombination von GEs Solartechnologie und Wasserfiltriertechnologie entstanden: in abgelegenen Gegenden der Entwicklungsländer, die keinen Anschluss an ein Elektrizitätsnetz haben, kann so sauberes Trinkwasser verfügbar gemacht werden. Andere Beispiele von GE Ecomagination Projekten sind die Kohlevergasung oder hybride Diesel-Elektrizitäts-Lokomotiven (GE Eco 2006).

Als das Ecomagination Programm in 2005 beginnt, machen die betreffenden Produkte einen Umsatz von 6 Milliarden US $. 2006 beträgt GEs Ecomagination Umsatz bereits 12 Milliarden US $, und für 2010 hat sich GE ein Umsatzziel von 20 Milliarden US $ gesetzt (GE 2006).

2.3 Schwachstellen

Die Ausgangssituation, die Whirlpool 1999 vorfand, ist typisch für Unternehmen, die Innovationen noch nicht zu einer gewünschten Kernkompetenz gemacht haben. Es gibt Schwachstellen zuhauf. Aber auch jene Firmen wie GE, die bereits seit einiger Zeit auf dem Entwicklungspfad zu einem innovationen Unternehmen unterwegs sind, offenbaren gewöhnlich noch Verbesserungspotential.

Nach dem 2007 Innovation Survey von BCG und Business Week (McGregor 2007) sind 63% der befragten Top-Manager unzufrieden mit der Rendite, die ihre Investitionen in Innovationen erbringen. Anzumerken ist, dass die Vorstandsvorsitzenden, Präsidenten und Aufsichtsratsvorsitzenden tendenziell zufriedener sind mit der Innovationsrendite. Die Unternehmen, die nicht vollständig zufrieden sind, nennen spontan folgende Hindernisse:

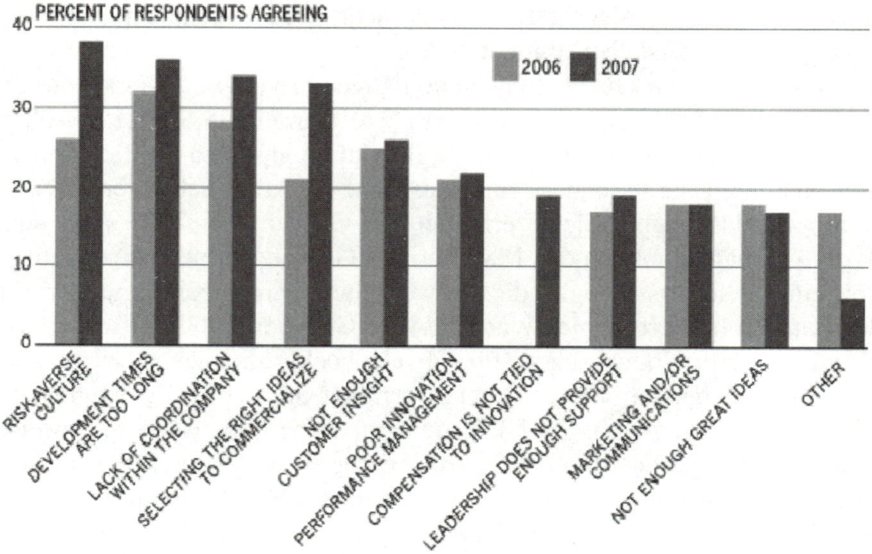

Abb. 2.1. Hindernisse auf dem Wege zu einer zufrieden stellenden Innovationsrendite (% der Befragten, die das Hindernis nennen) (McGregor 2007)

Das größte Hindernis (38% der Befragten), das Innovationen im Wege steht, ist für diese Top-Manager die risikofeindliche Kultur des Unternehmens. Das ist ein Hauptelement der GE-Kultur, das Immelt ändern will. Auch Disneys neuer Vorstandsvorsitzender, Robert Iger, sieht die Notwendigkeit, dass Disneys Manager mutiger werden und größere, „intelligente" Risiken einzugehen bereit sein müssen (Marr 2005, Grover 2007).

Nach der risikoscheuen Kultur folgen als weitere Hindernisse die übermäßig lange Entwicklungszeit (36% der Befragten), ein Koordinationsmangel der Innovationstätigkeiten im Unternehmen (34%), die Schwierigkeit bei der Auswahl der besten Ideen für die Markteinführung (33%) und unzureichende Customer Insights[5] (26%). Schließlich werden eine ungenügende Messung des Innovationserfolges (22%), eine ungenügende Verknüpfung von Vergütung und Innovation (19%), ungenügende Unterstützung durch die Unternehmensführung (19%), ineffektives Marketing bzw. ineffektive Werbung (17%) und ein Mangel an großen Ideen (16%) als Gründe der Unzufriedenheit angeführt. Auf viele dieser Schwachstellen sind wir schon im Whirlpool-Fall und im GE-Fall gestoßen. In den nachfolgenden Kapiteln dieses Buches werde ich mich dieser Themen annehmen.

---

[5] Dahinter verbirgt sich ein ungenügendes Verständnis der Kunden und ihrer Einstellungen, ihres Verhaltens usw. Mehr dazu in Kapitel 5.

Wenn verschiedene Themen vorgegeben werden, und die Entscheider nach der Stärke ihrer Unternehmen in diesen Bereichen gefragt werden, treten noch einige andere latente Schwachstellen zu Tage:

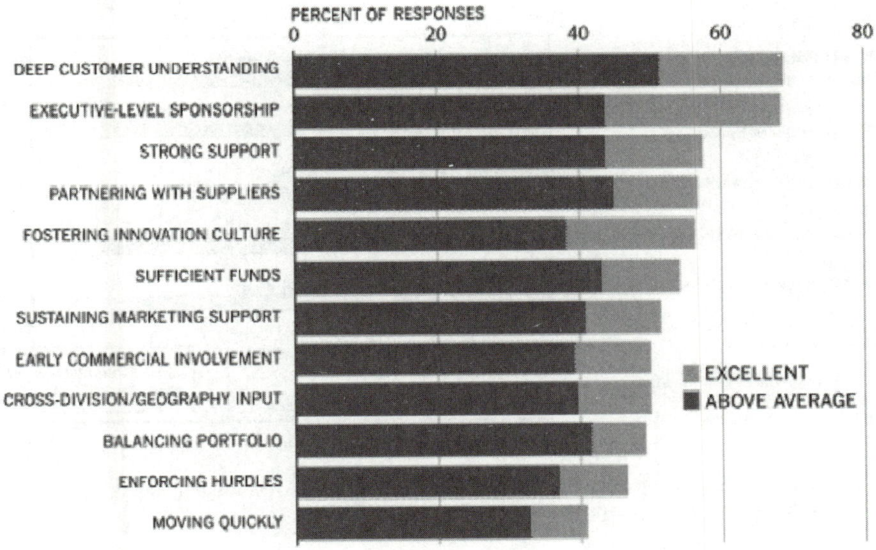

Abb. 2.2. Stärke des eigenen Unternehmens bei verschiedenen Innovationsthemen (% der Befragten, die ihr Unternehmen in dem Bereich als überdurchschnittlich stark oder sogar als exzellent betrachten) (McGregor 2007)

Wenn wir diese Tabelle von unten abarbeiten, stellen wir fest, dass viele der befragten Top-Manager die Schnelligkeit bei der Umsetzung von Innovationen, die Durchsetzung der Mindestanforderungen (Hürden) an die Innovationsprojekte im Innovationsprozess, das Portfolio-Management zur Diversifizierung der Risiken, Fristen und Renditen, den Input in den Innovationsprozess aus den verschiedenen Sparten und Regionen und die frühe Involvierung der marktnahen Abteilungen als keine Stärke ihres Unternehmens betrachten. Auch diese Themen werde ich in den nachfolgenden Kapiteln aufgreifen.

2.4 Verbesserungspotential

Zwischen den besten Innovatoren und den schlechtesten gibt es nicht nur große Unterschiede im Management der aufgezeigten Schwachstellen.

Sondern diese Unterschiede zeigen sich auch sehr deutlich anhand der Kriterien, die typischerweise zur Messung des Innovationserfolges benutzt werden wie z. B. dem Umsatzanteil der Innovationen, der eines der Innovationsziele von Whirlpool ist (Cooper 2005).

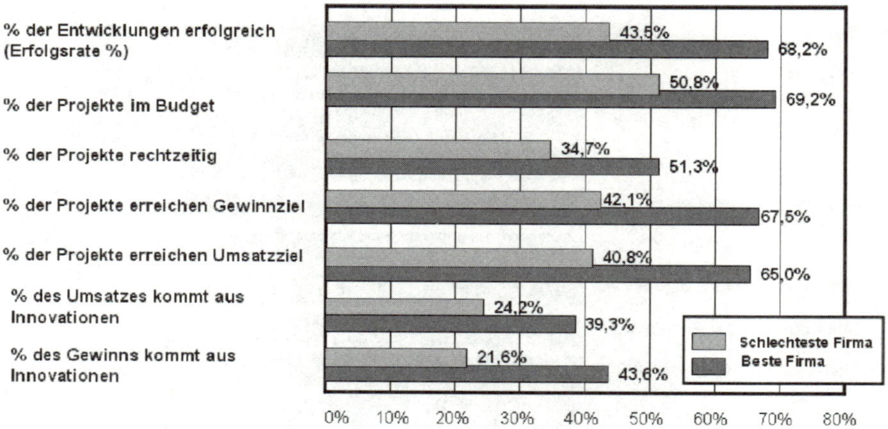

Abb. 2.3. Verbesserungspotential durch Best Practice Innovationsmanagement (Auszug aus Abbildung bei Cooper 2005)

Während z. B. bei den im Markt erfolgreichsten Firmen 68,2% der Innovationen erfolgreich sind, beträgt die Erfolgsquote nur 43,5% bei den schlechtesten Firmen. Bei den besten halten 69,2% der Innovationen ihre Projektbudgets ein, bei den schlechtesten Unternehmen sind das nur 50,8%. 51,3% der Innovationsprojekte der erfolgreichsten Unternehmen halten die Fristen ein, bei den am wenigsten erfolgreichen Unternehmen sind das nur 34,7%. Ähnlich starke Unterschiede zeigen sich zwischen den erfolgreichsten und den am wenigst erfolgreichen Firmen bei den Kriterien: Erreichung der Gewinnziele (67,5% vs. 42,1%) und der Umsatzziele (65,0% vs. 40,8%). Der Umsatz- bzw. Gewinnanteil der Innovationen beträgt 39,3% bzw. 43,6% bei den erfolgreichsten Unternehmen, bei den am wenigsten erfolgreichen 24,2% bzw. 21,6%.

Fazit: Die Chancen der Unternehmen auf Markterfolg steigen signifikant, wenn die Innovationsprojekte erfolgreich sind, diese im geplanten Budget- und Zeitrahmen bleiben, die Innovationsprojekte ihre Gewinn- und Umsatzziele erreichen und insgesamt die Innovationen einen großen Anteil am Umsatz- und Gewinn des Unternehmens ausmachen.

2.5 Architektur der innovativen Unternehmung

Es gibt diverse Ansätze, um das Unternehmen als System aus verschiedenen Komponenten zu beschreiben (Tushman u. O'Reilly III 2002; Bullinger u. Engel 2006). Dabei müssen die einzelnen Komponenten zur gewählten Unternehmensstrategie und auch zueinander optimal passen. Es gilt das Prinzip der Kongruenz. Das gilt natürlich auch für ein Unternehmen, das die Strategie eines Innovators verfolgt.

Schaubildlich stelle ich das wie folgt dar:

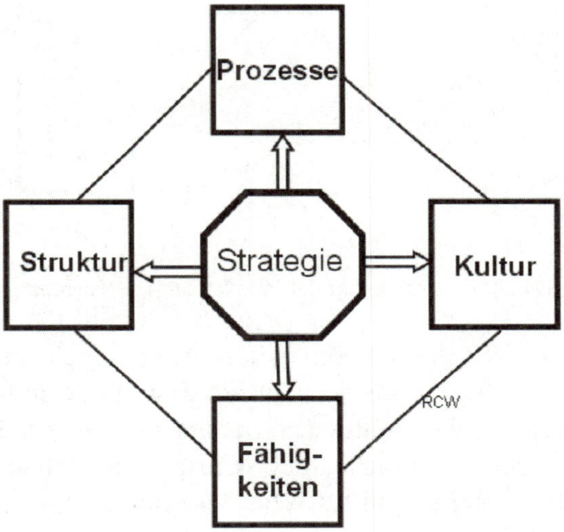

Abb. 2.4. Organisationsarchitektur

Die Strategie des Unternehmens ist der bestimmende Faktor, deshalb im Zentrum und ausstrahlend auf die anderen Komponenten. Die Prozesse dienen der Wertschaffung des Unternehmens. Die Kultur der Unternehmung reflektiert die Werte, Normen und die grundlegenden Annahmen der Mitarbeiter eines Unternehmens sowie die informellen Kommunikationswege, die informelle Organisation und die informelle Machtverteilung. Die Fähigkeiten sind die Kompetenzen der Mitarbeiter des Unternehmens. Die Struktur der Unternehmung spiegelt wider, welchen Einheiten die Mitarbeiter formal zugeordnet sind, wie ihre Arbeit formal koordiniert ist und die Systeme zur Leistungsmessung der Mitarbeiter, zur Leistungsmotivation und die Beförderungssysteme.

Wählt die Unternehmung die Strategie eines Innovators, so müssen nach dem Prinzip der Kongruenz die Prozesse, die Kultur, die Fähigkeiten und die Struktur wie folgt angepasst werden:

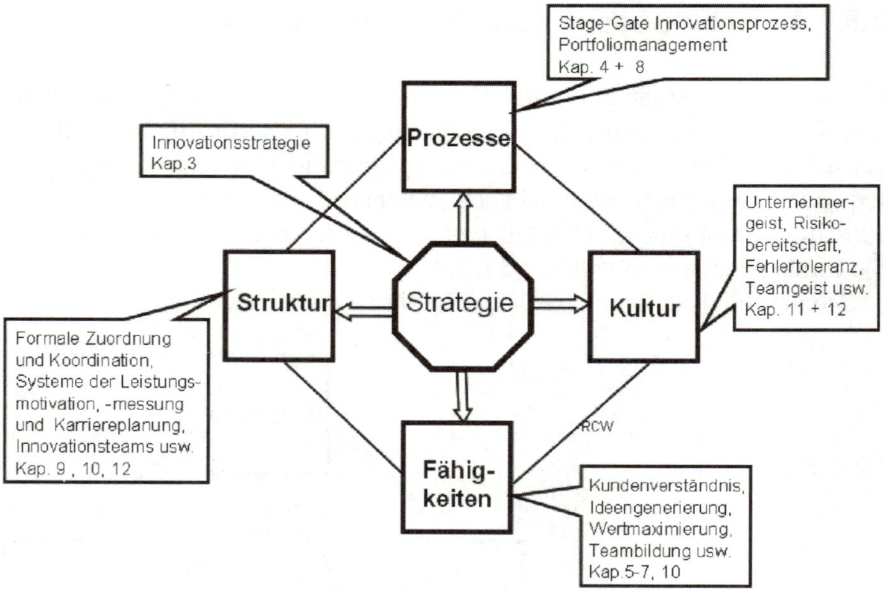

Abb. 2.5. Architektur der innovativen Unternehmung

Der Whirlpool Fall hat diese Änderungen der Prozesse (z. B. Qualifizierung der Innovationsideen in der Frühphase mittels Experimenten und Prototypen), der Kultur (Förderung des Unternehmergeistes durch Whitwams direkte Ansprache aller Whirlpool Mitarbeiter), der Fähigkeiten (Wissensbereitstellung übers Whirlpool Intranet) und der Struktur (I-Boards, I-Consultants) beispielhaft gut beschrieben. Auch GE hat alle wichtigen Stellenschrauben wie Prozess (z. B. Venture Funding vor dem Commercial Council), Kultur (z. B. erhöhte Risikobereitschaft, zu der die Manager per Beurteilungsgespräch und Bonus motiviert werden), Fähigkeiten (Kurse an der GE-Universität) und Struktur (Stärkung der Forschungszentren, Chief Marketing Officer, Commercial Council) bedient. In den nächsten Kapiteln wenden wir uns jetzt den einzelnen Bausteinen des Systems eines Innovators zu. Die Formulierung der Strategie ist der Ausgangspunkt.

2.6 Fazit

- Die Schwachstellen im Unternehmen, die eine befriedigende Innovationsrendite verhindern, sind gut bekannt. An erster Stelle steht eine risikofeindliche Kultur.
- Das Verbesserungspotential der meisten Unternehmen ist erheblich, wenn sie sich mit den erfolgreichsten Unternehmen als Benchmark vergleichen.
- Der erfolgreiche Innovator braucht eine Unternehmensarchitektur, bei der Strategie, Prozesse, Kultur, Fähigkeiten und Struktur optimal aufeinander abgestimmt sind.
- Die Whirlpool Fallstudie beschreibt ein hocheffizientes Unternehmen mit Produkten hoher Qualität, das die Notwendigkeit einer radikalen Stärkung des Innovationsmanagements erkennt. Was passiert, ist einer Revolution gleichzusetzen. Die Whirlpool Unternehmensführung führt grundlegende Änderungen der Unternehmensstrategie, -prozesse, -kultur, -fähigkeiten und -struktur durch. Es wird ersichtlich, dass die Neuaufstellung als Innovator ein langwieriger Change Management Prozess ist, der letztlich eine neue Innovationskultur im Unternehmen verankert.
- Die General Electric Fallstudie zeigt das meist bewunderte Unternehmen der Welt in Aktion, dessen Vorstandsvorsitzender dennoch unzufrieden ist mit der Innovationsstärke des Unternehmens. Wir beobachten einen umfangreichen Katalog von Maßnahmen, von der Steigerung der Risikobereitschaft der Mitarbeiter bis zur Stärkung der Forschung & Entwicklung, die GE auch im Innovationsmanagement auf ein exzellentes Niveau heben.

3 Der Startpunkt: Die Innovationsstrategie

3.1 Findet Sony zur alten Stärke zurück?

Keine Firma verkörpert den wirtschaftlichen Erfolg Japans nach dem zweiten Weltkrieg und symbolisiert die Innovationskraft Japans so wie Sony.

Sony bzw. die Vorgängerfirma Tokyo Tsushin Kogyo wird 1946 von Akio Morita und Masaru Ibuka gegründet (Nathan 2001). Akio Morita ist ein Meister im Beobachten der Verbraucher und im Entdecken von deren Bedürfnissen. Gleichzeitig versteht er es meisterhaft, technische Lösungen für diese Bedürfnisse zu finden (Sommer 2000). Zwischen 1950 und 1982 schafft Sony 12 Pioniermärkte basierend auf radikalen Innovationen, z. B.:

- das erste batteriegetriebene tragbare Transistor-Radio der Welt, das in 1955 eingeführt wird
- der erste tragbare Schwarz-Weiß-Fernseher, eingeführt 1959
- der erste tragbare Videorecorder
- das erste tragbare Musikabspielgerät, der berühmte Walkman, eingeführt 1979.

Sonys Innovationsprozess wird sehr stark von Morita und einem kleinen Team seiner Vertrauten dominiert. Moritas Motto ist: „Folge niemals anderen“ (engl. „Never follow others“), d. h. sein Anspruch ist, stets neue und bessere Lösungen zu bieten.

Anfang 1980 zieht sich Morita aus dem aktiven Management zurück, und seitdem gibt es von Sony keine Pionierinnovationen mehr. Zwar führt Sony so erfolgreiche neue Produkte wie die Playstation ein; aber die Playstation ist eine Innovation in den schon lange bestehenden Markt der Spielkonsolen, schafft also keinen neuen Markt.

Einige Trends werden von Sony regelrecht verschlafen, z. B. der Trend zu tragbaren Musikabspielgeräten auf der Basis der MP3 Technologie oder ähnlicher Kompressionstechnologien oder der Trend zu Fernsehgeräten mit Flachbildschirmen.

Sony scheint am Motto „Never follow others“ festzuhalten, ohne allerdings die Ergebnisse zu bringen, die Sony früher ausgezeichnet haben. Sony produziert weiterhin fast alles selbst. Davon gibt es nur wenige Ausnahmen wie Sonys LCD-Fernseher, die in einem Joint-Venture zusammen mit Samsung hergestellt werden (Dvorak u. Ramstad 2006), und Komponenten wie der Cell Chip für die neue Playstation 3, den Sony zusammen mit IBM und Toshiba entwickelt (siehe Kap. 10). Sony versucht außerdem, immer eigene proprietäre Standards zu setzen und nur proprietäre eigene Technologie zu verwenden. Zum Beispiel setzt Sony in seinen digitalen Kameras den proprietären Sony „Memory Stick“ ein anstatt die sonst breit verwendete digitale Speicherkarte. Sonys Ingenieure sind allgemein bekannt für ihre Silomentalität und ihren Eigensinn, der sich oft sogar in mangelnder Kooperation untereinander ausdrückt.

Seit 2000 ist Sonys Börsenwert stark eingebrochen. Anfang 2005 kostet Sonys Aktie nur noch ein Drittel des Preises vom Jahr 2000. Sonys Betriebsergebnis bewegt sich nur leicht in der Gewinnzone, und das auch nur dank der Erträge der Finanzsparte. Sonys bedeutsamste Sparte, das Elektronikgeschäft, das 64% des Unternehmensumsatzes ausmacht, steckt noch in den roten Zahlen.

Am 6. März 2005 passiert die Kulturrevolution. Der japanische Sony Chief Executive Officer Idei tritt zurück, und Sony holt als neuen Vorstandsvorsitzenden einen Nicht-Japaner, den Walliser und Wahlamerikaner Howard Stringer (Frederick 2005).

Was soll Stringer jetzt tun? Eine Revitalisierung des ursprünglichen Innovationsgeistes und eine Änderung der Innovationskultur Sonys in Richtung einer Überwindung der Silomentalität und einer signifikanten Verbesserung der Zusammenarbeit der Sparten drängt sich auf (Kane u. Dvorak 2007).

Darüber hinaus stellen sich folgende Fragen zu Sonys Innovationsstrategie:

Welche Rolle sollen Innovationen in Zukunft bei Sony spielen? Wie soll Sonys Innovationsziel definiert werden?

In welchen Geschäftsfeldern sind Sonys Innovationsschwerpunkte zu legen, welche neuen Geschäftsfelder soll es durch Innovationen stärken und aus welchen Geschäftsfeldern aussteigen? Welche Rolle hat in Zukunft die Software zu spielen; denn Sony ist durch die Betonung der Hardware und die Vernachlässigung der Software gegenüber Unternehmen wie Apple in Bereichen wie zum Beispiel den Musikabspielgeräten deutlich zurückgefallen?

Eröffnen sich neue Chancen für Sony durch die Einführung neuer Geschäftsmodelle?

Auf welchen Plattformen soll Sony seine Innovationen aufsetzen?

Wie soll Sony in Zukunft in die Märkte eintreten? Wieder wie früher als Pionier neue Märkte erschließen oder bloß bessere Produkte in bestehende Märkte einführen?

Soll Sony weiterhin alles selbst erfinden oder sich Kooperationen öffnen und Innovationen von außen beziehen? Und natürlich: Soll Sony weiterhin nur proprietäre Standards und Technologien einsetzen oder offene Standards benutzen?

Gleich nach seiner Ernennung zum Vorstandsvorsitzenden setzt Stringer ein unternehmensweites globales Team ein, das er selbst führt. Die Aufgabe dieses Teams ist es, Sonys Hauptprobleme und -herausforderungen zu diagnostizieren und strategische Lösungen dafür zu entwickeln. Das Strategieteam erhält mehr als 2000 Vorschläge von Sony Mitarbeitern, die Sony wieder auf die richtige Schiene setzen wollen. Außerdem holt die Sony Unternehmensführung breiten Input von außerhalb der Firma ein, zum Beispiel von Kunden, Händlern und Aktionären (Sony 2006).

Basierend auf der Arbeit des Strategieteams identifiziert die neue Sony Unternehmensführung die fünf größten Herausforderungen:

- Beseitigung der Organisationsstrukur, die zu den Silos und zu mangelnder Zusammenarbeit geführt hat.
- Eine bessere strategische Fokussierung des Produktangebotes, das im Augenblick zu breit ist und deshalb den Einsatz der Unternehmensressourcen verwässert.
- Verbesserung der Kompatibilität und Interoperabilität der Produkte.
- Stärkung der Softwareentwicklung und der Entwicklung neuer Dienstleistungen.
- Verkauf nicht-strategischer Bereiche.

Im September 2005 stellt Stringer seine neue mittelfristige Innovationsstrategie der Öffentlichkeit vor. Kernpunkte daraus sind (Sony 2005):

Sony will eine Wachstumsstrategie verfolgen, in der Innovationen eine treibende Rolle spielen. Sony will weiterhin „Führungspositionen" in seinen Märkten einnehmen mittels „aufregender" und „revolutionärer neuer Produkte". Bis zum Ende des Geschäftsjahres 2007 soll eine Umsatzrendite von 5% vor Steuern erreicht werden. Ein quantitatives Innovationsziel wird aber nicht bekannt gegeben.

Die Elektroniksparte soll wegen ihrer überragenden Bedeutung für den Sony Umsatz die Top-Priorität haben. Daneben sind Spiele und Unterhaltung Fokusbereiche.

Innerhalb der Elektroniksparte werden alle Geschäftsbereiche einem Electronics Chief Executive unterstellt, um schnellere zentrale Entscheidungen zu ermöglichen und eine rigorose horizontale Koordination sicherzustellen. Insbesondere soll damit eine einheitliche Softwareentwicklung erleichtert werden, die das nahtlose Zusammenspiel der verschiedenen Sony Produkte sicherstellt.

In der Elektroniksparte werden marktführende Positionen im TV-Segment, in der digitalen Bildtechnik, bei Videorekordern und tragbaren Audiogeräten angestrebt. Die Ressourcen sollen auf High-Definition-Produkte mit hochauflösenden Displays und mobile Produkte konzentriert werden. Die Schaffung einer „High-Definition Welt" ist Sonys Hauptziel. Dazu gehört unter anderem der neue Blue-Ray-Disc-Spieler, der auch in der neuen Playstation 3 eingebaut werden soll. Ein weiterer Ressourcenfokus sind jene Halbleiter und Module, bei denen sich Sony von der Konkurrenz weiter abheben kann. In diesem Zusammenhang soll der Anteil der Komponenten, die Sony-intern bezogen werden, zunehmen(!). Software, insbesondere Anwendungssoftware soll bei Sony, das in der Vergangenheit eher ein Hardware-Unternehmen war, einen höheren Stellenwert bekommen. Als ein erster Schritt wird dafür eine Technology Development Group etabliert.

Aus fünfzehn Innovationsfeldern will Sony aussteigen, unter anderem aus Plasma Flachbildschirmen, Qualia Heimkinoprojektoren und Unterhaltungsrobotern wie dem berühmten Aibo Roboterhund (Sony 2006).

Technische Plattformen, die Sony mit Priorität weiterentwickeln will, sind:

- Die Blue-Ray-Technologie inklusive blau-violetter Laserdioden und CCD und CMOS Bildsensoren plus jede Art von High-Definition Content, der auf Blue-Ray-Maschinen abgespielt werden kann.
- Organische selbst leuchtende Dioden (OLED) für die nächste Display-Generation. OLED Bildschirme sollen mittelfristig Flüssigkristallbildschirme (LCD) ersetzen, da das OLED Bild brillianter leuchtet (Kölling u. Hess 2007). Mit der Fokussierung auf die OLED-Technologie will Sony offenbar sicherstellen, dass es nicht wie bei der Flachbildtechnologie den nächsten Technologiesprung verpasst. Eine Display Device Development Group soll etabliert werden, die sich um Displays der nächsten Generation kümmert. (In der Zwischenzeit ist Sony mit Idemitsu Kosan Co. ein Joint-Venture zur gemeinsamen Entwicklung selbstleuchtender Materialien eingegangen).

- Der Cell Chip, der in der neuen Playstation 3 als erstem Sony Gerät eingesetzt werden soll (siehe Kap. 10), und darauf aufsetzende Technologien. Ein neuer Geschäftsbereich, der direkt an Stringer berichtet, soll gegründet werden, um die Cell Chip Technologie so breit wie möglich auszuschlachten.

Soweit ein Auszug aus Sonys vorgestellter neuer Innovationsstrategie. Über einige Punkte wie z. B. das weiterhin hohe hausinterne Komponentensourcing und die eventuell noch immer unzureichende Betonung der Software kann man trefflich streiten. Auf jeden Fall sehen wir in Sonys Strategie viele der Faktoren (öffentlich) angesprochen, mit denen wir uns in diesem Kapitel befassen.

Bei der Umsetzung seiner Strategie macht Sony gute Fortschritte, auch wenn die verspätete Einführung der Playstation 3 (FAZ 7.9.06), deren Kosten das vereinbarte Budget bei weitem überschreiten und deren Attraktivität durch Nintendos innovative Wii Spielkonsole überschattet wird (Finsterbusch 2006), und verschiedenste Produktqualitätsprobleme (FAZ 27.10.06) Sony zwischendurch wieder etwas zurückwerfen (Sony 2007).

3.2 Microsoft: Offen für neue Geschäftsmodelle

Microsoft ist genau das Gegenteil von Sony. Während Sony von der Hardwareseite her kommt, ist Microsoft mit der Software groß geworden. Groß geworden ist untertrieben. Microsoft hat mit seinem Windows Betriebssystem und seiner Office Anwendungssoftware für PCs ein Monopol aufgebaut, das heute einen kombinierten Umsatz von 25.4 Milliarden US $ und einen Betriebsgewinn von 19.0 Milliarden US $ erbringt (Microsoft 2006). Ingesamt weist Microsoft heute einen Umsatz von 44.3 Milliarden US $ aus. Seine PC Software verkauft Microsoft den Computerherstellern zur Vorinstallation auf ihren PCs bzw. über den Handel an den Endkunden in Form von CDs. Aber Hardware hat Microsoft selbst nicht hergestellt oder herstellen lassen. Bis vor kurzem.

Robbie Bach ist der Microsoft Manager, der Bill Gates davon überzeugt, in den Markt der Spielkonsolen einzusteigen und damit neben Software auch Hardware zu verkaufen (Guth 2005, Guth 2007). Zwar stellt Microsoft seine Xbox nicht selbst her, sondern hat die Produktion an Flextronics outgesourct; aber Microsoft verantwortet die Konzipierung, das Design und schließlich den Verkauf der Hardware (Takahashi 2006). Das ist ein ganz neues Geschäftsmodell für Microsoft.

Mit neuen Geschäftsmodellen von Wettbewerbern hat sich Microsoft in seinen Geschäftsbereichen schon seit langem auseinandergesetzt, oder besser auseinandersetzen müssen. Das hat mit Microsofts Dominanz des Softwaremarkts für PCs zu tun. Konkurrenten haben gegen Microsoft nur eine Chance, wenn sie sich nicht nur durch neue Produkte, sondern auch durch ein neues Geschäftsmodell von Microsoft unterscheiden (Microsoft 2006). So ist im Bereich der Betriebssystemsoftware für PCs (Microsoft Geschäftsbereich: Client) und vor allem der Serversoftware (MS Geschäftsbereich: Server and Tools) mit der Open-Source Software von Linux ein ganz neuer Konkurrent entstanden, der sich auf die freiwillige und kostenlose Arbeit von weltweit Tausenden von Programmierern stützt und die Software der Öffentlichkeit unter einer General Public Licence kostenlos zur Verfügung stellt. In der Anwendungssoftware (MS Unternehmensbereich: Information Worker) gibt es von OpenOffice.org Software, die kostenlos aus dem Internet herunter geladen werden kann, und auch Google hat seit neuestem mit seiner Software namens Text & Tabellen ein kostenloses webbasiertes Textverarbeitungs- und Tabellenkalkulationsprogramm zur Verfügung gestellt. Im Bereich der Geschäftssoftware (MS Geschäftsbereich: Business Solutions) konkurriert Microsoft mit Firmen wie salesforce.com, das seine Kundenbeziehungs- (engl. Customer Relationship Management oder CRM) Software für die Unternehmenskommunikation und Kundenverwaltung als Abonnement-basierten Web-Service verkauft. Damit ersparen sich salesforce.com Kunden die zeitaufwendige Installation kostspieliger Software auf ihren eigenen Computern. Im Bereich der Internetportale (MS Geschäftsbereich: MSN) schließlich hat sich Microsoft mit Konkurrenten wie Google und Yahoo auseinanderzusetzen, die ihre Suchtechnologien der breiten Öffentlichkeit kostenlos zur Verfügung stellen und sich über Werbeeinnahmen finanzieren.

Microsoft hat meist auf die aufkommende Konkurrenz mit Vehemenz reagiert, indem es die Konkurrenzprodukte imitiert oder ähnliche Produkte und Dienstleistungen eingeführt hat. Unter Experten ist deshalb eine Diskussion darüber entbrannt, ob Microsoft überhaupt ein Innovator sei im Sinne eines First Movers oder eher ein Fast Follower (WStJO 1.12.06).

Als Microsoft aber Ende 2001 seine Xbox in den Markt der Spielkonsolen, den es zum Innovationsfeld erkoren hat, einführt, agiert Microsoft nicht aus einer Position der Dominanz, sondern eines Underdogs. Die Marktführer im Konsolenmarkt sind Sony und Nintendo. Sony hat bereits im März 2000 seine Playstation 2 gelauncht und damit einen entscheidenden zeitlichen Vorsprung erzielt.

Bis Mitte 2005 verkauft Sony weltweit 90 Millionen Playstation 2 Konsolen. Microsoft setzt immerhin 22 Millionen Xbox ab und verdrängt damit Nintendos GameCube mit seinen 20 Millionen Verkäufen vom zweiten Platz. Eine echte Innovation der Xbox ist der Xbox Live Service. Mittels dieses Dienstes können Nutzer der Xbox übers Internet gegeneinander spielen. Die Xbox Live Innovation mag überraschen, da Microsoft allgemein im Angebot web-basierter Produkte eher ein Nachzügler war. Aber hier im Spielkonsolenmarkt hat Microsoft früh genug die Marktlücke erkannt und bietet als Erster einen Internetservice an. Bei finanzieller Betrachtung verursacht der Xbox Launch Microsoft allerdings einen hohen Verlust.

Ein Blick zurück ins Jahr 2003: während sich die Xbox im Markt mit der Konkurrenz auseinandersetzt, trifft sich die Führung des Xbox Geschäftsbereiches im Februar 2003 in einem Hotel an den Snoqualmie Falls außerhalb von Seattle. Auf der Meetingagenda steht die zweite Xbox Generation. Sony hat gerade vor kurzem angekündigt, dass es zusammen mit IBM und Toshiba am Cell Chip für die nächste Generation der Playstation arbeitet (siehe Fallstudie Kap. 10). Robbie Bach, Microsofts Leiter des Xbox Geschäftes meint, Sony habe einen großen Fehler gemacht, so früh seine Pläne offen zu legen (Takahashi 2006).

Das Projekt der zweiten Xbox Generation soll unter dem Codenamen Xenon laufen. Das Xenon Team einigt sich schnell auf folgende Vorgehensweise: Bach wird in einem dreiseitigen Memo die strategischen Prinzipien für Xenon darlegen. Er weiß, dass eine frühe Einführung von Xenon, die Integration von Hardware, Software und Dienstleistungen und ganz speziell das Ausschlachten des Wettbewerbsvorteils der Xbox Live Plattform von kritischer Bedeutung sein werden. J. Allard, der als General Manager für die Xbox Plattform an Bach berichtet, wird im Anschluss an Bachs Strategiepapier in einem 30seitigen Plan Xenons Kernelemente präsentieren. Xenon soll insbesondere auch High-Definition Technologie verwenden.

Einen Monat später trifft sich die Xbox Führung mit Steve Ballmer, Microsofts Vorstandsvorsitzenden. Ballmer ist natürlich nicht glücklich über die hohen Verluste, die die Xbox bislang angehäuft hat. Aber er ist ebenfalls der Meinung, dass die Xbox Live Plattform ein Wettbewerbsvorteil ist, der breit auszuschlachten sei. Bach erklärt, dass die Nutzerrate von Xbox Live, die bisher bei 10% der Xbox Käufer liegt, mit Xenon erheblich gesteigert werden soll. Die Markteinführung von Xenon ist für Ende 2005 geplant. Das soll Xenon einen First-Mover Vorteil vor Sonys Playstation 3 geben, deren Launch für die zweite Jahreshälfte 2006 erwartet wird. Im Geschäftsjahr 2008 soll Xenon das erste Mal Gewinn machen. Neben den Xbox Konsolenspielen und Xbox Accessoires, die der Kunde käuflich erwirbt, stellt das Abonnement des Xbox Live Services eine dritte wichtige Einkommensquelle dar. Für die Xbox Konsole selbst plant Bach aber, dass sie auf Deckungsbeitragsbasis nur mit einer Null abschließt, bei voller

Kostenzurechnung also einen Verlust macht. Er akzeptiert, dass ein Verlust mit der Hardware und ein hoher Gewinn mit Software und Dienstleistungen das Kennzeichen des Geschäftsmodells im Spielkonsolenmarkt ist (Ivan 2007).

Nach dem Gespräch mit Ballmer nimmt Bach einige Änderungen an seinem Strategiepapier vor. Am 2. April 2003 schickt er Ballmer und Gates sein Memo zur Genehmigung. Beide zeichnen das Dokument ab ohne weitere Fragen.

Im November 2005 führt Microsoft Xenon unter dem Namen Xbox 360 in den amerikanischen Markt ein und innerhalb von weiteren zwei Wochen auch in Europa und Japan. Die zwei Hauptkomponenten der Xbox 360, der Mikroprozessor und der Graphikchip, sind von IBM bzw. ATI als externe Partner entwickelt worden. Flextronics ist wieder für die Endmontage der Konsole verantwortlich (Takahashi 2006).

Bis heute sehen die Marktdaten für die Xbox 360 viel versprechend aus. Microsoft hat weltweit bis Ende April 2007 rund 11 Millionen Konsolen verkauft (Microsoft 2007). Das vergleicht sich mit 5.5 Millionen Playstation 3 Geräten, die Sony seit der Einführung im November 2006 abgesetzt hat (WStJE 8.6.07). 160 High-Definition Spiele stehen für die Xbox 360 zur Verfügung (Brightman 2006). Die Xbox Live Plattform scheint zum erhofften Wettbewerbsvorteil zu werden. Xbox Spiele können auch im Internet in der Xbox Live Arcade, die von 40 externen Spieleentwicklern unterstützt wird, käuflich erworben und herunter geladen werden (Radd 2007). Xbox Live hat durch die Xbox 360 bis Ende April 2007 mehr als sechs Millionen Abonnenten gewonnen im Vergleich zu den zwei Millionen Live Usern zu Zeiten der Xbox (Microsoft 2007, Brightman 2007). Mittels des Xbox Live Anywhere Systems können Xbox Live Nutzer jetzt nicht nur von ihren Konsolen aus übers Internet gegeneinander spielen, sondern auch vom PC, Laptop oder sogar Handy (Kharif 2006). Seit August 2006 ist Microsoft dabei, mit dem XNA Game Studio Express sein Xbox Live Geschäftsmodell so zu erweitern, dass Nutzer Microsoft-Programmierwerkzeuge aus dem Internet herunter laden können, um damit eigene Spiele von Hause aus zu konstruieren (Wingfield 2006). Nach Bezahlung des Live Jahresabonnements können dann diese Hobby-Programmierer ihre Spiele auf Xbox Live hoch laden und dort einstellen (Campbell 2007). Mit der Werbung in seinen Xbox Spielen will sich Microsoft eine zusätzliche Einkommensquelle erschließen. Zu diesem Zwecke hat es 2006 die Firma Massive Corporation, einen Entwickler von Videospielwerbung, erworben (Microsoft 2006). Insgesamt werden der Xbox 360 von Experten sehr gute Aussichten bescheinigt (Graft 2007). Voraussetzung ist, dass Microsoft schnell die gravierenden Qualitätsprobleme in den Griff bekommt, die bei seiner Xbox 360 Hardware aufgetreten sind und die zu einer riesigen und extrem kostspieligen Reparaturaktion geführt haben (FAZ 7.7.07).

3.3 Innovations- und Unternehmensstrategie

Die Innovationsstrategie ist wie bei Sony und Microsoft aus der Unternehmensstrategie abzuleiten. Sie ist also eine Substrategie der Unternehmensstrategie. Ausgangspunkt für die Entwicklung der Innovationsstrategie ist typischerweise die Umsatzlücke oder Wachstumslücke, die sich im Unternehmensplan aufgrund der angestrebten Umsatz- und Wachstumsziele ergibt und die nicht durch andere Maßnahmen wie zum Beispiel die Erschließung neuer Vertriebskanäle oder Geographien oder durch Akquisitionen geschlossen werden kann. Die Größe und die Zeitpunkte der Umsatz- bzw. Wachstumslücke bestimmen die benötigte Innovationsstrategie.

Die Hauptbausteine einer Innovationsstrategie, die wir jetzt im Einzelnen untersuchen wollen, sind folgende sieben:

- Die Rolle der Innovationen
- Die Innovationsziele
- Die Innovationsfelder
- Der Grundtypus der Hauptinnovationen
- Plattformen und Roadmaps
- Die Markteintrittsstrategie
- Die Beschaffungsstrategie

Anschließend werde ich die Hauptinstrumente vorstellen, mit denen eine Innovationsstrategie in einen Plan gegossen wird.

3.4 Die Rolle der Innovation

Innovationen können verschiedene Rollen spielen. Entscheidend ist die Rolle, die ihnen die übergeordnete Unternehmensstrategie bzw. Spartenstrategie zuweist. Von daher kann ein Mehrspartenunternehmen der Innovation sehr wohl unterschiedliche Rollen in den einzelnen Sparten zuweisen.

Innovationsrollen werden qualitativ ausgedrückt, im Gegensatz zu Innovationszielen, die quantitativ definiert werden. Folgende Rollen können wir beispielsweise unterscheiden:

- Ausbau der Marktposition
- Sicherung der Marktposition
- Sicherung des Umsatzes
- Gewinnwachstum.

Zum Ausbau der Marktposition sind normalerweise radikale Innovationen nötig, die dem Innovator als First Mover einen Vorsprung vor der Konkurrenz einräumen. Meist strebt das betreffende Unternehmen, das das Risiko des Pioniers nicht scheut, eine Dominanz des Marktes an[6]. Unternehmen, die Innovationen diese Rolle zuweisen, sind zum Beispiel Google oder Procter & Gamble.

Die Sicherung der Marktposition teilt der Innovation eine eher defensive Rolle zu. Das betreffende Unternehmen ist risikoscheuer und wartet ab. Es steht bereit, als Erstes eine Innovation in den Markt einzuführen, wenn sich eine günstige Gelegenheit mit relativ gut kalkulierbarem Risiko ergibt. Ansonsten wartet es auf die Aktion der Hauptwettbewerber[7]. Eine solche Rolle spielen Innovationen oft in solchen Geschäftsbereichen, die sehr profitabel sind und einen hohen Cash-Flow erzeugen und damit als Risikopuffer für das Gesamtunternehmen von großer Bedeutung sind. Ansonsten kann man sich natürlich fragen, wieso das Unternehmen eine solche „unstrategische" Sparte nicht verkauft, wenn es nicht bereit ist, die Marktstellung dieser Sparte pro-aktiv durch Innovationen zu stärken.

Innovationen können die Rolle der Umsatzsicherung spielen, indem sie als qualitätsverbessernde Innovationen zur Kundenbindung beitragen. Hier soll also das Risiko verringert werden, dass unzufriedene Kunden zur Konkurrenz abwandern.

Gewinnwachstum kann die Rolle von Innovationen sein, wenn sie durch höhere Preise und/oder höhere Gewinnmargen zur Steigerung der Unternehmensmarge beitragen sollen. Im Whirlpool Fall war das eine Hauptrolle der Innovationen.

3.5 Innovationsziele

Innovationsziele quantifizieren das, was die Innovationsrolle qualitativ mit Worten ausdrückt. Innovationsziele sind natürlich auch aus den übergeordneten Unternehmenszielen abgeleitet und stellen insofern Subziele dar.

---

6 Auch genannt „Play-to-Win Strategie" (Davila 2006).

7 Ebda. genannt „Play-Not-to-Lose Strategie".

Ziele haben verschiedenste Funktionen, z. B. der Ausrichtung der Organisation, der Motivation der Mitarbeiter, aber auch der Kontrolle des Fortschrittes. Entsprechend dem Motto: „Du erreichst, was Du misst" (engl. „You get what you measure") sollte ein Unternehmen nur die Innovationsziele verfolgen, die es bereit ist zu messen. Es ist schlicht ineffizient, Innovationsziele zu vereinbaren, deren Zielerreichung nicht mittels Messung kontrolliert wird. Das spricht tendenziell dafür, eher weniger Innovationsziele zu verfolgen als zu viele.

Grundsätzlich gibt es drei Klassen von möglichen Innovationszielen:

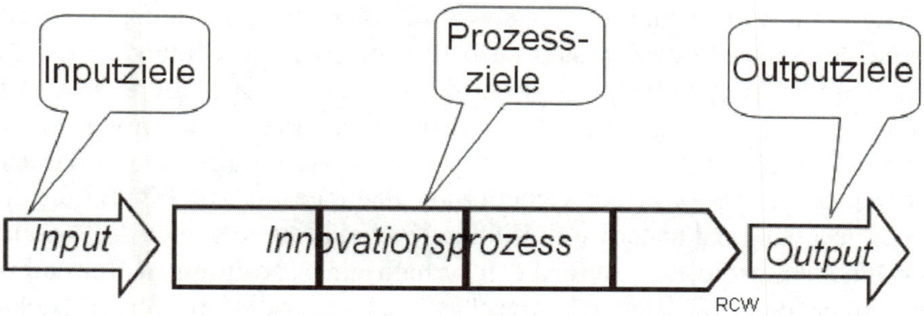

Abb. 3.1. Drei Klassen von Innovationszielen

- Outputziele, die das angestrebte Ergebnis der Innovationstätigkeit definieren
- Prozessziele, die die gewünschte Effizienz des Innovationsprozesses bestimmen, und
- Inputziele, die den geplanten Ressourceneinsatz in dem Innovationsprozess quantifizieren (BCG 2006-2).

Ich habe diese drei Klassen in der Rangfolge aufgeführt, wie sie sich am sinnvollsten für Innovationsziele eignen. Natürlich macht es mehr Sinn, die Leistung einer Firma am Erreichen eines endgültigen Ergebnisses (Outputs) zu messen, als an der Erfüllung des Inputzieles, das noch wenig über die Erreichung des Outputzieles aussagt.

Innovationsziele mit einem solchen Outputcharakter sind z. B. der absolute Umsatz, der von den einzuführenden Innovationen in den nächsten ein, drei oder fünf Jahren zu erreichen ist, oder der % Anteil dieser Innovationen am Umsatz der Unternehmung oder Sparte. Whirlpool verfolgt solche Ziele, wir wie gesehen haben. Aber auch 3M (siehe Kap. 9), die seit 1993 als Ziel formulieren (3M Story 2002), dass 30% des Firmenumsatzes von Produkten stammen soll, die vor vier Jahren noch nicht existierten (vor

1993 hieß dieses 3M Ziel noch 25%, und der Zeitraum war fünf Jahre). Andere Outputziele sind der absolute Gewinn bzw. der prozentuale Gewinnanteil von Innovationen. Sehr beliebt ist auch das einfache Outputziel, wie viele Innovationen in den nächsten Jahren eingeführt werden sollen. So hat sich Pfizer (siehe Kap. 8), das größte Pharmazieunternehmen der Welt, vorgenommen, ab 2010 jedes Jahr sechs neue Medikamente in den Markt einzuführen, davon vier intern entwickelte und zwei extern dazu gekaufte (Pfizer 2006 AR).

Prozessziele werden auch gerne verwendet, da sie die „Maschine" regeln, die den Output liefern soll. Gerade in großen Organisationen sind solche Ziele wichtig, um den Prozess am Laufen zu halten und zu kontrollieren. Prozessziele eignen sich auch sehr gut dazu, als Innovationsziele weiter unten in der Organisation zu dienen, vor allem in Bereichen, die nicht nahe am Markt arbeiten. Unter den Prozesszielen steht an vorderster Stelle die Projektdauer (engl. time-to-market), die vorgibt, wie lange der Innovationsprozess von der Generierung der Idee bis zur Einführung in den Markt maximal dauern soll. Ein Prozessziel kann aber auch die Anzahl der Innovationsprojekte sein, die innerhalb eines bestimmten Zeitraums zum Beispiel in die Entwicklungsphase des Innovationsprozesses (siehe nächstes Kapitel) eintreten sollen. Ein solches Ziel sichert den Nachschub an genügend Projekten in der Innovationspipeline.

Whirlpools Innovationsziel, dass der Wert der Innovationsprojekte in seiner Innovationspipeline einen Betrag x erreichen soll, ist eine Kombination von Output- und Prozesszielen, da die Projekte erst einen Zwischenstand im Innovationsprozess, aber noch nicht den Markt erreicht haben und somit der Wert der Projekte nur auf der Basis von Planzahlen geschätzt werden kann.

Inputziele schließlich geben zum Beispiel die Anzahl der Mitarbeiter an, die Vollzeit auf Innovationsprojekten arbeiten, oder die Mannstunden aller Mitarbeiter, die an Innovationsprojekten beteiligt sind. Ein anderes Inputziel ist die Höhe des Innovationsbudgets.

Nach einer Umfrage von BCG (BCG 2006-2) kontrollieren 78% der Unternehmen ihren Innovationsprozess anhand von Outputzielen, 52% anhand von Prozesszielen, aber überraschenderweise auch 60% anhand von Inputzielen.

Wenn aber spontan nach den Innovationszielen gefragt wird, die den größten Einfluss auf das Innovationsverhalten der Mitarbeiter haben, schälen sich die Outputziele und danach ausgewählte Prozessziele eindeutig als führend heraus:

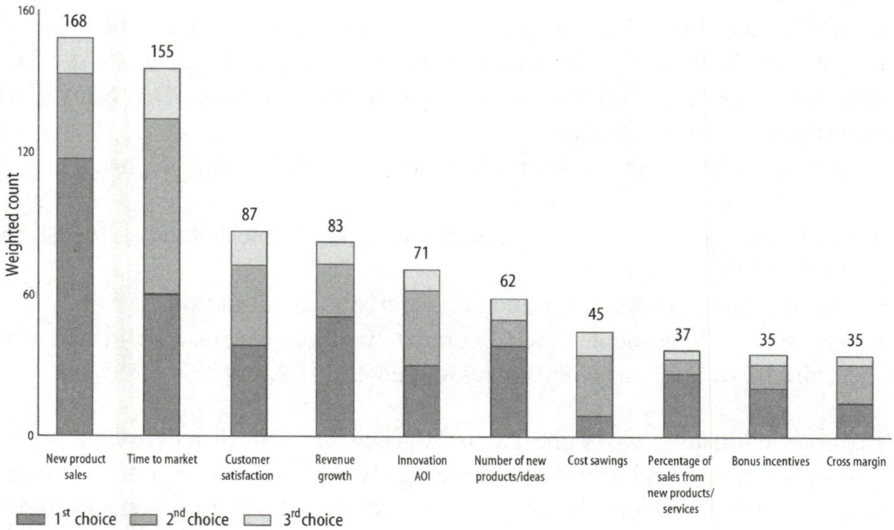

Abb. 3.2. Innovationsziele in der Praxis (BCG 2006-2)

An erster Stelle steht der Umsatz aus neuen Produkten (engl. new product sales) gefolgt von Projektdauer (engl. time-to-market). Nach der Kundenzufriedenheit (engl. customer satisfaction) mit den neuen Produkten folgt der Innovationsbeitrag zum Umsatzwachstum (engl. revenue growth), die Innovationsrendite (engl. innovation ROI) und die Anzahl von neuen Produkten/Ideen.

Offensichtlich lässt sich ein sehr umfangreicher Katalog von Innovationszielen entwickeln. Die praktische Frage stellt sich aber, wie viele Innovationsziele verfolgt werden sollten. Auch hier gilt: Halt es einfach (engl. keep it simple)! Die Unternehmen, die Innovationsziele formulieren, benutzen maximal fünf (BCG 2006-2). In Anbetracht dessen, dass Innovationsziele nur Unterziele zu den Unternehmenszielen sind und deshalb die Unternehmensführung eine Vielzahl von anderen Zielen verfolgen muss, erscheint mir eine Fokussierung auf drei bis fünf Innovationsziele angemessen. Aber diese drei bis fünf Innovationsziele sind dann auf ihre Erreichung hin zu kontrollieren. Denn: Du bekommst nur, was Du misst!

3.6 Innovationsfelder

Über eine gute Strategie wird gemeinhin gesagt, dass sie nicht so sehr auszeichnet, was das Unternehmen vorhat zu tun, sondern was das Unternehmen explizit *nicht* zu tun beabsichtigt. Diese Aussage gilt gerade auch für die Auswahl der Innovationsfelder, d. h. die strategischen Geschäftsfelder, in denen eine Firma Innovationen in den Markt bringen will, und jene, in denen es sich nicht mit Innovationen engagieren will. Es geht um die Fokussierung der Innovationen auf einige wenige Bereiche. Der Sony Fall liefert dazu ein gutes Beispiel.

Die Auswahl der Innovationsfelder hat große Bedeutung, da sie

- bestimmt, wo die Innovationsressourcen des Unternehmens investiert werden (und wo nicht)
- eventuell noch zu akquirierende Ressourcen bestimmt und
- das Suchfeld für neue Ideen begrenzt (und die Ideensuche in anderen Suchfeldern von vorne herein ausschließt).

Im Innovationsprozess (siehe nächstes Kapitel) wird an jedem Tor (engl. gate) jeder Prozessphase (engl. stage) als scharfes Muss-Kriterium überprüft, ob das diskutierte Innovationsprojekt tatsächlich in einem der definierten Innovationsfelder liegt.

Typischerweise umfassen die Innovationsfelder die (meisten der) jetzigen Geschäftsfelder plus ausgewählte neue Geschäftsfelder, die nahe bei den Kernkompetenzen des Unternehmens liegen.

Die Bestimmung der Innovationsfelder läuft gewöhnlich in folgenden vier Schritten ab:

- Positionsbestimmung des Unternehmens/der einzelnen Sparten
- Trendanalyse und Entwicklung von Zukunftsszenarien
- Entwicklung einer umfassenden Liste möglicher Innovationsfelder
- Fokussierte Auswahl der Innovationsfelder

Die Positionsbestimmung als erster Schritt beinhaltet eine strategische Analyse der Branche und der Position der Unternehmung darin. Das schließt eine Analyse der Industriestruktur und der Wertschöpfungskette des Unternehmens mit ein (Porter 1985). Die Position des Unternehmens im Wettbewerbsumfeld wird dann anhand der objektiven Marktposition, des Images der Unternehmung bzw. seiner Marken im Kopfe der Kunden und Verbraucher und anhand seiner Kernkompetenzen bestimmt.

Der zweite Schritt, die Trend- und Szenarioanalyse, identifiziert die Haupttrends der Branche und die relevantesten Haupttrends im Markt allgemein und beschreibt zukünftige Marktszenarien, die die größten Eintrittswahrscheinlichkeiten haben (Bullinger u. Engel 2006).

Für die Entwicklung einer umfassenden Liste möglicher Innovationsfelder als drittem Schritt eignet sich nach meiner Erfahrung ganz hervorragend folgende einfache graphische Methode, die von der jetzigen Unternehmensposition (den jetzigen Kernkompetenzen) ausgeht und entlang beliebig zu wählender Achsen mögliche Innovationsfelder gedanklich „durchtestet". Sehr beliebt ist dabei ein Drei-Achsen-Modell mit zum Beispiel den Achsen: Kunden, Bedürfnisse und Technologien (Cooper 2005):

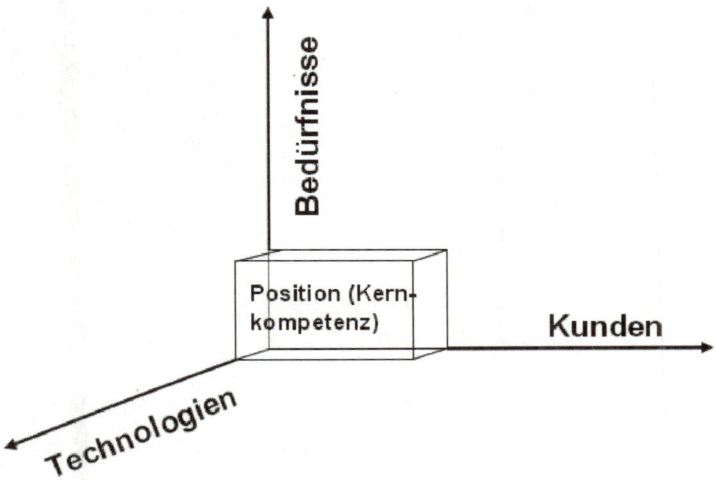

Abb. 3.3. Drei-Achsen-Modell möglicher Innovationsfelder

Ausgehend von der jetzigen Position bzw. von den jetzigen Kernkompetenzen der Unternehmung bzw. der einzelnen Sparten wird entlang der drei Achsen erforscht, welche neuen Kunden mit einer Innovation gewonnen oder welche neuen Bedürfnisse der jetzigen Kunden mit Innovationen bedient werden können oder welche neuen Technologien in Innovationen zur besseren Erfüllung der Bedürfnisse der jetzigen Kunden eingesetzt werden können.

Sony hat offensichtlich als ein Hauptinnovationsfeld den Schnittbereich zwischen digitaler High-Definition Technologie, Privatkunden und deren visuellen Bedürfnissen nach Fernsehen und nach gratis erworbenen, gekauften oder selbst aufgenommenen Bildinhalten definiert. Konkret bedeutet das zum Beispiel für Sony Innovationen im High-Definition Fernsehen, in High-Definition Disc-Spielern (Blue-Ray-Disc), in High-Definition Video-Rekordern und im High-Definition Content. Microsoft hat den Spielkonsolenmarkt, der die Unterhaltungs- oder genauer gesagt Spielbedürfnisse von Privatkunden mit PC- und Internettechnologie kombiniert, als neues Innovationsfeld bestimmt.

An einem anderen konkreten Beispiel, dem von Nokia, wollen wir uns ansehen, wie die umfassende Liste möglicher Innovationsfelder erstellt werden kann. Dazu verwenden wir jetzt ein Modell mit den drei Achsen: Kunden, Bedürfnisse und Geographien:

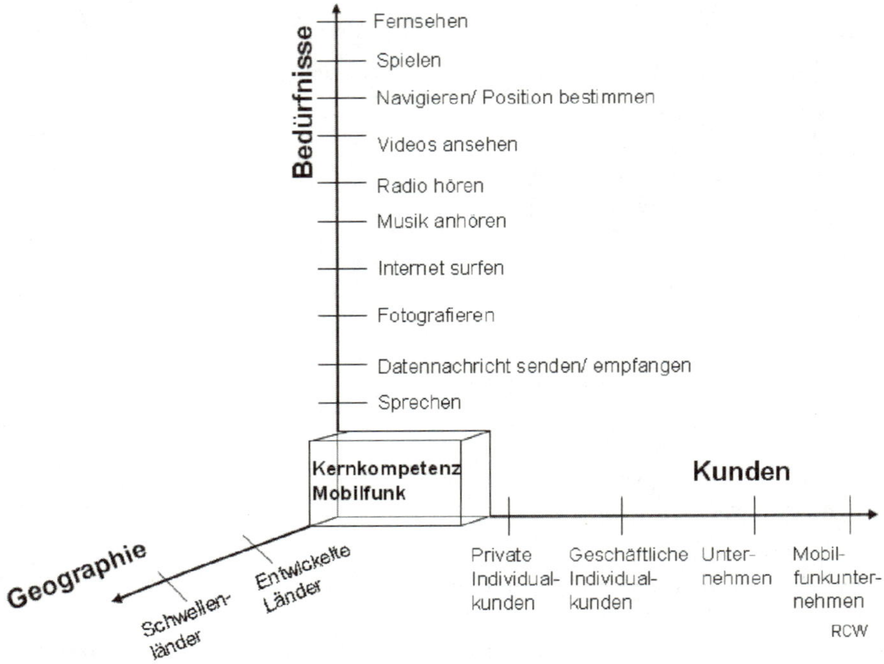

Abb. 3.4. Mögliche Innovationsfelder von Nokia

Ausgehend von seiner jetzigen Kernkompetenz im Mobilfunk hat Nokia in diesem Beispiel zu bestimmen, welche der zehn aufgezeigten Bedürfnisse ihrer vier verschiedenen Kundengruppen in den zwei großen Geographien sie mit Innovationen befriedigen will. Zur Auswahl stehen also hier allein 80 ($10 \times 4 \times 2$) mögliche Innovationsfelder.

In der Vergangenheit hat Nokia den Fokus auf die Erfüllung der Bedürfnisse ihrer privaten und geschäftlichen Individualkunden in der entwickelten Welt gelegt. Das hat einerseits sichergestellt, dass Nokia immer wieder die Technologieführerschaft neu gewinnen musste, um die anspruchsvollen Kunden zufrieden zu stellen. Andererseits sind die erzielbaren Preise und damit auch die Gewinnspannen in den entwickelten Ländern besonders hoch.

In letzter Zeit hat Nokia diese Strategie modifiziert. Es legt jetzt einen zweiten Schwerpunkt auf die Schwellenländer mit der Absicht, am enormen Wachstum boomender Länder wie China und Indien mit der Gewinnung neuer Handykunden angemessen teilzuhaben (FAZ 26.1.07). Inzwischen kommen schon mehr als die Hälfte der Handybenutzer weltweit aus den Schwellenländern. Nokia bietet in diesen Ländern vor allem einfachere Handys an, die angesichts der begrenzten Budgets der Verbraucher dieser Länder gewisse niedrige Preisschwellen nicht überschreiten.

Dieses Beispiel macht die Stärke des einfachen Drei-Achsen-Modells sichtbar: es geht von den jetzigen Kernkompetenzen aus und fördert über die kreative Auswahl der Achsen das Durchdenken kreativer neuer Innovationsfelder.

Der letzte und vierte Schritt in der Bestimmung der Innovationsfelder besteht in der fokussierten Auswahl der Innovationsfelder aus der Vielzahl der möglichen Kombinationen. Vier Faktoren sind bei dieser Auswahl entscheidend:

- Konsistenz mit der übergeordneten Unternehmensstrategie
- Synergie mit den bestehenden Kernkompetenzen (das ist im Drei-Achsen-Modell über den Ausgang von der jetzigen Kernkompetenz sichergestellt)
- Potential des Innovationsfeldes
- Synergien der Innovationsfelder untereinander

Das Potential des Innovationsfeldes wird von zwei Hauptfaktoren bestimmt: einerseits der Größe des Marktes (Wie viel Umsatz hat der Markt? Wie viel Gewinn steckt in ihm?) und des Marktwachstums und andererseits der technologischen Veränderungschance. Sinnvollerweise greift sich das Unternehmen bei der Auswahl der Innovationsfelder jene heraus, für die es die größte Kompetenz hat und die das größte Potential bieten. Die Kompetenz der Unternehmung kann dabei sowohl aus der Technologie, aus der Vertriebsstärke als auch aus der Stärke der Marken herrühren. So geben zum Beispiel jene Innovationen BMW einen Vorsprung, die zu seinem dynamischen Image der „Freude am Fahren" (deutschsprachiger Raum) bzw. „The Ultimate Driving Machine" (anglosächsischer Raum) passen (Bullinger u. Engel 2006), genauso wie Lenor einen Vorteil in den Augen der Konsumenten hat, wenn es um Innovationen des textilen Wohlgefühls geht.

Nokia bietet in der entwickelten Welt Handys mit immer mehr Funktionen wie jetzt auch Navigation und Videospiele an (Bryan-Low 2007-2). Das Potential für diese anspruchsvollen Handys ist hier groß. Dagegen wären diese anspruchvollen Funktionen in vielen Schwellenländern noch verfrüht. Das Marktpotential der anspruchsvollsten Handys ist in diesen Ländern wegen ihres hohen Preises und wegen der häufig noch unzureichenden Infrastruktur des Mobilfunknetzes oft noch zu klein. In diesen

Ländern wird Nokia den Fokus zunächst weiterhin auf einfache Handys legen, um einen niedrigen Preispunkt zu treffen und die Kundenpenetration zu maximieren.

Dafür aber gibt es in den Schwellenländern möglicherweise Bedarf an Funktionen, die in den entwickelten Ländern keinen Markt fänden. Ein gutes Beispiel für ein solches Innovationsfeld ist das Angebot von Handys mit eingebautem FM (UKW) Radio in den Schwellenländern. Das ins Handy eingebaute FM (UKW) Radio ermöglicht den Verbrauchern in diesen Ländern, übers Handy Radio und unter anderem Musik zu hören. Ein ins Handy integriertes digitales Musikabspielgerät wäre dagegen für sie im Augenblick unerschwinglich (Bryan-Low 2007-1).

Trotz des Maßschneiderns der Innovationen auf die einzelnen Märkte ist gleichzeitig aber auch zu beachten, dass genügend Synergien der Innovationsfelder untereinander bestehen. In diesem Zusammenhang wird auch über Plattformen wie z. B. Technologie-Plattformen gesprochen. Sinnvoll ist, dass möglichst viele Innovationsfelder auf derselben Plattform aufsetzen, damit die Komplexität und die Kosten reduziert werden (mehr dazu im übernächsten Abschn. 3.8).

3.7 Grundtypus der Hauptinnovationen

Wenn aus den (in diesem Nokia Beispiel 80) möglichen Innovationsfeldern die strategische Auswahl getroffen ist, sollte im nächsten Schritt bestimmt werden, ob die Innovation in den jeweiligen Innovationsfeldern mittels

- reiner Produktinnovation
- reiner Geschäftsmodellinnovation
- kombinierter Produkt- plus Geschäftsmodellinnovation

erfolgen soll.

Die Einführung von Microsofts Xbox 360 mit Xbox Live ist ein gutes Beispiel für eine kombinierte Produkt- und Geschäftsmodellinnovation. Das gilt auch für Apples iPod (siehe Kap. 7). Ebenso hat Disney sein Geschäftsmodell durch Innovationen wie das Angebot von ABC Fernsehshows oder von Disney Movies auf Apples iTunes oder die elektronisch herunter ladbaren Angebote auf seinen Websites ABC.com bzw. Disney-Channel.com erneuert (Disney 2006).

Ein anderes gutes Beispiel ist wiederum Nokia: In dem typischen Geschäftsmodell des Nokia Mobilfunkgeschäftsbereichs verkauft Nokia seine

Handys direkt an die Individualkunden oder indirekt über die Mobilfunkanbieter. Das Einkommen erzielt Nokia aus diesem Handyverkauf. Für den Mobilfunkservice an den Endverbraucher und für die damit zusammenhängenden Dienstleistungen sind in diesem Geschäftsmodell bislang die Mobilfunkanbieter zuständig.

Die Frage, die sich ein Unternehmen wie Nokia stellt, ist, wie es sein Geschäftsmodell auf mehrere Ertragssäulen stellen kann. Das ist vor allem langfristig von Bedeutung, wenn der Umsatz aus dem Handyverkauf zurückgehen sollte, weil die meisten Verbraucher weltweit ihr erstes Handy gekauft haben. Attraktiv erscheinen zum Beispiel zusätzliche Einkommensströme aus Servicegeschäften mit den Endverbrauchern. Natürlich muss dabei der Interessenkonflikt mit der wichtigen Kundengruppe der Mobilfunkanbieter vorsichtig gemanagt werden, die bislang für den Service gegenüber den Endverbrauchern zuständig sind und daraus ihr Einkommen beziehen.

Nokia hat sich anscheinend in zumindest den drei folgenden Innovationsfeldern entschlossen, kombinierte Produkt- plus Geschäftsmodellinnovationen, die sich direkt an den privaten Individualkunden in den entwickelten Ländern wenden, einzuführen: Navigieren, Spielen und Musik anhören.

Nokia wird zum Beispiel am boomenden Markt der mobilen Navigation teilnehmen und dafür ein neues Geschäftsmodell verfolgen, das sich unter Umgehung der Mobilfunkanbieter direkt an die Endverbraucher wendet (Winkelhage 2007). Die Produkttechnologie dafür hat es sich unter anderem durch die Akquisition der deutschen Firma gate5 beschafft. Voraussetzung für die volle Funktionalität (Positionsbestimmung, Navigation) ist, dass die Handys mit einem Empfänger für das GPS-Positionssignal ausgestattet sind. Der Handybenutzer kann bei diesem Nokia Service ständig aktualisiertes Kartenmaterial für 150 Länder kostenlos aus dem Internet herunterladen, während die führenden Anbieter auf dem Navigationsmarkt wie z. B. TomTom für zusätzliche Karten oder Aktualisierungen Geld verlangen. Allerdings werden die Kunden des Nokia-Services, falls sie über die kostenlosen Grunddienste der Kartenansicht und der Routenplanung hinaus den Navigationsservice beanspruchen wollen, für dessen Nutzung ein kostenpflichtiges Abonnement erwerben müssen. Für Westeuropa wird ein Wochenabonnement zum Beispiel 10 Euro und ein Dreijahresabonnement 100 Euro kosten, was für viele Verbraucher attraktiv sein sollte. Der Nokia-Service wird auf Nokia-Handys verfügbar sein (dort unter dem Namen Nokia Maps); aber auch auf Handys mit dem Windows Mobile Betriebssystem von Nokias Erzrivalen Microsoft (dort unter dem Namen smart2go). Außerdem wird Nokia seinen Navigationsservice für Handys mit dem Opensource Linux Betriebssystem bereitstellen.

Nokias Strategie ist erkennbar: in kürzester Zeit die breiteste Masse von Endverbrauchern für den eigenen Service gewinnen mittels Aufsetzen auf bestehender, breit verfügbarer Hardware (Handy), mittels breiter Verfügbarmachung des Navigationsservices für die verschiedenen Handybetriebssysteme und mittels kostenlosem Download der Karten.

Ein Geschäftsmodellvergleich von Nokias innovativem Navigationsservice Nokia Maps (schwarze Punkte mit durchgezogener schwarzer Linie) mit dem Service des mobilen Navigationsmarktführers TomTom (leere Punkte mit gepunkteter Linie) und mit dem bereits verfügbaren Google Maps Service (Quadrate mit gestrichelter Linie) sieht wie folgt aus:

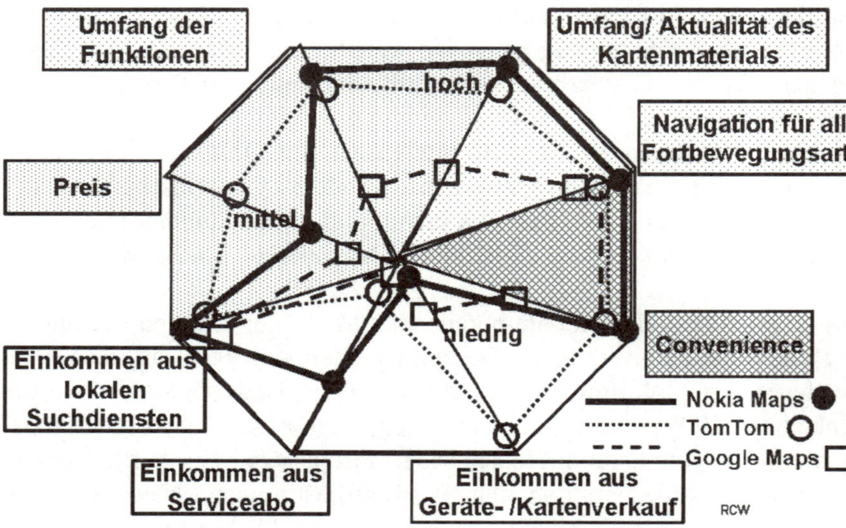

Abb. 3.5. Nokia Maps Geschäftsmodell im Vergleich zu TomTom und Google

Nokia Maps bietet einen umfangreichen Service mit einem großen Funktionsumfang (von Routenplanung bis Navigation), mit einem großen, immer aktualisierbaren Kartenangebot für alle Fortbewegungsarten (von zu Fuß bis im Auto) für viele Betriebssysteme in einem einzigen Gerät zu einem erschwinglichen Preis bei hoher Convenience. Während Nokia kein Geld für die Karten nimmt, hat es Einnahmen aus dem Navigationsabonnement und aus der Werbung für lokale Suchdienste.

TomToms Hauptprodukt ist das Navigationsgerät fürs Auto, das extra bezahlt werden muss neben den zu bezahlenden Karten und das sich wegen seiner Größe natürlich nicht gut für alle Fortbewegungsarten eignet. TomTom bietet allerdings schon seit einiger Zeit eine ähnliche

Lösung fürs Handy an, wie sie Nokia jetzt in den Markt bringt. TomToms Handy Ertragsmodell basiert allerdings genau wie sein Autonavigationsgerät auf dem Verkauf der Karten.

Google Maps schließlich besteht als Service bereits seit Februar 2005. Die Funktionalität von Googles Service ist allerdings begrenzt, da Google keinen Navigationsservice mit Ansage anbietet.

Neben dem neuen Navigationsservice plant Nokia auch in den Innovationsfeldern Videospiele und Musikhören kombinierte Produkt- plus Geschäftsmodellinnovationen, die sich direkt an den Endverbraucher wenden (Bryan-Low 2007-2, Norton 2007). Die Spiele lässt sich Nokia unter anderem von Electronic Arts Inc. und von Gameloft SA entwickeln. Für den Musikservice hat Nokia im Sommer 2006 den US-amerikanischen Online Musikvertrieb Loudeye akquiriert (Nokia Q4 2006).

3.8 Plattformen und Roadmaps

Aus Gründen der Komplexitäts- und Kostenreduktion ist es sinnvoll, Innovationsprojekte auf gemeinsamen *Plattformen* aufzusetzen. Die Hauptplattformen werden dann zum Bestandteil der Innovationsstrategie. Dabei ist der Begriff der Plattform weit gespannt und bezeichnet eine Kernkompetenz, die sich gleichsam über verschiedene Anwendungen ausrollen lässt.

Typisch ist der Begriff der Plattform in der Automobilindustrie, in der verschiedene Fahrzeugvarianten oder Fahrzeugmarken auf derselben Plattform aufsetzen. Plattform bedeutet hier soviel wie *Produktplattform* oder eine technische Basis, auf der äußerlich verschiedene Modelle aufbauen. Der VW Golf der vierten Generation ist ein gutes Beispiel dafür. Seine neue Plattform wurde gleichzeitig bzw. später auch im VW Bora, VW New Beetle, Skoda Octavia, Seat Leon, Seat Toledo, Audi A3 und Audi TT verwendet.

Ganz allgemein spricht man heute über technologische Plattformen, die von verschiedenen Produkten gemeinsam genutzt werden. Eine solche *Technologieplattform* ist Sonys Blue-Ray High-Definition Technologie, Sonys OLED Technologie und Sonys Cell Chip oder Microsofts Xbox Live Plattform. Auch Beiersdorfs Q10 Coenzym Technologie, die in verschiedenen Beiersdorf Gesichts- und Hautcremeprodukten Anwendung findet, gehört dazu. 3M hat 42 technologische Plattformen für sein weltweites Geschäft definiert, von Klebstoffen bis zu Vakuumprozessen (3M 2005).

Auch eine starke Marke kann eine Plattform sein. So hat zum Beispiel Procter & Gamble die neue Marke Febreze als Markenplattform benutzt, um in den Markt für Haushaltserfrischer einzudringen. Nach der Einführung des Febreze Textilerfrischers wurde in der Zwischenzeit der Febreze Frischehauch Raumspray lanciert und jetzt ganz neu auch Febreze Kerzen zur Geruchskontrolle. Generell betrachtet Procter & Gamble seine 22 globalen Marken als hervorragende Plattformen, um Innovationen unter dem Schutzschild der starken Marke weltweit schnell und kostengünstig in den Markt zu bringen (P&G 2006).

Auch Disney hat starke Marken oder Charaktere wie Mickey Mouse oder Winnie the Pooh. Disney benutzt diese Marken und Charaktere als Plattformen für einen Roll-out in ganz neue Distributionskanäle wie zum Beispiel Kreuzfahrtschiffe oder den elektronischen Download von eigenen oder fremden Websites bzw. für den geographischen Roll-Out in Schwellenländer, in denen es beispielsweise das Hong Kong Disneyland (China) gebaut oder die Disney Fernsehkanäle (Indien) forciert hat (Disney 2005, Disney 2006).

Aber auch Geschäftsmodelle eignen sich als Plattform für weitere Innovationen. So hat Google sein Geschäftsmodell einer automatisierten Werbung, die im Wege eines Matchings Werbung mit Inhalt abgleicht, nach dem Riesenerfolg auf der eigenen Google Website („Google AdWords“: Matching von Werbung mit Suchwort) auf die Websites von zigtausenden von Partnerunternehmen („Google AdSense“: Matching von Werbung mit Websiteinhalt) ausgerollt (Battelle 2005). Wir können hier entsprechend über eine *Geschäftsmodellplattform* sprechen.

Eine strategische Roadmap ist eine visuelle Präsentation der auf Plattformen aufbauenden Innovationsstrategie entlang der Zeitachse. Dabei stellt die Roadmap die Reihenfolge (und damit zeitliche Priorität) und die Verknüpfung der Hauptinnovationsprojekte dar. Eine strategische Roadmap zeichnet auf einer Zeitachse wie im Masterplan die Hauptinnovationsprojekte auf, die zur Erreichung der Geschäfts- und Innovationsziele nötig sind.

Es gibt die verschiedensten Formen der Roadmaps. Am häufigsten werden Technologie-Roadmaps oder Produkt-Roadmaps verwendet (Möhrle u. Isenmann 2005). Den größten Nutzen zieht ein Unternehmen allerdings aus kombinierten Technologie- plus Produkt-Roadmaps. Sie eignen sich besonders gut zur Kommunikation und zur Koordination über die Abteilungsgrenzen hinweg, insbesondere zur Kommunikation und Koordination von Forschung und Entwicklung auf der einen Seite und Marketing auf der anderen.

In der Körperpflegeindustrie (aber auch in der Automobilindustrie) ist es zum Beispiel typisch für Firmen wie L'Oréal oder Beiersdorf, dass eine neue Technologieplattform zunächst bei den Prestigeprodukten eingesetzt wird, um danach kaskadenartig auf den nächst niedrigen Preisstufen, d. h. in den hochpreisigen Massenmarktprodukten und dann in den mittelpreisigen Massenmarktprodukten verwendet zu werden. Ein Beispiel ist die Coenzym Q10 Technologie, die Beiersdorf äußerst erfolgreich seit 1997 über sein Marken- und Produktportfolio ausgerollt hat:

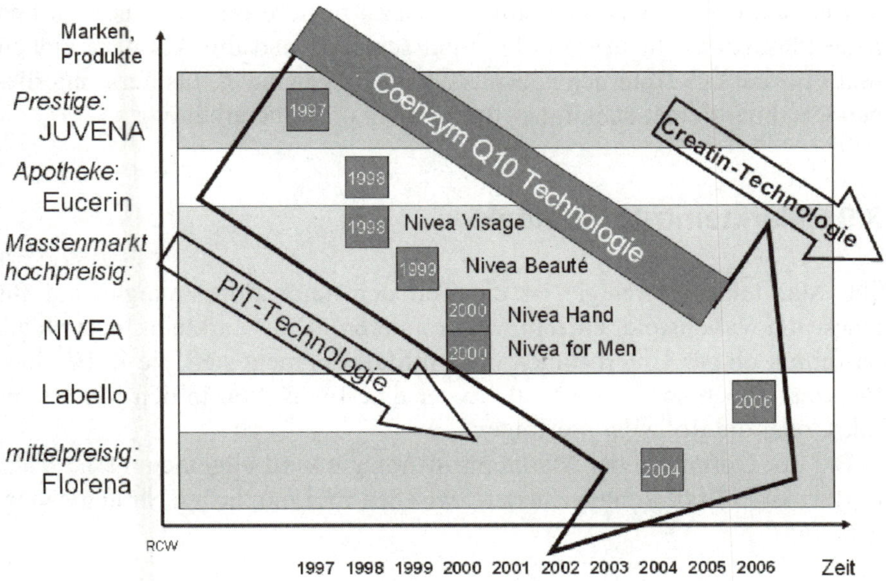

Abb. 3.6. Produkt+Technologie Roadmap

Bei der Planung des Ausrollens neuer Technologien über das Produktsortiment sind solche kombinierten Produkt+Technologie-Roadmaps sehr hilfreich. Beiersdorf hat die Q10 Coenzym Technologieplattform im Zeitraum von 1997 bis 2006 über ihre großen Marken und wichtige Produkte ausgerollt (Beiersdorf 2007). Nach dem Einsatz von Q10 in der Prestigemarke JUVENA folgt kurz darauf der Einsatz in der Apothekenmarke Eucerin und dann in der hochpreisigen Massenmarke NIVEA. Dort wurde es in den verschiedensten Produkten verwendet. 2004 wurde die Q10 Technologie dann in der mittelpreisigen Marke Florena und 2006 schließlich auch in der hochpreisigen Massenmarktmarke Labello eingesetzt.

Besonders gut eignen sich solche Roadmaps für die Entwicklung und visuelle Darstellung kurz- und mittelfristiger Innovationsstrategien und damit vor allem für inkrementale Innovationen, die auf grundsätzlich bereits belastbaren Plattformen aufsetzen. Roadmaps sind meist das Ergebnis strategischer Diskussionen in der Unternehmensführung und stellen einen Top-Down Ansatz zur Skizzierung zukünftiger Innovationsprojekte dar. Die Aufnahme eines Innovationsprojektes in die Roadmap bedeutet natürlich nicht, dass sich das Projekt nicht mehr im folgenden Innovationsprozess zu bewähren hätte (siehe nächstes Kap. 4). Insbesondere schließt das nicht aus, dass sich neue und potentiell bessere Innovationsideen und neue Plattformen in den Vordergrund schieben und die Aufmerksamkeit und Priorität des Unternehmensmanagements gewinnen. Insofern unterliegen Roadmaps einer ständigen Überprüfung und Überarbeitung.

3.9 Markteintrittsstrategie

Die Markteintrittsstrategie ist ein Teil der Innovationsstrategie und für jedes Innovationsfeld einzeln zu definieren. Die Markteintrittsstrategie bestimmt, ob das Unternehmen in dem Marktsegment stets die Rolle eines Pioniers einnehmen soll, der als Erster eine Innovation in den Markt einführt, oder die Rolle des Verfolgers.

Bei der Definition der Markteintrittstrategie wird allgemein (z. B. Vahs u. Burmester 2005) unterschieden zwischen drei möglichen Strategiealternativen:

- Pionier (oder First Mover oder First-to-Market): er will mit seiner Innovation als Erster im Markt sein.
- Schneller Folger (oder Fast Follower): er überlässt dem Pionier den „ersten Zug", um die Kundenreaktion auf das Produkt des Pioniers abzuwarten und dann schnell mit einem verbesserten Produkt auf den Markt zu kommen.
- Imitator (oder später Folger oder Late Follower): er imitiert das Produkt des Pioniers oder schnellen Folgers, meist zu niedrigeren Kosten und damit Verkaufspreisen, und führt es erst in den Markt ein, wenn sich die weitere Entwicklung des neuen Marktes relativ sicher einschätzen lässt.

Bei allen drei Alternativen geht es um die Strategie, d. h. die Absicht des Unternehmens. In der Marktrealität schließt das natürlich nicht aus, dass ein Unternehmen, das eine Pionierstrategie verfolgt und deshalb als Erster im Markt sein will, von einem Wettbewerber überholt wird. So auch in diesem Fall:

Beide führenden Waschmittelmarken im deutschen Markt, Persil und Ariel, planen, als Erster ein innovatives kompaktes Buntwaschmittel im neuen Ultra-Markt um die Jahreswende 1991/1992 einzuführen. Genau genommen planen wir für Ariel Color die Einführung Anfang 1992 und werden von dem Persil Color Launch im August 1991 überrascht. In Reaktion auf die frühe Einführung von Persil Color ziehen wir die Einführung von Ariel Color auf November 1991 vor, um den zeitlichen Rückstand nicht zu groß werden zu lassen. Letztlich sagen die unterschiedlichen Einführungszeitpunkte aber nichts über die Intention der beiden Wettbewerber aus, die beide als Erster im Markt sein wollen.

Persil Color wählt für seine Endverbraucherkommunikation das Konzept der Verhinderung von Farbübertragung. So sollen nun z. B. rote und weiße Wäschestücke in ein und derselben Waschladung zusammen gewaschen werden können. Wir wollen Ariel Colors Kommunikation davon abheben und finden ein großes Verbraucherinteresse an unserem „Verhindert das Ausbleichen von Farben" Konzept. Ariels Produkt erfüllt die Verbrauchererwartungen in hohem Maße, während Persil Color die geweckten hohen Erwartungen nicht erfüllen kann. Dies und ein paar andere Unterschiede in der Durchführung der beiden Produktlaunches führt dazu, dass Mitte 2002 Ariel Color Persil Color überholt hat und mit circa 5% Anteil am gesamten Waschmittelmarkt einen fast doppelt so hohen Marktanteil wie Persil Color erreicht. Dieses Ergebnis wiederum ist nicht etwa Ausdruck einer bewussten Strategie von Ariel, als Fast Follower in den Markt einzutreten. Vielmehr hat in diesem Fall alleine Ariels bessere Umsetzung den Ausschlag dafür gegeben, dass Ariel Marktführer in dem neuen kompakten Buntwaschmittelsegment wird, obwohl es tatsächlich nur als Zweiter in den Markt eintritt.

Ich schildere diesen Fall so ausführlich, weil nach meinem Ermessen in der Diskussion der Innovationsstrategie des schnellen Folgers viel zuviel Gewicht beigemessen wird.

Erstens zeigen Studien, dass der Pionier eine höhere Erfolgschance und eine höhere Profitabilität hat als die Folger, auch wenn die Unterschiede überschaubar sind

In der nachfolgenden Abbildung ergibt sich zum Beispiel für den First Mover eine Erfolgschance von 71% gegenüber der Erfolgschance des schnellen Folgers von 63%. Bei der Profitabilität erreicht der Pionier einen Indexwert von 63, während der Zweite auf 57 kommt (Cooper 1998):

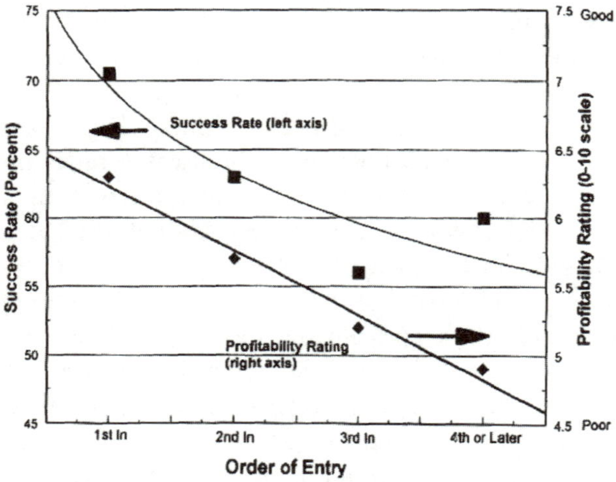

Abb. 3.7. Einfluss des Zieleinlaufs auf Erfolgschance und Profitabilität (Cooper 1998)

Außerdem hat der Erste im Markt normalerweise neben den höheren Risiken, zum Beispiel bezüglich der Marktakzeptanz seiner Innovation einige schwerwiegende Vorteile. Er gewinnt Erfahrungsvorsprünge und Skalenvorteile gegenüber den Folgern. Er ist oft in der Lage, für die Folger Distributionshürden aufzubauen. Das gilt sehr stark für den Konsumgütermarkt. Aufgrund des beschränkten Regalplatzes will der deutsche Handel in vielen neuen Marktsegmenten oft nur den Pionier und danach eine wesentlich billigere Eigenmarke listen. Oder ein First Mover wie die Playstation 2 oder die Xbox 360 sichert sich durch den frühen Verkauf seiner attraktiven Hardware eine wichtige Kundenbasis, die dann anschließend noch lange für den Verkauf von gewinnträchtiger Software und Dienstleistungen genutzt wird.

Und schließlich ist der First Mover oft in der Lage, in dem Kopf der Kunden eine mentale Imagebarriere zu errichten. Dieses Argument erfordert dann auch eine wesentliche Klärung des Begriffes des „Ersten". In den Konsumgütermärkten geht es nämlich nicht darum, irgendwo auf der Welt als Erster eine Innovation auf den Markt gebracht zu haben, von der die ersten globalen Verbraucher gehört haben. Stattdessen geht es darum, Erster im Kopf, d. h. im Bewusstsein der großen Mehrheit der lokalen Verbraucher zu sein. Denn in jedem lokalen Markt entfaltet sich immer wieder von neuem ein Wettkampf darum, wer Erster mit seiner Innovation wird. Und was dann zählt, um Marktführer zu werden, ist dass die Innovation in Kombination mit der dahinter stehenden Marke als Erstes in das Bewusstsein der großen Mehrheit der lokalen Verbraucher eindringt und es dominiert (Ries u. Trout 2000). Ganz praktisch bedeutet das für die Unternehmen, dass schnellste Umsetzung und Kommunikation von Innovationen mit entsprechend starker Marketingunterstützung in jedem einzelnen lokalen Markt immer wieder von neuem erforderlich ist.

Welche große Bedeutung den Vorteilen des First Movers beigemessen wird, kommt auch in der Tatsache zum Ausdruck, dass immer mehr Unternehmen aus Wettbewerbsgründen darauf verzichten, Patente anzumelden (Vahs u. Burmester 2005). Die Gefahr ist oft zu groß, dass die Konkurrenz aufgrund der frühen Patentanmeldung hellhörig wird, daraus lernt und durch geschickte Umgehung der patentrechtlichen Hindernisse der Innovation zuvorzukommen versucht.

Neben den nachgewiesenen Vorteilen der Pionierstrategie spricht gegen eine Strategie des schnellen Folgers, dass sie schwer umzusetzen ist unter dem Aspekt der Motivation der Organisation. Diese Strategie scheint mir einer zweifelhaften Strategie im Fußball zu entsprechen, bewusst „mit Handbremse" in die Bundesligasaison zu starten, um dann zum Schluss den Tabellenführer zu überholen. Ich glaube, eine solche Strategie ist den Mitarbeitern nur schwer zu vermitteln, und der Enthusiasmus, der sich dafür entfachen lässt, dürfte begrenzt sein. Nicht zuletzt deshalb verfolgen große erfolgreiche Unternehmen wie Procter & Gamble, Sony oder Nokia gewöhnlich eine First-Mover Strategie.

Ich habe alle obigen Aussagen natürlich gemacht unter der Voraussetzung, dass ansonsten die Wettbewerbsbedingungen der möglichen Wettbewerber vergleichbar sind. Wenn ein Unternehmen dagegen einen Markt so eindeutig dominiert, wie es Microsoft tut, kann es sich dagegen schon die Position eines schnellen Folgers erlauben. Dass diese Strategie funktioniert, hat Microsoft genügend oft gegenüber wesentlich kleineren Wettbewerbern wie Netscape (Browser) oder RealNetworks (Media Player) bewiesen. In diesen Fällen hat Microsoft ihre eigene Innovation, die oft eher einer Imitation glich, in allen neuen PCs mit Microsoft-eigener Windows Software vorinstallieren lassen. Aufgrund der dominanten Position der Windows Software in mehr als 90% der PCs weltweit war Microsoft so in der Lage, den zeitlichen Rückstand mehr als aufzuholen.

Ähnlich ist auch die Strategie des „FastSecond" (Markides u. Geroski 2004) zu beurteilen. Sie besteht in der Empfehlung für etablierte Unternehmen, in radikal neue Märkte nicht übereilt einzusteigen. Solche radikal neuen Märkte sind sehr eng definiert als Pioniermärkte, in denen sich die neue revolutionäre Technologie noch einen Markt sucht (sog. supply-push market). Sie sind dadurch gekennzeichnet, dass sie einerseits ein ganz neues Konsumentenverhalten erfordern und dass anderseits die jetzigen Kompetenzen der etablierten Unternehmen für ein erfolgreiches Agieren in diesen Märkten nicht ausreichen. Die Strategie des „FastSecond" empfiehlt, den richtigen Zeitpunkt für den Markteintritt abzuwarten, der dann erreicht ist, wenn die neue Technologie genügend ausgereift ist und sich vor allem die Möglichkeit zur Etablierung eines dominanten Designstandards abzeichnet. Der Markteintritt soll dann sinnvollerweise schnell, z. B. über die Akquisition eines jungen Unternehmens aus diesem neuen Markt vollzogen und das neue Geschäft mit den bestehenden überlegenen Ressourcen des akquirierenden Unternehmens mit großer Geschwindigkeit hoch skaliert werden. Hier kann man wohl schwerlich über vergleichbare Wettbewerbsbedingungen für die jungen Firmen des Pioniermarktes und die akquirierenden Großunternehmen sprechen. Die Autoren sprechen aber wohlgemerkt auch gar nicht der First-Mover-Strategie ihre Vorteile ab, sondern sie modifizieren diese Strategie nur für diesen speziellen Fall der radikal neuen Märkte. Entscheidend sei, dass etablierte Unternehmen nicht als Erste in einen solchen radikalen Pioniermarkt eintreten, sondern dass sie als Erste den Massenmarkt eröffnen, sobald sich die Möglichkeit zur Etablierung eines dominanten Designstandards abzeichnet. Die „FastSecond" Strategie würde ich deshalb zutreffender als „First-to-Mass-Market" Strategie bezeichnen.

Was Nokia mit seinem neuen Nokia Maps Navigationsservice vorhat, ist ein Beispiel für eine solche „FastSecond" Strategie, aber wohl auch für Microsofts Monopolstrategie. Die meisten Wettbewerber in dem mobilen Navigationsmarkt sind im Vergleich zu Nokia noch relativ klein, wachsen aber mit extrem hohen Raten. Die Technologie ist inzwischen weitestgehend ausgereift. Nokia tritt nun in den Markt ein mittels der Akquisition von gate5 und wird das Geschäft jetzt mit den eigenen umfangreichen Ressourcen hoch skalieren. Dass Nokia die Nokia Maps Software auf zig Millionen neuen Handys, die Nokia jährlich verkauft, vorinstallieren kann, ist natürlich ein beträchtlicher Wettbewerbsvorteil für Nokia.

Ich will diese Diskussion der Eintrittstrategien wie folgt abschließen: In der überwiegenden Anzahl von Fällen ist die Verfolgung von nur einer von zwei Eintrittsstrategien sinnvoll: entweder der First-Mover-Strategie mit den großen damit zusammenhängenden Vorteilen oder einer kostenführerorientierten Imitationsstrategie. Das gilt für alle etablierten Märkte mit inkrementalen Innovationen, aber auch für etablierte Märkte mit radikalen Innovationen, vor allem wenn diese auch mit einem neuen Geschäftsmodell verbunden sind (siehe das Beispiel von Southwest Airlines). Eine so genannte Fast-Follower Strategie ist dagegen nicht zu empfehlen, da sie extrem schwer umzusetzen ist und viele Nachteile gegenüber der Pionierstrategie bzw. der Imitationsstrategie hat. Dagegen ist die so genannte „FastSecond" Strategie oder „First-to-Mass-Market" Strategie eine hervorragende Strategiealternative für radikal neue Märkte mit ganz neuem Kundenverhalten und ganz neuen Kompetenzerfordernissen. Was uns zur allgemeinen Frage bringt, wie diese Kompetenzen erworben werden sollen.

3.10 Beschaffungsstrategie

Die Beschaffungs- oder Sourcingstrategie legt fest, wie das Unternehmen in den einzelnen Innovationsfeldern die nötigen Kompetenzen und das nötige Know-How erwerben soll, ob intern oder von außen. Dies ist wohl einer der Strategiebereiche, in dem eine der größten Veränderungen in den letzten zehn Jahren statt gefunden hat.

Noch vor nicht allzu langer Zeit wäre in vielen Unternehmen die Frage der Beschaffungsstrategie für Kompetenzen und Know-How überhaupt nicht explizit gestellt worden. Die selbstverständliche Antwort wäre gewesen: natürlich entwickeln wir die nötige Kompetenzen und das nötige Know-How intern bzw. erwerben es eventuell durch die Rekrutierung neuer Mitarbeiter mit solchen Kompetenzen und solchem Know-How. Das Innovationsparadigma sah wie folgt aus:

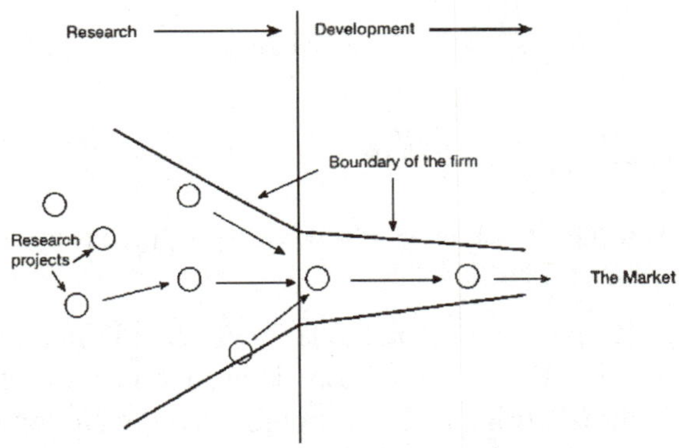

Abb. 3.8. Überholtes Innovationsparadigma (Chesbrough 2003)

Wie in einem Trichter werden die Innovationsideen vom Unternehmen gesammelt, und als Innovationsprojekte durchlaufen sie dann die Forschung (engl. research) und Entwicklung (engl. development), um schließlich in dem Markt eingeführt zu werden. In diesem überholten Innovationsprozess ist das Unternehmen die ganze Zeit von der Umwelt abgekapselt. Es gibt eine klare Außengrenze (engl. boundary) für den Innovationsprozess.

Inzwischen hat ein radikaler Paradigmenwechsel stattgefunden. Die Sicht für die möglichen Beschaffungsalternativen hat sich dramatisch geöffnet. Die Innovation der Unternehmung wird als ein offenes System verstanden.

Führende Innovatoren sind jetzt bereit, während des gesamten Innovationsprozesses fehlende Kompetenzen und fehlendes Know-How von außen zu erwerben im Wege externer Forschungsprojekte, der Investition von

Venture Capital in Start-up Unternehmen, der Einlizensierung von Technologien oder des direkten Kaufs von fehlenden Technologien. Dadurch ist die vormals geschlossene Außengrenze des Innovationsprozesses nach außen durchlässig geworden:

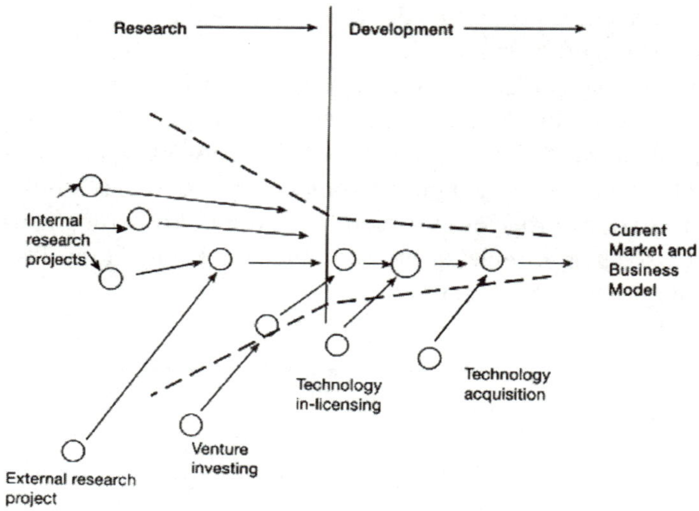

Abb. 3.9. Neues offenes Innovationsparadigma (Chesbrough 2003)

P&G ist ein Beispiel fürs neue Paradigma der offenen Innovation. P&G hat die Vision, das beste Unternehmen in der Welt zu werden, was die Identifikation, die Entwicklung und die Nutzung von externen Partnerschaften in jedem Geschäftsbereich anbetrifft. P&Gs Vorstandsvorsitzender, A.G. Lafley, möchte P&G zu einem Magneten machen für die besten externen Partner, die zusammen mit P&G große neue Geschäfte aufbauen wollen (P&G 2002). Bis 2007 soll P&G 50% seiner Innovationen von außen beschaffen im Vergleich zu nur 10% der Innovationen, die es 2002 von außen bezogen hat (Berner 2003). Dafür hat P&G speziell die neue Position eines Director of External Innovation geschaffen. Dieser Manager führt P&Gs Initiative mit dem Namen Connect+Develop an, die Ideen und Lösungen durch externe Netzwerke finden und in die P&G Organisation importieren soll (siehe Fallstudie Kap. 9). Im Geschäftsjahr 2006 haben bereits 35% von P&Gs Produktinnovationen neue Ideen oder Technologien von außen enthalten (P&G 2006). Mr. Clean AutoDry, Mr. Clean Magic

Eraser und Pringles Prints sind nur drei erste Beispiele von P&G Innovationen, die auf Connect+Develop zurückgehen (Taylor u. LaBarre 2006).

Wenn wir die Innovationsfelder der Unternehmen nach Zielmarkt und Zieltechnologie unterscheiden, so zeigen die verschiedenen Entwicklungs- und Beschaffungsstrategien unterschiedliche Eignung. Entscheidend ist, wie bekannt der jeweilige anvisierte Markt im Unternehmen ist und ob er bereits vom Unternehmen bedient wird und wie bekannt die Technologie ist und ob sie bereits vom Unternehmen konkret eingesetzt wird (Cooper 2005):

Zieltechnologie

Zielmarkt	**Bestens bekannt**	**Bekannt, aber noch nicht verwendet**	**Völlig neu**
Völlig neu	Joint Venture	Venture Capital (VC) oder VC plus Co-Management oder Know-How Akquisition	Venture Capital (VC) oder VC plus Co-Management oder Know-How Akquisition
Bekannt, aber noch nicht bedient	Interne Entwicklung oder Akquisition (oder Joint Venture)	Internes Venture oder Akquisitionen oder Lizenzierung	Venture Capital (VC) oder VC mit Co-Management oder Know-How Akquisition
Bestens bekannt	Interne Entwicklung (oder Akquisition)	Interne Entwicklung oder Akquisition oder Lizenzierung	Joint Venture (große Firma mit kleiner Firma)

Abb. 3.10. Optimale Beschaffungsstrategie in Abhängigkeit von Zielmarkt und Zieltechnologie (in Anlehnung an Cooper 2005)

Wann immer der Markt und/oder die Technologie bestens bekannt sind, spielt die interne Entwicklung weiterhin eine dominierende Rolle, eventuell ergänzt durch eine Akquisition eines Unternehmens, das die noch fehlenden Kompetenzen/Know-How besitzt, oder durch ein Joint-Venture mit einem anderen Unternehmen in diesem Entwicklungsbereich oder eine Einlizenzierung fehlender Technologie.

Wenn im anderen Extrem der Markt und/ oder die Technologie für das Unternehmen noch völlig neu sind, müssen die Kompetenzen und das Wissen entweder über eine Venture Capital (VC) Investition in ein Start-up

Unternehmen beschafft werden oder durch eine VC Investition in ein Start-up Unternehmen, in das eigenes Management eingebracht wird, oder durch eine direkte Akquisition des betreffenden Unternehmens, um dadurch das fehlende Know-How direkt zu akquirieren. Ein Meister der Know-How Akquisitionen ist Cisco Systems, das es in den letzten Jahrzehnten hervorragend verstanden hat, kleinere Firmen zur Abrundung und Stärkung der eigenen Innovationskompetenzen zu akquirieren.

In den dazwischen liegenden Feldern bieten sich Joint-Ventures an, entweder mit einem Partner, der den völlig neuen Markt kennt, oder mit einem Partner, der die neue Technologie für den bestens bekannten Markt mitbringt.

Sind Markt und Technologie zwar bekannt, wird der Markt aber noch nicht bedient und die Technologie noch nicht genutzt, bietet sich neben der Akquisition bzw. Einlizenzierung die Etablierung eines internen Ventures an, das als eine völlig separate Organisationseinheit im Unternehmen diese neue Innovation verfolgt.

Die Fallstudien von Sony und von Microsofts Xbox zeigen die oben dargestellten Beschaffungsstrategien in der Praxis. Sony ist der Fernseher-Markt bestens bekannt; aber die LCD-Flachbildtechnologie beherrscht es nicht. Deshalb geht es das Joint-Venture mit Samsung ein. In diesem Joint-Venture kann Samsung umgekehrt von Sonys Know-How hinsichtlich der TV-Kunden profitieren (Dvorak u. Ramstad 2006). In der Zwischenzeit ist Sony außerdem mit Idemitsu Kosan Co. ein Joint-Venture zur gemeinsamen Entwicklung selbstleuchtender Materialen eingegangen (Sony 2006). Microsoft hat zwar gute Kenntnisse von Graphikchips, aber nicht das praktische Design-Know-how. Deshalb lässt es den Graphikchip von ATI designen und kauft dann ATI das Eigentum am Design gegen eine Lizenzgebühr ab (Takahashi 2006). Im Bereich der Videospielwerbung hat Microsoft auch Kenntnisse, diese aber noch nicht genügend in der Praxis erprobt. Deshalb akquiriert es Massive Corporation.

Abbildung 3.10 basiert auf der Annahme, dass die Unternehmung die betreffenden Märkte und/oder Technologien als Kern des eigenen Geschäftes betrachtet. In diesem Fall sind eventuelle Lücken in den Kernkompetenzen durch die externe Beschaffung der Kompetenzen zu schließen. Ganz anders sieht es natürlich aus, wenn der betreffende Markt bzw. die betreffende Technologie nicht mehr als Kern des Unternehmens definiert wird. Die diesbezügliche Innovation kann dann den Zulieferanten komplett überlassen werden.

Aber zu einem System der offenen Innovation gehört nicht nur die Beschaffung von Kompetenzen und Know-How von außen. Strategisch kann es durchaus sinnvoll sein, eigenes Know-How nach außen abzugeben in Form eines Spin-Offs mit der Option, es später zurück zu erwerben. Das ist ein Weg, der in der pharmazeutischen Industrie des öfteren gegangen wird und den auch Novartis zu gehen bereit ist. Novartis hat 1999, nachdem es bei der Entwicklung der chemischen Verbindung aliskiren auf unüberwindbar erscheinende Probleme der Produzierbarkeit dieses Präparates traf, die Rechte an dieser chemischen Verbindung gegen eine Unternehmensbeteiligung an den Start-up Speedel übertragen, der von der ex-Novartis Managerin Alice Huxley geleitet wird (Whalen 2007). Speedel hat die chemische Synthese von aliskiren so erfolgreich vereinfacht, dass das Präparat profitabel produziert werden kann. Novartis hat danach die Rechte an aliskiren zurück erworben und die Entwicklung erfolgreich beendet. Am 6. März 2007 genehmigte die amerikanische Food and Drug Administration das Präparat unter dem Markennamen Tekturna für den amerikanischen Markt (Greil u. Whalen 2007). Das verleiht Tekturna möglicherweise ein jährliches Umsatzpotential von mehr als 1 Milliarde US $. Speedel partizipiert am Erfolg von Tekturna über eine Umsatzbeteiligung.

3.11 Die Innovationsstrategie wird zum Plan

Die Innovationsstrategie betrifft die mittel- und langfristige Lenkung der Innovationstätigkeit eines Unternehmens. Zur kurzfristigen Steuerung muss die Innovationsstrategie in einen Plan gegossen werden. Insbesondere zwei Fragen sind hier zu beantworten:

- Was hoch soll das Innovationsbudget des Unternehmens sein?
- Wie wird dieses Innovationsbudget auf die einzelnen Haupttypen von Innovationen aufgeteilt?

Die Höhe des Innovationsbudgets lässt sich grundsätzlich auf drei Wegen bestimmen, nämlich über

1. die Unternehmensziele
2. die aggregierte Nachfrage der erfolgversprechenden Projekte, die sich in der Neuproduktpipeline befinden,
3. ein Benchmarking gegen die Konkurrenz.

Diese drei Ansätze können schaubildlich wie folgt dargestellt werden:

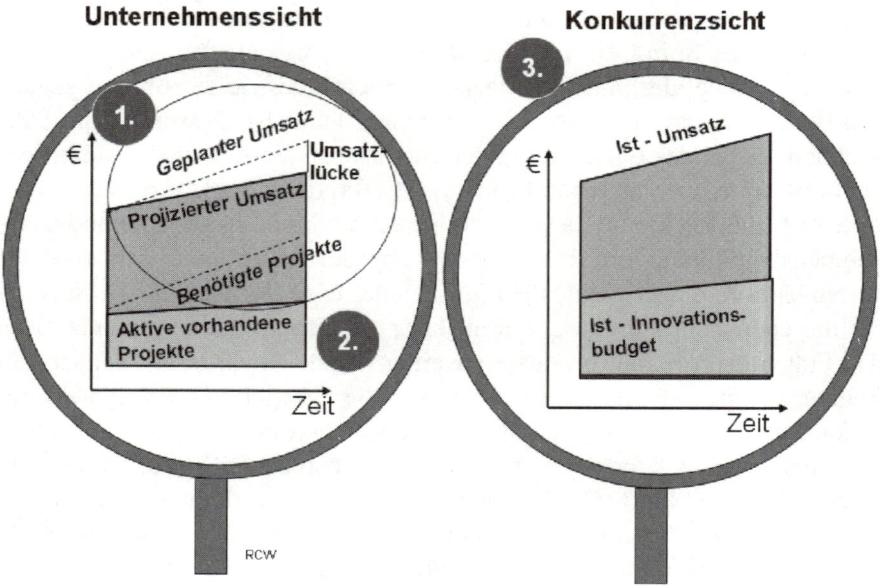

Abb. 3.11. Drei Ansätze zur Bestimmung des Innovationsbudgets

In dem 1. Ansatz dienen die Unternehmensziele als Basis für eine grobe schnelle Methode oder eine exaktere zeitaufwändigere Methode der Budgetbestimmung. Die grobe Methode orientiert sich an der Vergangenheit und besteht beispielsweise in der Konstanthaltung des prozentualen Anteils vom Umsatz, den das Innovationsbudget ausmacht. Das entspricht einem proportionalen Anstieg des Innovationsbudgets zum geplanten Umsatzanstieg. Die genauere Methode bedeutet, das Innovationsbudget retrograd aus den Unternehmenszielen und der projizierten Umsatz- bzw. Gewinnlücke abzuleiten. Auf der Basis der Größe und des Zeitpunktes der Umsatz- bzw. Gewinnlücke und der durchschnittlichen Erfolgschance der Innovationsprojekte lässt sich die Anzahl und Größe der benötigten Innovationsprojekte bestimmen, die zur Schließung der Lücke benötigt werden. Dies wiederum bestimmt die Summe der für diese Innovationsprojekte benötigten Innovationsbudgets im Sinne der Anzahl der benötigten Mitarbeiter und Euros. Diese Methode orientiert sich also an den benötigten Projekten und nicht an den vorhandenen und aktiven Projekten.

In dem 2. Ansatz bestimmt die aggregierte Nachfrage der erfolgversprechenden Projekte in der Neuproduktpipeline die Höhe des Innovationsbudgets. Hier werden also alle jene Innovationsprojekte als Basis genommen, die tatsächlich bereits aktiv sind und wahrscheinlich aktiv bleiben werden. Sie werden ergänzt durch ausgewählte konkrete Innovationsideen, die in Kürze wahrscheinlich zu aktiven Innovationsprojekten werden. Dieser Ansatz soll ausschließen, dass ein überdimensioniertes Budget genehmigt wird und Geld ausgegeben wird, das streng genommen nicht benötigt wird. Im Gegensatz zur verfeinerten Methode des 1. Ansatzes oben geht diese Methode also von den tatsächlich vorhandenen und aktiven Projekten aus und nicht von den für die Schließung einer Umsatz- bzw. Gewinnlücke benötigten.

Sowohl der 1. als auch der 2. Ansatz leiten das Innovationsbudget alleine aus der Betrachtung des eigenen Unternehmens ab. Anders sieht es mit dem 3. Ansatz aus.

Das Benchmarking gegenüber der Konkurrenz in diesem 3. Ansatz bestimmt die Höhe des eigenen Innovationsbudgets auf Basis eines Vergleiches mit dem der Konkurrenz. Auch diese Methode kann in verschiedenen Verfeinerungsgraden durchgeführt werden. Das grobe Benchmarking orientiert sich nur an den % vom Umsatz, die das Innovationsbudget des Wettbewerbers ausmacht. Ein exakteres Benchmarking versucht, Verzerrungen zu berücksichtigen. Es untersucht zum Beispiel, ob der Konkurrent eventuell teure Grundlagenforschung betreibt, die das eigene Unternehmen nicht durchführt, die aber in das Innovationsbudget des Wettbewerbers eingeht.

Nach der Bestimmung der Höhe des Innovationsbudgets ist dieses dann im nächsten Schritt über die verschiedenen Verwendungen zu verteilen. Für jede Verwendungskategorie wird der prozentuale Anteil am gesamten Innovationsbudget festgelegt. Sinnvoll ist eine Verteilung nach

- Innovationsfeldern und innerhalb der Felder nach den
- Grundtypen: Produktinnovation vs. Geschäftsmodellinnovation
- Innovationsgraden: radikale Innovationen vs. inkrementale Innovationen
- Entwicklungsphasen der einzelnen Innovationsprojekte (z. B. Business Case Phase vs. Entwicklungsphase, mehr dazu im nächsten Kapitel).

Ein wichtiges Ziel, dass die Verteilung des Innovationsbudgets leitet, ist das Ziel der Risikostreuung, um eine übergroße Abhängigkeit der Unternehmung von einzelnen Projekten und Projekttypen zu vermeiden. Wie in einem Portfolio sind die Innovationsprojekte zu streuen unter Berücksichtigung der verschiedenen Projektgrößen, Fristigkeiten, aber auch der Erfolgschancen und Risiken (siehe Kap. 8).

3.12 Fazit

- Eine Innovationsstrategie beinhaltet sieben Komponenten:
  - Die Rolle der Innovationen
  - Die Innovationsziele
  - Die Innovationsfelder
  - Der Grundtypus der Hauptinnovationen
  - Plattformen und Roadmaps
  - Die Markteintrittsstrategie
  - Die Beschaffungsstrategie
- Die Innovationsrolle bestimmt qualitativ und die Innovationsziele quantitativ, wo das Unternehmen hin will. Die Innovationsziele sollten auf maximal fünf begrenzt werden. Drei oder vier sollten Outputziele sein, ein oder zwei Prozessziele.
- Die Definition und Auswahl der Innovationsfelder folgt den Phasen Positionsbestimmung, Trendanalyse und Entwicklung von Zukunftsszenarien. Das einfache Drei-Achsen-Modell hilft bei der kreativen Definition möglicher Innovationsfelder und bei der fokussierten Auswahl daraus.
- Pro Innovationsfeld ist zu bestimmen, ob reine Produktinnovationen, reine Geschäftsmodellinnovationen, kombinierte Produkt- plus Geschäftsmodellinnovationen oder eine Mischung aus den drei Typen verfolgt werden soll.
- Gemeinsame (Technologie-, Marken- oder Geschäftsmodell-) Plattformen sind zu definieren. Auf ihnen setzen verschiedene Innovationsprojekte auf, um Synergien zu realisieren. Roadmaps illustrieren das Ausrollen der Plattformen entlang der Zeitachse und die Verknüpfungen zwischen Produkten und Technologien.
- Zwei Markteintrittsstrategien sind sinnvoll, und das Unternehmen hat zu entscheiden, welche es verfolgen will: entweder die First-Mover-Strategie oder eine kostenführerorientierte Imitationsstrategie. Nur für etablierte Unternehmen und für radikal neue Märkte mit ganz neuem Konsumverhalten und ganz neuen Kompetenzerfordernissen ist die so genannte „FastSecond“ Strategie, die auch als „First-to-mass-market“ Strategie bezeichnet werden kann, eine weitere sinnvolle Strategiealternative.
- Die Beschaffung der nötigen Innovationskompetenzen erfolgt heute in einem offenen System. Das heißt, neben der internen Entwicklung werden die verschiedensten Alternativen der Beschaffung externer Kompetenzen und externen Know-Hows genutzt von der Akquisition von Start-up Unternehmen über Joint-Ventures bis hin zur Einlizenzierung.

- Die Innovationsstrategie wird zum Plan, indem die Höhe des Innovationsbudgets bestimmt und das Innovationsbudget dann unter Berücksichtigung des Ziels der Risikostreuung über die verschiedenen Verwendungskategorien verteilt wird. Innovationsfelder, Grundtypen der Innovation, Innovationsgrade und Entwicklungsphasen der Projekte sind die wichtigsten Verwendungskategorien.
- Der Sony Fall beleuchtet
  - Die Rolle der Innovationen: Wachstumstreiber
  - Die Innovationsfelder: Elektronikmarkt (High-Definition Displays, mobile Produkte und Halbleiter/Komponenten mit Differenzierungspotential), Spiele-, Unterhaltungsmarkt
  - Plattformen: Blue-Ray, OLED, Cell Chip
  - Die Markteintrittsstrategie: First Mover
  - Die Beschaffungsstrategie: Joint Venture (LCD, OLED)
- Der Microsoft Fall illustriert
  - Das Innovationsfeld: Spielkonsolenmarkt
  - Den Grundtypus der Hauptinnovationen: kombinierte Produkt- und Geschäftsmodellinnovationen von Xbox 360 mit Spielen, Accessoires und Xbox Live plus Xbox Live Arcade/ Live Anywhere und XNA Game Studio Express
  - Die Plattform: Xbox Live
  - Die Markteintrittsstrategie: First Mover
  - Die Beschaffungsstrategie:
    - Hardware: Einlizenzierung von Graphikchip (ATI) und Mikroprozessor (IBM)
    - Software: Akquisition von Massive Corp.
    - Spiele: 40 externe Entwickler

4 Innovationsprozess: der große Disziplinierer

4.1 Ariel produziert Innovationen „en masse“

Eine Marke, mit der ich mich sehr gut identifizieren kann, weil ich einmal auch persönlich für sie verantwortlich war, ist Ariel von Procter & Gamble. Ariels Historie, die sich inzwischen in Deutschland über 40 Jahre erstreckt, ist eine typische Innovationsgeschichte (Ariel 2007):

1967 Einführung von Ariel in den deutschen Markt in einer Waschpulver-Trommel
1968 Ariel wird zum Vollwaschmittel für alle Temperaturen
1969 „Ariel zum Vorwaschen“ macht das Vorwaschen von Hand überflüssig
1970 „Ariel für die Hauptwäsche bis 60 Grad“ als erster Schritt zu energiebewusstem Waschen
1979 Ariel enthält 50% weniger Phosphat
1986 Ariel kommt phosphatfrei auf den Markt
1986 Ariel Flüssig als erstes Flüssigwaschmittel auf dem deutschen Markt, besonders wirksam gegen fetthaltige Flecken bei niedrigen Temperaturen
1988 Ariel Flüssig wird als erstes Waschmittel im Nachfüllpack angeboten und spart somit 50% Verpackungsmaterial
1989 Ariel Ultra ist das erste Kompaktwaschmittel auf dem deutschen Markt. Mit rund einem Drittel weniger Wachpulver bietet es die gleiche Waschleistung wie herkömmliche Waschmittel
1992 Ariel Color ist ein kompaktes Vollwaschmittel, das schonende Reinheit speziell für farbige Textilien bietet
1994 Ariel Futur und Ariel Futur Color mit noch leistungsfähigeren Formeln und weiteren Pulver- und Verpackungseinsparungen
1999 Ariel hydractiv, die neue Generation von Flüssigwaschmitteln
1999 Ariel Sproodles, die ersten Waschmittel Tablets der nächsten Generation

2000 Ariel Hygiene Antibac wäscht nicht nur sauber, es besitzt darüber hinaus eine wissenschaftlich belegte antibakterielle Wirkung
2000 Ariel Essential
2001 Ariel Color Tablets erweitern das Sortiment
2005 Ariel Pocket, der Fleckenstift für unterwegs
2006 Ariel kalt-aktiv mit reinigungsaktiver Kraft jetzt schon ab 20° zur weiteren Energieeinsparung
2007 Ariel mit der neuen Licht-Aktiv Formel gegen das Verblassen der Farben und das Vergilben weißer Textilien

Zwei Beobachtungen drängen sich beim Lesen der Ariel Historie auf:

- Es gibt ständig Innovationen bei Ariel. Statt der Produktion vereinzelter Innovationen in einem längeren Zeitraum gibt es eine „Massenproduktion".
- Die Häufigkeit der Innovationen ist in der zweiten Hälfte (1987–2007) der Ariel Historie höher als in der ersten (1967–1987).

Procter & Gamble verfolgt in allen Märkten, in denen es aktiv ist, ehrgeizige Geschäftsziele. Dazu gehört, dass P&G als Pionier und First Mover in allen Märkten seine Innovationen als Erster in den Markt bringen will. Dabei setzt P&G auf bestimmten technologischen Plattformen auf, die es gemeinsam in möglichst vielen Produkten, d. h. zum Beispiel in möglichst allen Vollwaschmitteln inklusive Ariel verwendet.

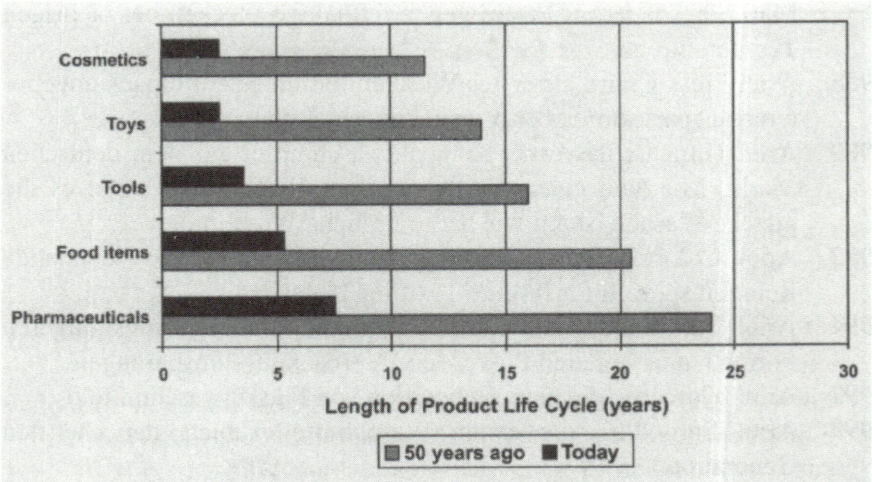

Abb. 4.1. Verkürzung des Produktlebenszyklus über 50 Jahre (Cooper 2005)

Die Frage ist, wie ein Unternehmen wie Procter & Gamble für eine Marke wie Ariel sicherstellt, dass regelmäßig neue erfolgreiche Innovationen in den Markt lanciert werden können. Dieselbe Frage müssen natürlich auch alle anderen Unternehmen beantworten; denn der Produktlebenszyklus hat sich in allen Branchen in den letzten fünfzig Jahren extrem verkürzt, und damit hat der Zwang zur häufigeren Innovation zugenommen, wie man in Abb. 4.1 sieht.

Die Antwort darauf ist: wie in der Massenproduktion in Fabriken brauchen wir für die „Massenproduktion“ von Innovationen einen expliziten Prozess zur Innovationssteuerung, der bestimmten Anforderungen genügt.

4.2 Innovationsmaschine Toyota: nichts ist unmöglich

Anfang der 90er Jahre boomt die japanische Wirtschaft, und Toyota geht es sehr gut. Aber Toyotas Aufsichtsratsvorsitzendem, Eiji Toyoda, läuft alles zu glatt. Er befürchtet, dass Toyota aufgrund seiner Erfolge zu selbstgefällig werden könne. Auf einer Aufsichtsratssitzung fragt er seine Kollegen: „Können wir im einundzwanzigsten Jahrhundert mit der Forschung und Entwicklung, die wir jetzt praktizieren, überleben?“ (Morgan u. Liker 2006).

Im September 1993 startet Yoshiro Kimbara, Executive Vice President von Toyotas F&E Organisation, auf Toyodas Geheiß hin ein Projekt mit dem Namen Global 21 oder G21. Das Projektkomitee hat den Auftrag, einen neuen Wagen für das einundzwanzigste Jahrhundert zu entwickeln. Er soll benzinsparend und klein sein, aber dennoch viel Raum bieten. Verglichen mit den bestehenden Kleinwagen wie zum Beispiel dem Toyota Corolla soll das neue Auto ein Drittel weniger Benzin verbrauchen. Dies ist eine große Herausforderung. Wie der neue Wagen das erreichen soll, ist in diesem Moment offen.

Nach der Einführung von Toyotas Lexus als Luxuswagen im Jahr 1989 ist das G21 Auto das zweite revolutionäre Innovationsprojekt, das Toyota unternimmt. In der Vergangenheit ist Toyota eher durch seine konservative Vorgehensweise und seine sehr effizienten und hochprofitablen inkrementalen Innovationen aufgefallen, die aufgrund der außergewöhnlich hohen Qualität eine große Kundenzufriedenheit erzeugten. Toyota führt jedes Jahr mehr neue Autos ein als seine Konkurrenten und bietet dadurch seinen Kunden das jeweils frischeste Angebot. Berühmt ist unter anderem die rigorose Standardisierung, die Toyota betreibt. Das umfasst sowohl eine Designstandardisierung, die auf gemeinsamen Plattformen, Modulen und Komponenten aufsetzt, als auch eine Standardisierung des Entwicklungsprozesses, die Teilaufgaben der Entwicklung, die dazu gehörigen Arbeitsanleitungen und vor allem auch die Abfolge der Aufgaben im Innovationsprozess standardisiert. Dadurch kann Toyota den Entwicklungsprozess besser planen, die berüchtigten Warteschlangen im Abarbeiten der Aufgaben verringern und damit den ganzen Innovationsprozess erheblich beschleunigen. Anfang der 90er Jahre hat Toyota die benötigte Entwicklungszeit vom Einfrieren des Designs (engl. clay model freeze) bis zum Produktionsstart auf weniger als 20 Monate reduziert.

Doch das G21 Projekt ist aufgrund seiner revolutionären Vision ein anderes Kaliber. Im Juli 1994 wird Takeshi Uchiyamada zum Chefingenieur und Führer des G21 Projektes ernannt. Innovationsprojekte werden bei Toyota immer von erfahrenen Chefingenieuren geleitet. Sie sind nicht nur Projektmanager, sondern Projektführer und technische Systemintegratoren. Für die Bestimmung des Fahrzeugkonzeptes ist der Chefingenieur verantwortlich, der sich vorher natürlich ausgiebig im sogenannten nemawashi Prozess Input von allen betroffenen Fachabteilungen vom Marketing bis zur Produktion einholt. Und auch schwierige technische Entscheidungen, die während des Innovationsprozesses auftauchen, werden vom Chefingenieur getroffen. Ein Toyota Chefingenieur hat nur sechs bis zehn Mitarbeiter, die ihm direkt und disziplinarisch unterstellt sind. Alle anderen Mitglieder seines Innovationsteams sind ihm von den Funktionen nur temporär fürs Projekt zur Verfügung gestellt und berichten bloß indirekt über eine „dotted line" an ihn. Etliche Chefingenieure haben in Toyotas Organisation aufgrund der von ihnen geführten Projekte höchstes Ansehen und fast Heldenstatus erworben wie zum Beispiel Ichiro Suzuki, der mit der Einführung des Lexus im US-amerikanischen Markt aus dem Stand die Marktführerschaft im dortigen Luxuswagensegment gewonnen hat.

Anders als alle Chefingenieure bei Toyota bisher ist Uchiyamada weder Design- noch Produktionsingenieur gewesen. Er kommt aus Toyotas Forschung und hat in der Testabteilung gearbeitet. Aber das wird ihm als Vorteil angerechnet, weil er dadurch Zugang zu einem extensiven Forschungsnetzwerk und damit zu den Technologien des einundzwanzigsten Jahrhunderts hat. Auch hat sich Uchiyamada vor kurzem als Chefarchitekt von Toyotas Umorganisation in vier Fahrzeugzentren (engl. vehicle centres) bewährt und als innovativer Denker erwiesen. Diese Toyota Fahrzeugzentren sind eigenständige Unterorganisationen in Matrixform und sind für unterschiedliche Produktfamilien und Fahrzeugplattformen verantwortlich: Hinterradantrieb, Vorderradantrieb, Nutzfahrzeuge/Lieferwagen und Komponenten- und Systementwicklung.

Uchiyamada umgibt sich als erstes mit einem bereichsübergreifenden Team funktionaler Experten. Er führt das Organisationsmittel eines obeya oder großen Raumes ein, in dem er sich jeden Tag mit den führenden Mitgliedern seines Teams trifft, um die Pläne zu koordinieren, Probleme zu lösen und den Projektfortschritt zu kontrollieren. Dieser Meetingraum ist nur für das G21 Team reserviert. An den Wänden haben die Teammitglieder detaillierte Zeichnungen und Ablaufpläne aufgehängt, die sie dort ungestört hängen lassen können, ohne dass die Vertraulichkeit gefährdet ist. Heute ist die Benutzung von obeyas Best Practice für Toyotas Innovationsteams. Als weitere Neuerung führt Uchiyamada in seinem Team die Nutzung von Internet und e-mail als Kommunikationsmittel ein (wir befinden uns im Jahr 1994!).

In mehrtägigen Brainstorming Sitzungen geht Uchiyamada daran, das Konzept des G21 Autos genauer zu definieren. Sein Team beschließt, die Begriffe „natürliche Ressourcen“ und „Umwelt“ in das Konzept des „kleinen benzinsparenden Wagens“ aufzunehmen, und das Konzept wird so von der Unternehmensführung genehmigt.

Uchiyamada nimmt daraufhin mit seinem Team die Aufgabe in Angriff, das Design des neuen G21 Autos zu bestimmen. In typischer Toyota-Manier wird dafür nicht nur ein Design entwickelt, sondern mehrere. Sieben Designstudios werden zur Abgabe von Vorschlägen aufgefordert: das Designteam der Hauptverwaltung, die Tokio Design Division, das Fahrzeugzentrum II, ein externes Designteam von Toyota, die Designsparte von Toyota Automatic Loom Works, Toyotas kalifornisches Designzentrum CALTY und Toyotas European Office of Creation (EPCO) in Brüssel (May 2007). Von den vorgelegten Zeichnungen werden vier schließlich in Tonmodelle in Originalgröße überführt. Auf Basis einer breiten Befragung von Toyota Mitarbeitern kommen dann die Vorschläge des Designteams der Hauptverwaltung und von CALTY als einzige in die finale Entscheidungsrunde.

Uchiyamada zieht schon in dieser frühen kentou Phase der Produktentwicklung Ingenieure der verschiedensten Disziplinen inklusive Fertigungsingenieure heran, um die verschiedenen Designvorschläge auf Machbarkeit und technische Implikationen zu untersuchen und, wenn nötig, zusammen mit den Designern entsprechend zu modifizieren. Dieser massierte simultane Ressourceneinsatz in dieser Frühphase des Entwicklungsprozesses ist typisch für Toyotas Matrix-Organisation, doch Uchiyamada forciert den Einsatz von Simultaningenieuren über das bisher gekannte Maß hinaus. Jetzt gibt es noch die Chance, viele Optionen zu untersuchen und, wenn nötig, Änderungen kostengünstig durchzuführen. Im Gegensatz zu anderen Firmen, die sich frühzeitig auf ein Design festlegen und dieses dann iterativ und unter Kompromissen oder mit hohen Umarbeitungskosten in ein Produkt entwickeln, untersucht Toyota verschiedene alternative Design- und Entwicklungssätze gleichzeitig und engt die Auswahl der weiterzuverfolgenden Alternativen erst nach gründlichster Untersuchung und schrittweise ein. Mit diesem „set-based“ Ansatz (Morgan u. Liker 2006) und mizen boushi Prozess designt Toyota quasi eine Top-Qualität in seine

Autos und minimiert das Risiko teurer ingenieurtechnischer Änderungen später im Innovationsprozess.

Im September 1994 hat das G21 Team ein Meeting mit Executive Vice President Wada und Managing Director Shiomi. In diesem Meeting wird dem Team die Aufforderung von Toyotas Unternehmensführung übermittelt, den G21 als Konzeptauto auf der Tokio Auto Show im Oktober des folgenden Jahres vorzustellen. In dem Meeting werden alternative Antriebsformen inklusive Hybridmotoren diskutiert; aber das G21 Team hält die Hybridtechnologie noch für unausgereift und zu risikoträchtig, um im G21 eingesetzt zu werden. Dem Team wird bedeutet, es könne getrost einen konventionellen Antrieb im G21 Konzeptauto verwenden. Der neue überraschende Termin der Auto Show erhöht aber den Druck auf das Innovationsteam, das jetzt die Entwicklung noch weiter beschleunigen muss. Die Entscheidung wird getroffen, den neuen Wagen Prius zu nennen in Anlehnung an das lateinische „prior", weil der Wagen „vor" dem Beginn des einundzwanzigsten Jahrhunderts eingeführt werden wird.

Im November 1994 kommt dann die nächste Überraschung. Wada lässt die Katze aus dem Sack: die Unternehmensführung möchte den Prius mit Hybridmotor haben. Und außerdem: eine 33%ige Benzineinsparung sei für ein Auto des einundzwanzigsten Jahrhunderts zu wenig. Stattdessen erwarte die Unternehmensführung jetzt eine Einsparung von 50%. Mit einem Hybridmotor solle das erreichbar sein.

Diese „top-down" Ansagen sind selbst für Toyotas Verhältnisse recht ungewöhnlich. Uchiyamada nimmt diese neue Herausforderung an, lässt sich aber im Gegenzug die besten Ingenieure zur Unterstützung zusichern. Das Innovationsteam sieht sich 80 verschiedene Typen von Hybridmotoren an und eliminiert alle, die die Anforderungen nicht erfüllen (Liker 2003). Die vier Hybridmotoren, die schließlich übrig bleiben, werden gründlich per Computersimulation überprüft. Im Mai 1995 einigt sich das Team dann auf den Favoriten, der der Unternehmensführung vorgestellt wird. In der Aufsichtsratssitzung im Juni 1995 wird der Prius zu einem offiziellen Toyota Entwicklungsprojekt erklärt, und die Personal- und Finanzausstattung des Projektes wird beschlossen.

Bis jetzt war das Team auf die Konzeptentwicklung und die Auswahl alternativer Technologien fokussiert. Jetzt geht es um die Vorbereitung der Massenproduktion des ersten Hybrid-Autos der Welt. Das Prius Innovationsteam entwickelt den Zeitplan für die verbleibenden Phasen des Innovationsprozesses. Es setzt sich selbst anspruchsvolle Ziele und verpflichtet sich zu einer Markteinführung im Dezember 1998. In den verbleibenden drei Jahren soll der erste vollständige Prototyp entwickelt werden (erstes Jahr), dieser Prototyp soll dann verfeinert werden (zweites Jahr), und anschließend soll die Produktionsversion fertig gestellt und die Produktion vorbereitet werden (drittes Jahr). In Anbetracht dessen, dass es sich hierbei um eine neue Technologie und um eine neue Produktionslinie handelt, ist dieser Zeitplan in der Tat aggressiv.

Doch für Hiroshi Okuda, Toyotas Präsidenten, ist der vorgeschlagene Markteinführungstermin zu spät. Okuda ist erst im August 1995 zu Toyotas neuem Präsidenten ernannt worden. Es ist das erste Mal, dass ein Manager, der nicht zur Gründerfamilie der Toyodas gehört, Präsident von Toyota wird. Okuda fordert, der Prius solle statt im Dezember 1998 im Dezember 1997 eingeführt werden; denn dieser Wagen sei für Toyotas Zukunft zu wichtig. Das Prius Team solle sein Bestes geben. Wenn der Termin nicht zu halten sei, müsse man über eine Verschiebung sprechen.

Zunächst wird der Prius im Oktober 1995 auf der Tokio Auto Show vorgestellt und enthusiastisch aufgenommen. Das Prius Team schöpft daraus neue Energie. Uchiyamada erhält von seinen Kollegen die verschiedensten wohlgemeinten Vorschläge, wie er Zeit gewinnen könne, um das Einführungsdatum vom Dezember 1997 zu schaffen. Einer dieser Vorschläge lautet, er solle den Hybridmotor in einen Camry setzen, da der Camry größer sei und damit den nötigen Platz für den komplexen Hybridmotor biete. Doch Uchiyamada ist zu keinen solchen Kompromissen bereit, da er die Vision des „kleinen benzinsparenden Wagens“ verinnerlicht hat.

Erst im Juli 1996 wird das endgültige Design des Prius beschlossen. Uchiyamada entscheidet sich für das CALTY Design. Damit ist der Punkt des so genannten clay model freeze erreicht, an dem das Tonmodel des neuen Autos endgültig fixiert wird und nicht mehr verändert werden darf. Alle späteren Veränderungen würden viel zu kostspielig sein. Anders als manch andere Automobilhersteller hält sich Toyota strikt an die Regel, dass nach dem Einfrieren des Designs keine Änderung mehr erfolgen darf.

Ab jetzt arbeiten 1000 Ingenieure gleichzeitig und in mehreren Schichten am Prius. Etliche technische Herausforderungen türmen sich auf. Eine der größten ist die Batterie des Hybridmotors. Sie soll nur ein Zehntel der Batteriegröße eines normalen Elektroautos betragen; denn der Kunde soll den Prius nicht als einen „Batterieträger“ empfinden. In Fahrtests erweist sich die neue Batterie als sehr empfindlich gegenüber Temperaturschwankungen. Bei großer Hitze oder großer Kälte fällt sie aus. Dieses Problem löst Toyota schließlich über ein Joint-Venture mit Matsushita Electric, das mit dem Namen Panasonic EV Energy gegründet wird.

Tatsächlich führt Toyota den Prius bereits im Oktober 1997 in den Markt ein, zwei Monate vor dem neuen Zieldatum und nur 13 Monate nach den clay model freeze. Auf der Kyoto Umweltkonferenz im Dezember 1997 hat der Prius seinen ersten großen Auftritt. Die Delegierten können den neuen Wagen ausprobieren. Bis zum März 1999 wird der Prius 22000 mal verkauft. Anfang 2003 erreichen die Verkaufszahlen 120.000

und steigen weiter. Bis heute hat Toyota insgesamt eine Million Hybridautos abgesetzt (Morse u. Takahashi 2007), und für den Anfang des nächsten Jahrzehnts hat sich Toyota das Ziel gesetzt, jährlich eine Million Hybridfahrzeuge unter den verschiedenen Toyota Marken zu verkaufen (Toyota 2006).

4.3 Der Innovationsprozess macht's möglich

Ein optimal strukturierter Innovationsprozess bringt einen Wettbewerbsvorteil. Ein solcher Innovationsprozess injiziert Disziplin in die Innovationstätigkeiten des Unternehmens. Allgemein anerkannt ist heute, dass das richtige Maß an Disziplin der Kreativität nicht schadet, sondern sie sogar beflügelt (siehe auch Kap. 1). Selbst Steve Jobs, der CEO von Apple, das früher nicht gerade durch übermäßige Disziplin im Innovationsprozess auffiel, vertritt heute diese Meinung (Business Week 25.8.03).

Ein guter standardisierter Innovationsprozess hilft bei der Erreichung zumindest der folgenden sieben Ziele und erweist sich im positiven Sinne als der große Disziplinierer:

- Erhöht die Erfolgswahrscheinlichkeit der Innovationen und vermindert das Risiko der Fehlentscheidung.
- Erhöht die Effizienz der Innovationstätigkeit durch höhere Geschwindigkeit und geringeren Ressourcenverbrauch.
- Macht erst die „Massenproduktion" von Innovationen möglich.
- Koordiniert die Arbeit der Innovationsteams mit dem Rest der Organisation.
- Dient der Standortbestimmung der Innovationsprojekte.
- Schafft die Möglichkeit zur ständigen Verbesserung der Innovationstätigkeit durch die Messbarkeit des Prozesses.
- Belässt dem Innovationsteam genügend Freiraum.

Auf jedes dieser Ziele möchte ich jetzt im einzelnen eingehen:

Erhöhte Erfolgswahrscheinlichkeit / vermindertes Risiko: Ein guter Innovationsprozess erhöht die Erfolgswahrscheinlichkeit der gemanagten Innovationsprojekte, indem er von vorne herein klare und hohe Anforderungen an die Daten und Entscheidungsunterlagen stellt, die das Innovationsteam vorlegen muss. Er versucht also soviel Perfektion wie möglich von Anfang an in den Prozess einzubauen im Sinne eines Total Quality Managements. Toyota demonstriert das hervorragend.

Eine wichtige Entscheidungsgrundlage während des gesamten Innovationsprozesses ist zum Beispiel der Feedback der potentiellen Kunden. Der Innovationsprozess muss klar spezifizieren, welcher Input vom Markt eingeholt werden soll und welchen Qualitätsansprüchen dieser Input genügen muss. (Dieser Aspekt des Kundenfeedbacks ist von solch essentieller Bedeutung, dass ich ihm das ganze nächste Kapitel widme.)

Das Risiko der Fehlentscheidung wird durch einen guten Innovationsprozess vermindert, der den ganzen Innovationsvorgang in einzelne Phasen (engl. stage) aufteilt, die jeweils durch ein Tor (engl. gate) von einander getrennt sind. In den Phasen wird die Projektarbeit von einem cross-funktionalen Innovationsteam verrichtet, oft in Form paralleler Arbeiten der verschiedenen Teammitglieder, deren Arbeit sinnvollerweise über ein verknüpfendes Projektplanungstool (wie z. B. Microsoft Project) koordiniert wird. Die Tore sind die Kontroll- und Entscheidungspunkte. An diesen Punkten finden so genannte Gate-Meetings statt. In diesen Meetings präsentiert das Innovationsteam den Projektfortschritt, und die anwesende Geschäftsführung bzw. das verantwortliche Mittel-Management fällt die Hauptentscheidung, ob ein Innovationsprojekt weiterverfolgt oder eingestellt wird. Die Genehmigung zur Weiterverfolgung des Innovationsprojektes wird immer nur für die nächste Phase erteilt. Damit wird gleichsam das Innovationsbudget für das einzelne Innovationsprojekt „scheibchenweise“ von Meilenstein zu Meilenstein freigegeben. In seiner Grundform sieht ein Innovationsprozess also wie folgt aus:

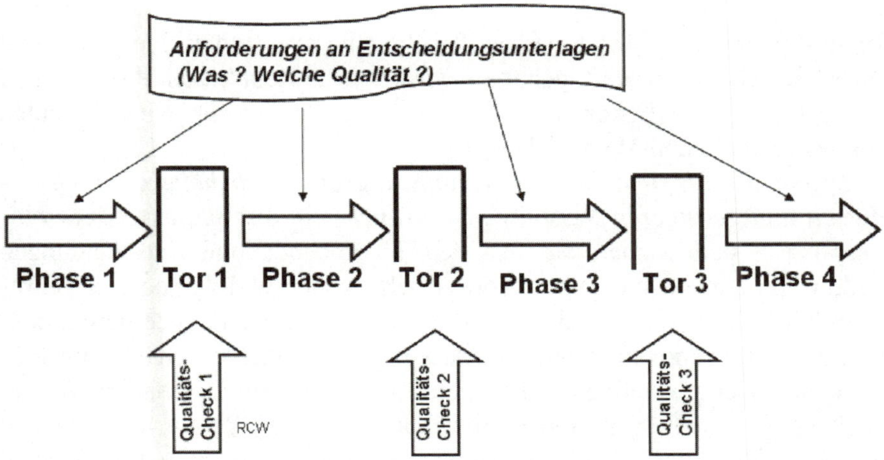

Abb. 4.2. Grundstruktur eines Innovationsprozesses

In vertikaler Sicht ähnelt ein Innovationsprozess einem Trichter (engl. funnel), der an jedem Tor die Innovationsidee bzw. das Innovationsprojekt auf dessen Qualität hin checkt und nur die guten Projekte durchs Tor lässt, während die schlechten „ausgesiebt“ werden:

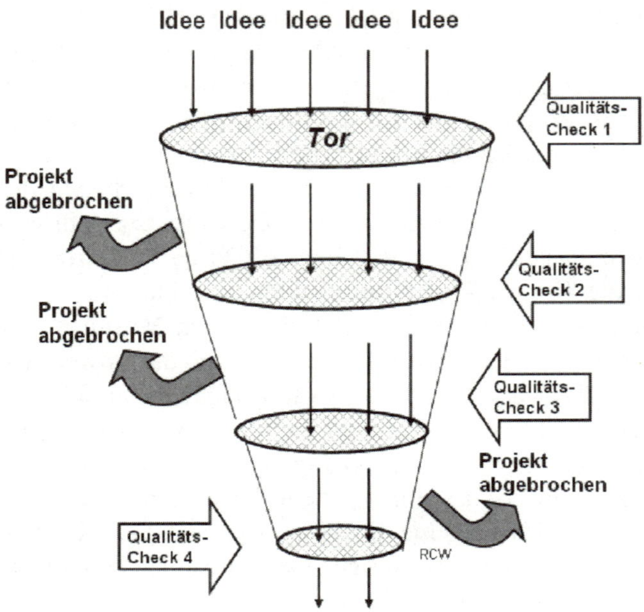

Abb. 4.3. Innovationstrichter

In diesem Trichter wird an jedem Tor die eine oder andere Idee, die nicht mehr für verfolgenswert gehalten wird, „ausgesiebt“, das Projekt wird abgebrochen. Die Erwartung ist, dass am Ende nur die wirklich guten Innovationen in den Markt gelangen.

Erhöht die Effizienz der Innovationstätigkeit durch höhere Geschwindigkeit und geringeren Ressourcenverbrauch: ein disziplinierter Innovationsprozess stellt sicher, dass an den Toren eindeutige Entscheidungen gefällt werden, ob das Innovationsprojekt weiter verfolgt oder abgebrochen wird. Zeitverlust durch Unklarheit wird vermieden. Außerdem garantiert ein guter Innovationsprozess, dass in jeder einzelnen Phase vom Projektteam hochqualitative Arbeit geleistet wird. Ein Nacharbeiten und Ausmerzen von Fehlern mit dem daraus folgenden Zeitverlust und den daraus resultierenden Zusatzkosten wird verhindert. Toyota hat mit seinem disziplinierten Innovationsprozess neue time-to-market Rekorde in der Automobilindustrie erzielt. Und P&G hat durch Prozessbeschleunigungen zum Beispiel beim Testen die Zeit vom Labor bis zur Markteinführung von 3 Jahren auf 18 Monate reduziert (Sellers 2004).

Macht erst die „Massenproduktion" von Innovationen möglich: ein guter Innovationsprozess setzt die knappen Ressourcen so gut ein und ist so gut hinsichtlich einer Vermeidung von Reibungsverlusten strukturiert, dass mehr Innovationsprojekte mit den bestehenden Ressourcen abgearbeitet werden können. P&G und Toyota profitieren davon. Hinzu kommt, dass sich nach einem mehrmaligen Durchlaufen des Innovationsprozesses ein Erfahrungsgewinn entsprechend der Erfahrungskurve ergibt, der Ressourcen zur Bearbeitung zusätzlicher Projekte freisetzt.

Koordiniert die Arbeit der Innovationsteams mit dem Rest der Organisation: ein klar strukturierter Innovationsprozess definiert zum Beispiel, an welchen Stellen das Innovationsteam mit den Entscheidern der Organisation zusammenarbeiten und kommunizieren muss. Solche Schnittstellen befinden sich zum Beispiel an den Toren, wenn das Innovationsteam den Projektfortschritt präsentiert und das Unternehmensmanagement in dem Gate-Meeting entscheidet, ob das Projekt fortgesetzt oder abgebrochen wird.

Dient der Standortbestimmung der Innovationsprojekte: Dank der Phasenaufteilung der Innovationsprozesse ist es möglich, genau zu bestimmen, wo sich das jeweilige Innovationsprojekt gerade befindet. Eine solche Übersicht ist besonders wichtig bei Unternehmen mit Dutzenden oder Hunderten von aktiven Innovationsprojekten. Whirlpool (siehe Kap. 2) zum Beispiel, das mehr als 100 aktive Innovationsprojekte gleichzeitig verfolgt, weiß in jedem Zeitpunkt, wieviele Innovationsprojekte sich gerade in den einzelnen Phasen des Innovationsprozesses befinden (Snyder u. Duarte 2003).

Schafft die Möglichkeit zur ständigen Verbesserung der Innovationstätigkeit durch die Messbarkeit des Prozesses: dadurch dass der Innovationsprozess klar strukturiert ist, fällt es leichter, nach dem Durchlaufen des ganzen Prozesses Ansätze zur Prozessverbesserung zu identifizieren und diese dann in einen verbesserten Prozess einzuarbeiten.

Belässt dem Innovationsteam genügend Freiraum: auch wenn ich von der „Massenproduktion" von Innovationen gesprochen habe, gibt es dennoch einen großen Unterschied zur Massenproduktion in der Fabrik: das Innovationsteam hat einen höheren Freiheitsgrad der eigenen Arbeitsgestaltung innerhalb der einzelnen Phasen. Das ist wichtig, um den Unternehmergeist der Teammitglieder wach zu halten. Die Teams sind alleine gebunden durch die Vereinbarungen, die mit dem Unternehmensmanagement am jeweils letzten Tor getroffen wurden, und durch die Ziele und Anforderungen für die nächste Phase des Innovationsprozesses.

4.4 Detailstruktur des Innovationsprozesses

Nachdem wir uns bislang den Innovationsprozess in seiner Grundstruktur angesehen haben, will ich jetzt auf die einzelnen Phasen (engl. stages) und Tore (engl. gates) des Innovationsprozesses detaillierter und schrittweise eingehen. Als Basis nehme ich den von Cooper so genannten Stage-Gate-Prozess (Cooper 2005), der in der Praxis mit am häufigsten verwendet wird. Konkret wähle ich einen vereinfachten sechs-phasigen Innovationsprozess mit fünf Toren, um die Systematik des Innovationsprozesses zu demonstrieren. Ein Innovationsprozess kann natürlich auch mehr als sechs Phasen umfassen oder auch weniger. So benutzt Whirlpool zum Beispiel, das einen Schwerpunkt auf die schnelle Entwicklung eines Prototypen legt, einen 5-phasigen Innovationsprozess mit den Phasen Ideas, Experiments, Prototypes, Scale up und Launch (Snyder u. Duarte 2003). In der Praxis hat sich aber ein Prozess von einer Länge von sechs Phasen und fünf Toren bewährt:

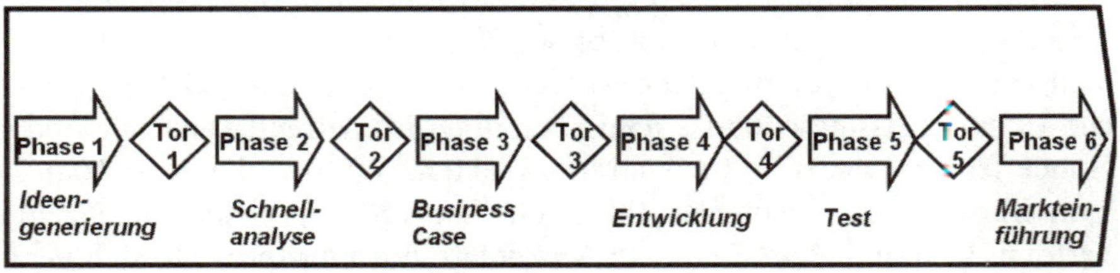

Abb. 4.4. 6-phasiger Innovationsprozess

Die sechs Phasen sind:

- Ideengenerierung
- Schnellanalyse
- Business Case
- Entwicklung
- Test
- Markteinführung

Schritt für Schritt stellt sich dieser Innovationsprozess wie folgt dar:

1. Schritt: Von Phase 1 zur Phase 2

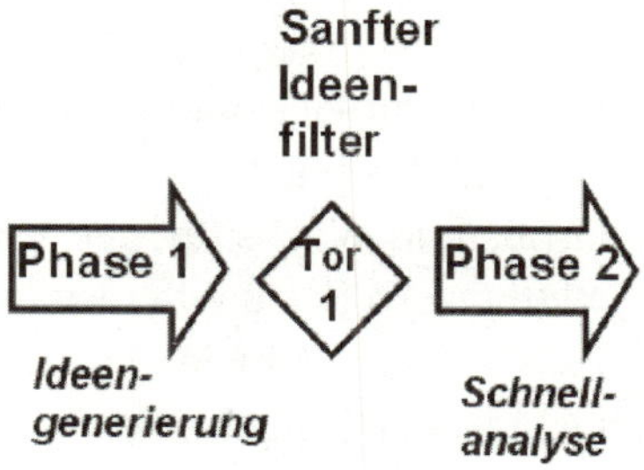

Abb. 4.5. Tor 1: Sanfter Ideenfilter

Phase 1 ist die Phase, in der die Innovationsideen generiert werden. Wegen der fundamentalen Bedeutung dieser Phase widme ich ihr das ganze 6. Kapitel. Um von der Phase 1 zur Phase 2 zu kommen, muss die Idee das Tor 1 passieren. In diesem Gate wird ein sanfter Ideenfilter angelegt. Jede Idee wird in diesem Filter gegen einige wenige Muss-Kriterien und Soll-Kriterien gecheckt Wenn diese Prüfung bestanden ist, gelangt die Idee in die Phase 2, in der eine Schnellanalyse der Idee vorgenommen wird. Es handelt sich bei der Schnellanalyse um eine vorläufige Analyse der Projektidee mit wenig Kosten- und Personalaufwand. Analysiert werden Marktbedarf (der erste Konzepttest wird durchgeführt), technische Machbarkeit und Geschäftsauswirkung.

2. Schritt: Von Phase 2 zur Phase 3

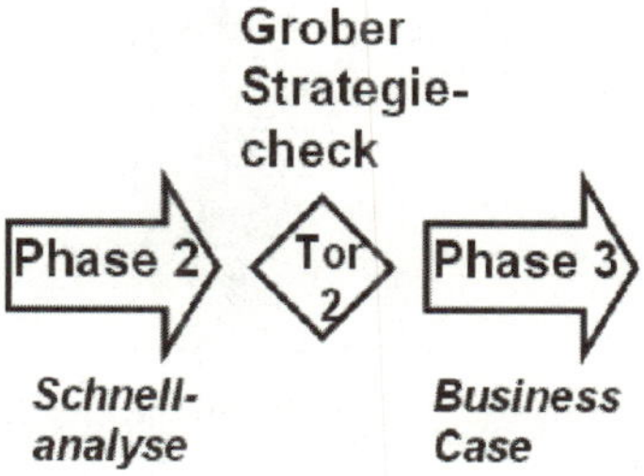

Abb. 4.6. Grober Strategiecheck

Die Innovationsidee gelangt von Phase 2 zur Phase 3 nur, wenn sie im groben Strategiecheck am Tor 2 für gut genug befunden wird. Am Gate 2 wird die Idee gegen eine größere Auswahl an Muss-Kriterien und Soll-Kriterien geprüft als am Gate 1; aber es handelt sich noch immer um einen recht groben Check. Strategische Fragen zur

- Passung zur Geschäfts- und Innovationsstrategie
- Kundenakzeptanz
- Größe und Wachstum des Marktes
- wettbewerblichen Alleinstellung
- Passung zu den bislang benutzten Vertriebskanälen
- technischen Machbarkeit
- finanziellen Attraktivität
- rechtlichen und sonstigen Bewertung

stehen hier im Mittelpunkt der Diskussion.

Eine Idee, die die Prüfung am Tor 2 besteht, gelangt in die dritte Phase, die Business Case Phase. Jetzt spätestens sollte ein Projektteam gebildet werden, das die Innovationsidee detailliert untersucht und wie ein Start-up Team einen kompletten Business Case erstellt. Konzeptakzeptanz beim Verbraucher, Marktgröße und -entwicklung, Positionierung zum Wettbewerb, Machbarkeit der Entwicklung und der Produktion, finanzielle Auswirkung usw. sind detailliert zu analysieren und darzustellen. Der Zeitaufwand dafür ist umfangreich, der Kostenaufwand aber noch immer relativ gering, da sich die Kosten hauptsächlich noch auf die Personalkosten der Teammitglieder beschränken. Toyota demonstriert einen massiven Ressourceneinsatz bereits in dieser Phase.

3. Schritt: Von Phase 3 zur Phase 4

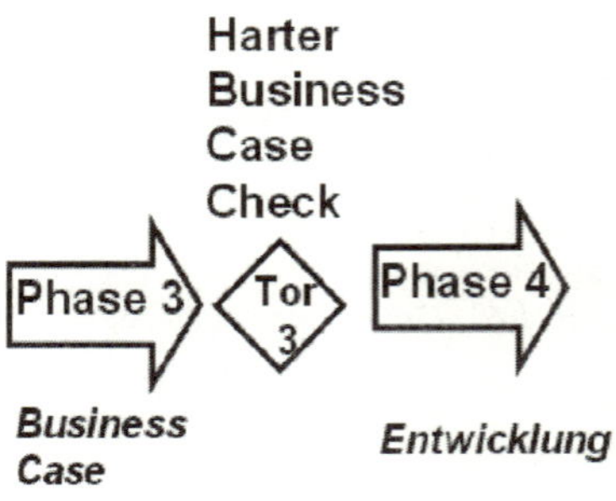

Abb. 4.7. Harter Business Case Check

Das Projekt wird in die Phase 4 nur durchgelassen, wenn es den harten Business Case Check am Tor 3 besteht. Die Diskussion im Gate-Meeting am Tor 3 ist typischerweise eine der umfangreichsten und anforderndsten. Das hat einen sehr guten Grund: nach dem Tor 3 beginnt mit der Entwicklungsphase die Phase, in der sich die Projektausgaben schnell und signifikant erhöhen. Am Tor 3 ist deshalb die Diskussion der grundsätzlichen Frage, warum die Firma überhaupt dieses Innovationsprojekt in den Markt bringen sollte, voll berechtigt. Das Innovationsteam ist stark gefordert, um das Unternehmensmanagement davon zu überzeugen, dass dies das richtige Projekt ist und dass es verdient, in die kostenaufwändige Phase 4 durchgelassen zu werden.

Schafft es das Innovationsprojekt, das Gate 3 zu passieren, kommt es in die Entwicklungsphase, eine sehr kosten-, ressourcen- und zeitaufwendige Phase. Ein Hauptziel dieser Phase ist es, einen Prototypen der Innovationsidee zu entwickeln.

4. Schritt: Von Phase 4 zur Phase 5

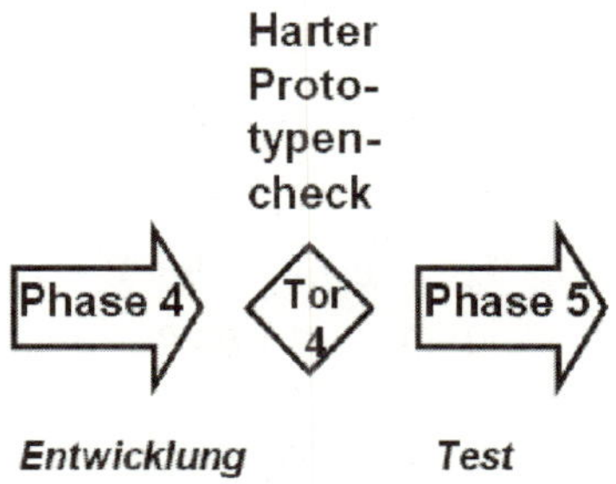

Abb. 4.8. Harter Prototypencheck

Um von Phase 4 zur Phase 5 fortzuschreiten, muss das Innovationsprojekt den harten Prototypencheck am Gate 4 bestehen. Hier wird das entwickelte Produkt vor allem an der Erfüllung der Produktspezifikationen gemessen.

Erfüllt es die, gelangt es in Phase 5, die Test Phase. Ein normalerweise teurer Produkttest steht an. Das Produkt wird auf seine Akzeptanz beim Verbraucher getestet (mehr dazu im nächsten Kapitel). Außerdem ist spätestens hier die Produzierbarkeit des Produktes in der Produktion mittels Tests zu bestätigen. Führende Unternehmen wie Toyota überprüfen dagegen schon nach Durchschreiten von Tor 3 die Produzierbarkeit des neuen Produktes simultan und in enger Abstimmung mit der Entwicklung. Auch bei 3M kommen die Produktentwickler und die Prozessingenieure bzw. Ingenieure bereits am Anfang der Entwicklungsphase zusammen, um den Übergang von Laborproduktion zur Massenproduktion optimal abzustimmen (Gundling 2000).

Der komplette Plan für die Markteinführung ist jetzt auszuarbeiten inklusive einer genauen Überprüfung der finanziellen Auswirkungen. Die Federführung für die Erstellung des Einführungsplanes hat meist die Marketingabteilung. Berühmt ist die so genannte One-Page Launch Recommendation (einseitige Entscheidungsvorlage zur Markteinführung) von Procter & Gamble, die auf nur einer Seite Hintergrund, Ziel, Strategie, Plan, finanzielle Auswirkungen und die Hauptgründe für die vorgeschlagene Markteinführung enthält.

5. Schritt: Von Phase 5 zur Phase 6

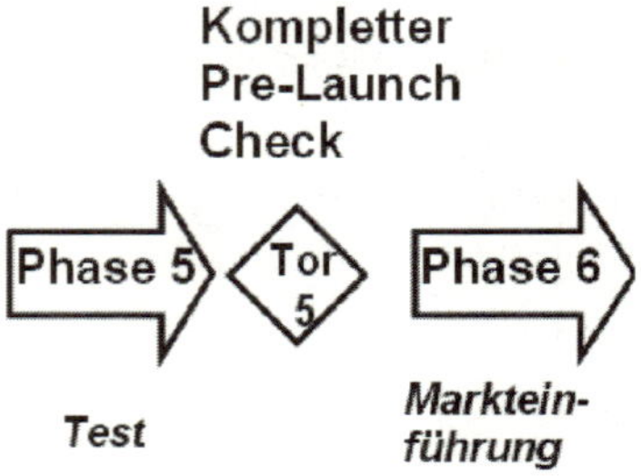

Abb. 4.9. Kompletter Pre-Launch Check

Am Tor 5 erfolgt der komplette Pre-Launch Check. Das ist der härteste Checkpunkt im ganzen Innovationsprozess, und das mit Recht. Denn eine Entscheidung zur Einführung eines Produktes ist die kostspieligste im ganzen Innovationsprozess. Gate 5 ist die letzte Station vor der teuren Markteinführung. Sie ist die letzte Chance, das Projekt noch zu stoppen. Alle Projektaspekte werden in diesem Gate-Meeting abgecheckt.

Besteht die Innovation diesen letzten Check und wird eine positive Einführungsentscheidung gefällt, ist der Launchplan sofort umzusetzen: Die Innovation wird am Markt eingeführt.

Zur positiven Launchentscheidung gehört auch die Verpflichtung des Innovationsteams zu einem Post-Launch-Tracking, das typischerweise ein laufendes Monitoring der Innovation während der ersten ein oder zwei Jahre ab Markteinführung beinhaltet plus eine Abschlussanalyse nach Ablauf dieser Zeit. Zwei Ziele verfolgt das Post-Launch-Tracking:

- Feststellen, ob die Innovation die gesetzten Ziele erfüllt hat und erfolgreich war
- Falls nicht erfolgreich: aus den Fehlern für zukünftige Innovationen lernen.

4.5 Entscheidungen im Innovationsprozess

Der Zweck der Tore im Innovationsprozess ist es, gute Projekte in die nächste Phase durchzulassen (engl. go) und schlechte Ideen, die nicht die Anforderungen des Unternehmens erfüllen, auszusieben (engl. kill). Ein effektiver „Go/Kill“ Innovationsprozess „siebt“ sehr wirkungsvoll schlechte Innovationsideen als nicht gut genug aus und fokussiert sich auf einige wenige gute Ideen, die tatsächlich in den Markt gelangen.

Im Durchschnitt kommen auf eine Innovation, die tatsächlich im Markt eingeführt wird, sieben Ideen, die durch den Trichter des Innovationsprozesses geschickt wurden (Cooper 2005). Top-Unternehmen brauchen allerdings pro eingeführter Innovation nur drei Ideen, weil sie offensichtlich wirkungsvoller vorselektieren.

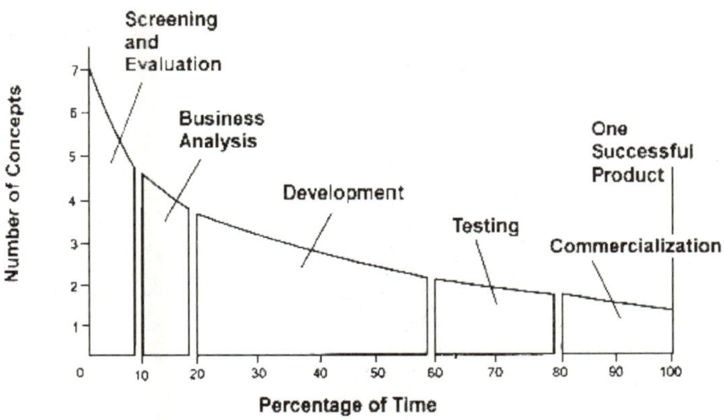

Abb. 4.10. Effektiver „aussiebender“ Innovationsprozess (Cooper 2005)

Wichtig ist, dass die Projekte, die im Gate-Meeting gestoppt werden, auch tatsächlich abgebrochen werden. Viele Projekte haben die Angewohnheit, noch ein Eigenleben zu führen, obwohl sie offiziell gestoppt wurden. Nur wenn die schlechten Projekte offiziell und wirklich abgebrochen werden, können die knappen Ressourcen des Unternehmens auf die vielversprechendsten Projekte konzentriert werden. Dass ein Projekt abgebrochen wird, heißt nicht, dass es ein für alle Mal vergessen werden sollte. Es bedeutet nur, dass keiner mehr darauf arbeitet und dass es nicht mehr die knappen Ressourcen des Unternehmens bindet. Zu einem späteren Zeitpunkt kann es durchaus angebracht sein, diese Idee wieder neu zu evaluieren und, falls sich die Bedingungen geändert haben, aufleben zu lassen. Bis dahin sollten aber keine Ressourcen mehr darauf arbeiten.

Erfüllt ein Innovationsprojekt am Gate die an es gestellten Anforderungen (engl. Action Standards), hat es noch einen weiteren Test zu bestehen:

es muss zu den besten Projekten des Unternehmens gehören, um weiterhin mit den knappen Ressourcen der Firma ausgestattet zu werden, die normalerweise nicht für alle guten Projekte ausreichen. Es geht also um die Priorität der Projekte. Erst wenn das Innovationsprojekt auch diesen Test besteht, geht es in die nächste Phase und darf damit weiterhin Unternehmensressourcen beanspruchen. Dieser doppelte Check ist vor allem wichtig am Tor 3, d. h. vor dem Antritt der kostspieligen Entwicklungsphase. Sollte das Projekt zwar die Anforderungen am Tor 3 bestehen, aber nicht zu den besten Projekten des Unternehmens gehören, kann es deshalb durchaus suspendiert werden. Als inaktives Projekt kommt es dann in die Projektbank. Trotz dieser Suspendierung ist ein solches inaktives Projekt aber grundsätzlich ein gutes Projekt, da es bislang alle Anforderungen im Innovationsprozess erfüllt oder übertroffen hat. Es wird einzig und alleine deshalb im Augenblick nicht mehr aktiv weiterverfolgt, da andere Projekte besser beurteilt und höher priorisiert werden und die Firmenressourcen nicht für alle guten Projekte ausreichen. Die Entscheidungen an den Gates sehen also wie folgt aus:

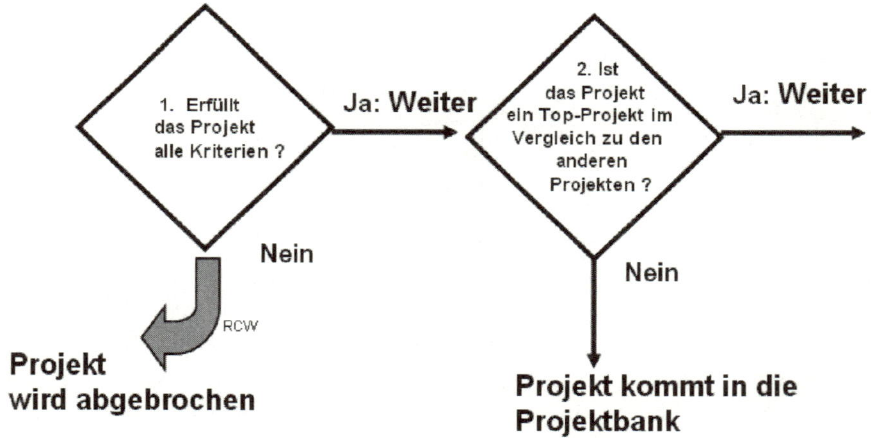

Abb. 4.11. Entscheidungen an den Toren des Innovationsprozesses

Die Unterscheidung zwischen „Projekt abbrechen“ (engl. kill) und „Projekt suspendieren“ (engl. shelve) ist wichtig; denn nur bei einer klaren Botschaft an das Innovationsteam, dass das Projekt abgebrochen wird, wird es tatsächlich gelingen, die Arbeit an diesem Projekt und den Einsatz knapper Ressourcen darauf zu stoppen. Unternehmen tun sich aber generell schwer mit einer solchen klaren Botschaft. Zwar ist es richtig, dass sehr gute Ideen eine seltene Ware sind und deshalb gut gepflegt werden müssen. Aber wenn eine Idee sich nach sorgsamer Untersuchung als nicht gut genug herausstellt, gehört sie abgebrochen. Viele Unternehmen empfinden jedoch, dass eine klare Entscheidung, ein Projekt abzubrechen, die gute Atmosphäre in den Innovationsmeetings stört. Tatsache aber ist, dass Gate-Meetings nicht als „feel good“ Meetings gedacht sind. Eine gewisse Berechtigung hat natürlich die Befürchtung, dass das Innovationsteam demotiviert werden könnte, wenn sein Projekt, in das jedes Teammitglied viel Herzblut investiert hat, abgebrochen wird. Umso wichtiger ist es deshalb, schon vor Beginn des Innovationsprozesses im Kick-Off Meeting des neu gegründeten Innovationsteams klar zu kommunizieren, dass entscheidend für die Beurteilung eines Teams die Qualität der geleisteten Arbeit ist und nicht, ob das Projekt alle Tore passiert oder abgebrochen wird. Der Abbruch eines schlechten Projektes ist gut für die Firma, weil es finanziellen Schaden abwendet, und keine persönliche Niederlage für die Mitglieder des Innovationsteams.

Die Entscheidungen der Unternehmens- bzw. Geschäftsbereichsführung an den Toren ist natürlich nicht fehlerfrei. Das ist Teil des risikobehafteten geschäftlichen Lebens. Es geht nur darum, die Anzahl und Schwere der Entscheidungsfehler zu reduzieren und nicht denselben Fehler zweimal zu machen.

Die beiden Typen von Fehlentscheidungen werden als Alpha-Fehler oder Beta-Fehler bezeichnet. Aus Gründen der besseren Erinnerung definiere ich Alpha-Fehler als *A*blehnungsfehler, d. h. eine an sich gute Idee wird fälschlicherweise als schlecht beurteilt und deshalb abgebrochen. Den *Beta*-Fehler definiere ich als *B*ewilligungsfehler, d. h. eine an sich schlechte Idee wird durch das Tor durchgelassen und nicht abgebrochen.

Beta-Fehler erinnert wahrscheinlich jeder Manager. Eine solche Entscheidung der fehlerhaften Bewilligung war beispielsweise der Launch der Brise-Aromachologie Kerze im Jahr 1999. Diese Innovation führten wir im Namen von SC Johnson Deutschland nach dem überwältigenden Erfolg der Brise Duftkerze ein, die wir 1997 in den Markt gebracht und mit der wir als Erste das neue Segment der Duftkerzen etabliert hatten. Der Ladenpreis der Brise Aromachologie-Kerze war fast doppelt so hoch wie der Preis der Brise Duftkerze. Dieser im nach herein wahrscheinlich überhöhte Verkaufspreis dürfte ein Hauptgrund für das kurze Leben der Brise Aromachologie-Kerze gewesen sein neben der Tatsache, dass das Konzept für die Breite der deutschen Konsumenten letztlich wohl doch etwas zu esoterisch und der Zeit voraus war. Was hatte uns aber überhaupt soweit gebracht, dass wir die Brise Aromachologie-Kerze eingeführt haben? Ich vermute, dass es der Überschwang der Gefühle nach dem Riesenerfolg der Brise Duftkerze gewesen sein muss, der unser kritisches Urteilsvermögen an den Toren des Innovationsprozesses geschwächt und uns zu einer zu wohlwollenden Interpretation der Marktforschungsergebnisse verleitet hat.

Alpha-Fehler sind oft in ihrer Tragweite nicht so klar, da nicht ersichtlich ist, was passiert wäre, wenn das betreffende Innovationsprojekt nicht abgelehnt worden wäre. Es sei denn, die Konkurrenz führt dieselbe Innovation erfolgreich ein. An eine solche Fehlentscheidung der Ablehnung um die Jahreswende 2002/03 erinnere ich mich noch gut. Unser Konkurrent Reckitt Benckiser hatte uns mit seinem erfolgreichen flüssigen Dauerlufterfrischer in Frankreich auf die Idee gebracht, einen solchen niedrigpreisigen Lufterfrischer in einer Flasche als Erster in Deutschland auf den Markt zu bringen. Die qualitative Verbraucherforschung machte uns allerdings schnell klar, dass die Verbraucherinnen keinerlei Interesse an einem solchen Produkt hätten. Die konkreten Vorbehalte der Verbraucher reichten von der Hässlichkeit der Flasche bis zur Gefahr ihres Umkippens. Nach der Schnellanalyse haben wir am Gate 2 deshalb diese Idee verworfen. Zu unserer Überraschung führte aber Reckitt-Benckiser kurz darauf ein solches Produkt in Deutschland ein und machte es zum Erfolg, trotz der anfänglichen Skepsis des deutschen Handels.

Ein typischer *Alpha*-Fehler könnte die Entscheidung von Airbus gewesen sein, die Priorität nicht auf Langstreckenflugzeuge für den Punkt-zu-Punkt Verkehr zu setzen, sondern auf Riesenflugzeuge für den Verkehr von Drehscheibe zu Drehscheibe wie den A 380. Mit Sicherheit ist die Idee der mittelgroßen Langstreckenflugzeuge für den Punkt-zu-Punkt Verkehr von Airbus vorher ausgiebig diskutiert, aber dann abgelehnt worden. Stattdessen stellte Boeing mit seinem 787 Dreamliner als Erster einen solchen Flugzeugtyp vor, scheinbar mit großem Erfolg, wie die Anzahl von bereits mehr als 600 festen Bestellungen vermuten lässt. Mit einem erheblichen zeitlichen Verzug hat Airbus darauf reagiert. Sein Konkurrenzprodukt A 350 wird mit einer Verspätung von vier Jahren auf die Boeing 787 in den Markt kommen.

Ein *Alpha*-Fehler, der fast passiert wäre und dann sprichwörtlich tödliche Konsequenzen gehabt hätte, war die Entscheidung von Warner Lambert, einer Vorgängergesellschaft von Pfizer, den Cholesterinsenker Lipitor nicht mehr als Projekt weiterzuverfolgen (Mathews u. Winslow 2006). In Tierstudien hatte das neue Präparat nämlich nicht besser abgeschnitten als ein bereits auf dem Markt befindlicher Konkurrent. Ein leidenschaftliches Plädoyer des Wissenschaftlers, der für Lipitors Entwicklung verantwortlich war, überzeugte dann doch noch das Warner Management, Lipitor eine Chance zu geben. In den folgenden Humanstudien hat sich Lipitor als besonders wirksam bei der Senkung des schlechten Cholesterins erwiesen. Heute ist Lipitor mit einem jährlichen Umsatz von fast 13 Milliarden US $ das mit Abstand am besten verkaufte Medikament der Welt, und hat Tausende Leben von gefährdeten Patienten gerettet.

4.6 Aus Fehlern lernen

Nach Einführung einer Innovation ist das neue Produkt im Markt zu tracken, und schließlich, nach ein bis zwei Jahren, ist eine abschließende Post-Launchanalyse fällig. Ein Hauptmotiv dieser Abschlussanalyse ist es, aus Fehlern zu lernen. Toyota nennt das hansei (Reflektion) und gibt ihm sehr großes Gewicht (Morgan u. Liker 2006). Die Bereitschaft, aus Fehlern wirklich zu lernen, setzt natürlich eine Unternehmenskultur der Offenheit und Fehlertoleranz voraus.

Es sind zwei mögliche Fehler, die die Abschlussanalyse offen legen und analysieren soll: inhaltliche Fehler bei der Konzipierung des neuen Produktes und Mängel im Innovationsprozess, die zugelassen haben, dass ein suboptimales Produkt überhaupt eingeführt wurde.

Eine unserer produktivsten, wenn auch etwas verspäteten Fehleranalysen betraf das Produkt Brise Air de Parfum, das von SC Johnson 1992 in Deutschland eingeführt worden war. Zum Verständnis der Produkteinführungsentscheidung in Deutschland gehört, dass dieser Instantlufterfrischer in den anderen europäischen SCJ Ländern vorher bereits ein großer Erfolg war. In Deutschland wurde die Einführung von Brise Air de Parfum dann leider ein großer Flop, der die Beziehungen zu den Marktpartnern belastete. Wir haben nachträglich fünf Hauptgründe für diesen Misserfolg identifiziert:

- Der Endverbraucherpreis war zu hoch (damals DM 6,99)
- Die Düfte waren zu intensiv für den deutschen Verbraucher
- Der Name „Air de *Parfum*“ assoziierte zu starken Duft
- Das Produktdesign war altbacken
- Die Werbeunterstützung war ungenügend.

Als wir 1999 den innovativen Instantlufterfrischer Brise One Touch einführten, hatten wir eine Lösung für jede der fünf Schwachstellen von Brise Air de Parfum: der Endverbraucherpreis von Brise One Touch war ein Drittel niedriger, die Duftintensität war stark reduziert, der Produktname war besser, das Produktdesign in seiner schlichten Funktionalität schöner und das Marketingeinführungsprogramm wesentlich stärker mit TV-Werbung und Sampling. Die Konsequenz: ein Riesenerfolg.

Doch nicht nur im Markt eingeführte Produkte sind ein fruchtbares Feld für die Fehleranalyse. Vielmehr kann die Fehleranalyse auch bei Innovationsprojekten ansetzen, die in einer früheren Phase abgebrochen wurden. Was führte bei dieser Innovation zum vorzeitigen Projektabbruch? Ein beeindruckendes Beispiel für eine systematische Fehleranalyse liefert die

Pharmafirma Eli Lilly & Co. und deren neues Medikament Alimta, das gegen Asbestmesotheliom, den asbestinduzierten Krebs, eingesetzt wird (Burton 2004). Dieses Präparat zeigte überraschenderweise in einer späten klinischen Studie schwere negative Nebenwirkungen beim Menschen, die in drei Fällen sogar zum Tode führten. Letztlich wurde Alimta für den Markt gerettet, weil die beauftragten Forscher die Analogie zu den Nebeneffekten eines anderen Präparats mit dem Namen lomotrexol sahen, dessen klinische Studien Lilly zehn Jahre früher, 1992, auch wegen schwerer Nebenwirkungen eingestellt hatte. Die Untersuchung der Analogie ergab, dass sowohl bei Alimta als auch bei lomotrexol ein Mangel an dem B-Vitamin Folat die Ursache für die schwere Nebenwirkung war. Die simple Lösung: eine Verabreichung von Alimta zusammen mit einem Folsäurensupplement.

Eli Lilly ist bekannt für seinen systematischen und tiefgründigen Prozess der Fehleranalyse. Alle Präparate, die zu irgendeinem Zeitpunkt in einer klinischen Studie mit Menschen durchgefallen sind, werden nachträglich untersucht. Mit dieser Methode hat Eli Lilly nicht nur Alimta gerettet. Vielmehr wurde auch das Osteoporosemittel Evista aus der Fehleranalyse eines abgebrochenen Verhütungsmittels entwickelt. Auch das bedeutsame Medikament Strattera gegen das Aufmerksamkeits-Defizit-Syndrom mit Hyperaktivität (ADHD) resultiert aus Eli Lillys Fehleranalyse eines durchgefallenen Medikamentes gegen Depression.

4.7 Erfolgsfaktoren

Einige bekannte Hauptfaktoren tragen wesentlich zum Erfolg des Innovationsprozesses bei. Das hilft vor allem jenen Unternehmen, die noch wenig Erfahrung mit dem Innovationsprozess gesammelt haben. Zu diesen Hauptfaktoren gehören neben der Strukturierung des Prozesses selbst:

- Systematische disziplinierte Vorgehensweise: jede Phase wird durchlaufen, an jedem Tor findet ein Check statt. Keine Phase wird übersprungen.
- Total Quality Ansatz: in jeder Phase ist die Arbeit vom Innovationsteam in größter Qualität zu erledigen.
- Massierung des cross-funktionalen Ressourceneinsatzes am Beginn des Innovationsprozesses und gründliche Erstellung des Business Cases: diesen Unterpunkt zum Total Quality Ansatz hebe ich besonders hervor. Nach der Erstellung des Business Cases und dem Passieren des Tores 3 geht es in die kostspielige Entwicklungsphase. Eine besondere Verantwortung lastet deshalb auf dem Innovationsteam bei der Durchleuchtung

aller Aspekte des Business Cases. Toyota macht vor, wie die Ressourcen schon in der Frühphase des Innovationsprozesses massiert werden.

- Präzise Produktdefinition im Business Case: das Produkt ist im Business Case zu spezifizieren und nach der Genehmigung dieser Spezifikation im Tor 3 ist diese „einzufrieren". Damit wird das Risiko kostspieliger und zeitaufwändiger Korrekturen und Nacharbeiten in der Entwicklungsphase vermindert. Toyotas Disziplin bei der Produktdefinition und dem nachfolgenden „clay model freeze" ist vorbildlich.
- Input vom Markt: wahrend des gesamten Innovationsprozesses ist Feedback von den Kunden/Verbrauchern einzuholen und in der Spezifikation der Innovation zu berücksichtigen (wegen der Bedeutung dieses Faktors ist ihm das gesamte nächste Kapitel gewidmet).
- Klare Go/Kill/Shelve-Entscheidungen: an den Gates sind klare, harte Entscheidungen vonnöten, ob das Projekt durchgelassen (engl. go), abgebrochen (engl. kill) oder suspendiert (engl. shelve) wird. Das ermöglicht die Konzentration der knappen Unternehmensressourcen auf die vielversprechendsten Innovationsprojekte.

4.8 Fazit

- Innovationsmanagement bedeutet „Massenproduktion" von Innovationen.
- Ein systematischer standardisierter Innovationsprozess ist erforderlich mit Phasen und Toren, an denen ein Qualitätscheck des Innovationsprojektes stattfindet. Das Innovationsbudget für das einzelne Innovationsprojekt wird dadurch quasi „scheibchenweise" von Meilenstein zu Meilenstein freigegeben.
- Ein solcher Prozess bringt Disziplin in das Innovationsmanagement und sichert Total Quality.
- Ein optimaler Innovationsprozess
  - wirkt wie ein Trichter: er erhöht die Erfolgswahrscheinlichkeit der Innovationen und vermindert das Risiko einer Fehlentscheidung
  - erhöht die Effizienz der Innovationstätigkeit durch höhere Geschwindigkeit und geringeren Ressourcenverbrauch
  - macht erst die „Massenproduktion" von Innovationen möglich.
  - koordiniert die Arbeit der Innovationsteams mit den Entscheidern in der Organisation
  - dient der Standortbestimmung der Innovationsprojekte
  - schafft die Möglichkeit zur ständigen Verbesserung des Innovationsmanagements durch die Messbarkeit des Prozesses

- Ein guter Innovationsprozess besteht typischerweise aus sechs Phasen
    - Ideengenerierung
    - Schnellanalyse
    - Business Case
    - Entwicklung
    - Test
    - Markteinführung
- An den Toren sind klare und harte Go/Kill/Shelve Entscheidungen zu fällen: soll das Innovationsprojekt weiterverfolgt, abgebrochen oder suspendiert werden?
- Entscheidungen an den Gates unterliegen dem Risiko des *Alpha*-Fehlers (*A*blehnungsfehler) bzw. *Beta*-Fehlers (*B*ewilligungsfehler).
- Die Fehleranalyse ist ein fruchtbares Feld, um aus nicht erfolgreichen Innovationsprojekten zu lernen und die Erkenntnisse für spätere Innovationsprojekte zu nutzen.
- Haupterfolgsfaktoren eines effektiven Innovationsprozesses sind neben seiner Strukturierung
    - Systematische disziplinierte Vorgehensweise
    - Total Quality Ansatz
    - Massierung des cross-funktionalen Ressourceneinsatzes am Beginn des Innovationsprozesses und gründliche Erstellung des Business Cases
    - Präzise Produktspezifikation im Business Case
    - Input vom Markt
    - Klare Go/Kill/Shelve-Entscheidungen an den Gates.
- Die Historie von Ariel demonstriert, dass Innovationsmanagement einen Prozess der „Massenproduktion" erfordert.
- Die Toyota Fallstudie zeigt einen hoch disziplinierten schnellen Innovationsprozess, der alle Haupterfolgsfaktoren eines effektiven Innovationsprozesses erfüllt. Die Massierung des cross-funktionalen Ressourceneinsatzes am Beginn des Innovationsprozesses, der Total Quality Ansatz, die Standardisierung von Teilprozessen, die breite cross-funktionale Zusammenarbeit und die Disziplin des „clay model freeze" stechen besonders hervor.

5 Was sagen der Markt und die Kunden?

5.1 Kodak Easy Share: Consumer Insights als Erfolgsrezept

Es ist Ende der 90er Jahre, und Kodak befindet sich im Schock. Kodak hat natürlich gewusst, dass digitale Photographie irgendwann die traditionelle chemische Phototechnik ersetzen wird. Entsprechend hat Kodak bereits in den achtziger Jahren wichtige Erfindungen in der digitalen Photographie gemacht wie z. B. den ersten elektronischen Bildsensor der Welt mit 1.4 Millionen Pixel im Jahr 1986 (Grant 2005), und Kodak wurden dafür Patente verliehen (WStJE 3.1.07). Aber Kodak hat weiterhin die Priorität auf die chemische Photographie gesetzt, nicht zuletzt wegen der verlockend hohen Gewinnmargen dieses Geschäftes.

Doch dann wird Kodak trotzdem überrascht: der Marktumbruch hin zur Digitaltechnik kommt viel schneller als erwartet. Abrupte technologische Durchbrüche in der Sensor- und Speichertechnologie, in der Datenkompression und der Breitbandkommunikation zusammen mit starken Preisreduktionen für digitale Hardware sind die Ursache. Globale digitale Konkurrenten wie Sony, Olympus oder Canon tauchen in der digitalen Photographie auf, und ehe sich Kodak versieht, ist Ende der 90er Jahre bereits die Mehrheit der verkauften Fotoapparate in den USA Digitalkameras. Was soll Kodak tun, und hat Kodak überhaupt noch eine Chance?

Kodak steht in den Augen der Verbraucher für die traditionelle chemische Filmtechnik. Schon vor vielen Jahren hat Kodak die Produktion und den Verkauf von Kameras weitestgehend aufgegeben und ihn den japanischen Herstellern überlassen. Stattdessen hat sich Kodak auf die Herstellung von hochprofitablem Filmpapier und -tinten konzentriert, also Produkte, die der Verbraucher ständig braucht und nachkauft. Doch jetzt nimmt die Nachfrage nach Filmen mit alarmierender Geschwindigkeit ab (Bulkeley 2005).

Das Photographieren ist in der Vergangenheit überwiegend Frauensache gewesen. Doch mit der Ankunft der Digitalkameras, die dem technischen Laien viel Achtung einflößen, übernehmen die Männer zunehmend das Fotografieren. Sie schiessen die Photos, laden sie dann später in ihren PC herunter und verwalten die Bilder dort. Leider bekommen die Familie und die Freunde jetzt die Photos weniger oft zu sehen, als wenn sie wie früher im Fotoalbum eingeklebt wären.

Kodaks Stärke ist – neben der starken Marke – die intime Kenntnis des Photogeschäftes, und Kodaks Consumer Insights erweisen sich als die Rettung.

Kodak weiß: im traditionellen Fotogeschäft werden zwei Drittel aller Photos von Frauen gemacht und die meisten Abzüge bestellen sie. 35% aller Bilder werden für *andere* Personen gemacht, und 80% der Verbraucher, die gewöhnlich Bilder verschenken, sind Frauen. „Leute rennen in brennende Gebäude, um ihre Fotos zu retten", sagt Kodaks globale Direktorin für Consumer Insights, Susan Stoev, um die emotionale Bedeutung von Fotos zu unterstreichen.

Kodak muss einen Weg finden, die Frauen, ihre besten Kunden, mit der modernen Technik der digitalen Photographie anzufreunden. Das Ziel lautet, die digitale Photographie frauenfreundlich zu machen. Kodaks Marktforschung zeigt, dass die Frauen eine digitale Technik wollen, die einfach ist, und dass sie sich Abzüge höchster Qualität wünschen, die sie weiterhin mit ihrer Familie und ihren Freunden teilen können.

Kodaks Lösung ist das Kodak EasyShare System mit Printer Dock: die EasyShare Kamera hat einen besonders großen Bildschirm, der den Frauen erlaubt, ihren Freundinnen die Fotos direkt in dem Fotoapparat wie in einem elektronischen Fotoalbum zu zeigen. Und die EasyShare Docking Station ermöglicht es, die Bilder zu Hause direkt von der Kamera auszudrucken, ohne den Umweg über einen PC. Die Docking Station ist ein kompakter Drucker, in den die Kamera einfach von oben eingesetzt wird, ein Knopf wird gedrückt, und schon in 60 Sekunden kommt das Foto in bestechender Qualität aus dem Drucker. Mit dem innovativen Kodak EasyShare System mit Printer Dock bleibt Kodak seinem Prinzip und allerersten Werbespruch treu: „Sie drücken den Knopf, wir machen das Übrige" (engl. „You press the button, we do the rest"). Das Kodak EasyShare System wird ein Riesenerfolg.

Kodak ist inzwischen Marktführer im US-amerikanischen Markt der digitalen Fotographie vor Sony, nicht zuletzt dank der Frauen und dank Kodaks tiefem Verständnis dieser treuen Kundengruppe. Weltweit ist Kodak mittlerweile im Markt digitaler Fotoapparate auf die zweite Position hinter Canon vorgerückt (Kodak 2005). Im Geschäftsjahr 2005 hat Kodak das erste Mal mit digitalen Produkten einen größeren Umsatz als mit der traditionellen Phototechnik gemacht. Inzwischen ist Kodaks Umsatzanteil digitaler Produkte weiter auf fast 60% gestiegen; aber die Profitabilität des digitalen Geschäftes ist noch bescheiden (Symonds 2006). Es bleibt zu sehen, ob diese große amerikanische Firma, die neben General Electric als einziges amerikanisches Top 100 Unternehmen die Zeitspanne 1917 bis 1987 überlebte und eine bessere Rendite als der amerikanische Aktienmarkt erzielte (siehe Kap. 1), die Transformation von traditioneller Fotographie zu digitaler Fototechnik als selbständiges Unternehmen erfolgreich bewältigen wird.

5.2 Der „Sweet Spot“ von Drano Power Gel

Als wir 1998 die Marketingrechte an Drano zurück erwerben, sind wir in der Geschäftsleitung von SC Johnson Deutschland überzeugt, dass der Abflussreinigermarkt reif sein muss für eine größere Innovation. Im deutschen Abflussreinigermarkt hat es in den letzten zwanzig Jahren kaum neue Produkte gegeben, ganz im Gegensatz z. B. zu den USA. Mit einem Marktanteil von 40% ist Drano die Nr. 2 im deutschen Abflussreinigermarkt hinter der Marke Abflussfrei der Firma Yankee Polish, die 45% hält. Die Produkte beider Marken sind Granulate. Basierend auf dem Hauptinhaltsstoff Natriumhydroxid beseitigen sie Verstopfungen der Rohre, vor allem Fett und Schmutz.

Unsere Bestandsaufnahme der Consumer Insights bestätigt, dass sich das Bad und insbesondere der Duschabfluss aufgrund des starken Wachstums der persönlichen Hygiene- und Pflegeanforderungen über die letzten Jahrzehnte und der starken Verbreitung der Dusche in deutschen Haushalten zu einem neuen Problemfeld entwickelt haben. Abflussprobleme im Bad haben mittlerweile den gleichen Stellenwert wie Abflussprobleme in der Küche. Während aber in der Küche Fett die Hauptursache von Rohrverstopfungen ist, sind es im Bad die Haare.

Eine Lösung, die sich aufdrängt, ist ein flüssiger gel-artiger Abflussreiniger auf Basis von Natriumhypochlorid, wie er von SC Johnson z. B. in Großbritannien unter dem Namen Mr. Muscle Sink & Plughole Unblocker verkauft wird. Eine Product Insight besagt, dass bei diesem Produkt, das besonders wirksam gegen Haare ist, aufgrund seiner gel-artigen Konsistenz das stehende Wasser oberhalb des Abflusses – anders als z. B. bei einem Granulatprodukt – nicht abgeschöpft werden muss. Das gel-artige Produkt sinkt nämlich durch das stehende Wasser direkt zur Verstopfung durch. Diesen Convenience-Vorteil betont Mr. Muscle in seiner Werbung in UK und ist damit sehr erfolgreich.

Qualitative und danach quantitative Konzepttests zeigen, dass ein solcher gel-artiger Abflussreiniger unter dem Namen Drano Power-Gel und mit einer convenience-orientierten Positionierung wie Mr. Muscle auch in Deutschland erfolgreich sein würde. Wir erklären Drano Power-Gel daraufhin zum offiziellen Innovationsprojekt von SCJ Deutschland. Anhand der Ergebnisse der Konzepttests verfeinern wir unser Konzept. Gleichzeitig bereiten wir das Produkt in einer 1 Liter Flasche für einen BASES ® II Konzept-Produkttest[8] vor.

Doch die Ergebnisse dieses Tests sind enttäuschend. Das Probierinteresse der Verbraucher ist zwar recht gut, doch das Wiederkaufinteresse der Testpersonen verfehlt die von uns vorab definierte Mindestrate deutlich. Drano Power-Gel mit dem gewählten Convenience-Konzept ist nicht bereit für die Markteinführung. Wir brechen das Projekt in der bestehenden Form ab.

Eine detaillierte Analyse der Testergebnisse zeigt, dass die Verbraucher nicht wirklich verstehen, was so besonders an diesem neuen Produkt sein soll. Sie erkennen den behaupteten Produktvorteil, dass bei Drano Power-Gel das stehende Wasser nicht abgeschöpft werden muss, nicht genügend, oder sie scheinen diesen Convenience-Vorteil nicht wirklich so sehr zu schätzen, wie wir bislang aufgrund der Konzepttests vermutet haben. Offensichtlich zieht unsere Consumer Insight nicht.

Wir geben aber nicht auf und formulieren ein neues Konzept. Es dramatisiert jetzt die Consumer Insight, dass Haare den Abfluss im Bad verstopfen können und ein großes Problem sind. Drano Power-Gel löst es. Dieses zugespitzte Problemlösungskonzept weist dem Convenience-Aspekt des absinkenden Gels nur noch eine visuelle Randrolle zu. Ein Konzepttest beweist: das neue Konzept ist stark, und die Konsumenten erkennen und schätzen das Besondere des Produktes. Wir platzieren das Produkt mit dem neuen Konzept in einem weiteren BASES Konzept-Produkttest.

Die neuen Testergebnisse sind beeindruckend. Drano Power-Gel erreicht oder übertrifft mit dem Haarproblemlösungskonzept alle vorher definierten Testhürden. Die Verbraucher werden nicht nur zum Probieren des Produktes animiert, sondern sind mit der Produktleistung hoch zufrieden. Sie würden Drano Power-Gel wiederkaufen. Offensichtlich hat das neue Konzept die Aufmerksamkeit der Testpersonen erfolgreich auf das Haarproblem gelenkt, bei dem Drano Power-Gel seine besondere Stärke hat. Die von uns jetzt dramatisierte Consumer Insight passt anscheinend optimal zu der von uns verwendeten Product Insight. Wir haben den so genannten Sweet Spot getroffen (Fortini-Campbell 1992).

---

8 BASES ® II ist der proprietäre Produkt-Konzept-Test von AC Nielsen BASES.

Wir beschließen die Einführung von Drano Power Gel im Winter 1998/99. Die Distributionszusagen des Handels sind extrem ermutigend. In keinem Fall wird die Distribution des bestehenden Drano Aktiv-Granulats kannibalisiert. Der Handel sieht beide Produkte als sich ergänzend an. Wir unterstützen die Einführung von Drano Power-Gel mit der „Haarknoten“ Werbung (Slogan: „Jetzt platzt selbst der Haarknoten“) und einem starken Werbebudget. Innerhalb von einem Jahr weitet Drano Power-Gel den deutschen Abflussreinigermarkt um 20% aus und erreicht in diesem vergrößerten Markt einen Marktanteil von mehr als 25%. Dranos gesamter Marktanteil schnellt von 40% auf mehr als 60%.

5.3 Consumer Insights und Kundenintimität

Die Beispiele des Kodak EasyShare Systems und von Drano Power-Gel demonstrieren, welchen Unterschied Marketing und insbesondere die richtigen Consumer Insights machen. Die Entdeckung der besten Consumer Insights bzw. Shopper Insights ist oft eine zeitaufwändige Arbeit, die Gründlichkeit und Disziplin im Vorgehen erfordern. Deshalb habe ich den Kodak Fall und den Drano Fall in recht großem Detail dargestellt, damit die Feinheiten nicht verloren gehen. Der Zeitaufwand, der in die Identifizierung der stärksten Consumer Insights investiert wird, zahlt sich aber mehrfach aus, wie Kodak und Drano beweisen.

Boston Consulting hat auch in ihrem 2007 Innovation Survey unzureichende Customer Insights wieder als eine der Hauptquellen der Unzufriedenheit der Manager mit der Innovationsleistung ihrer Unternehmen bestätigt (McGregor 2007, siehe Kap. 2). Dabei ist eigentlich seit langem bekannt, wie wichtig es ist, zu Beginn und während des gesamten Innovationsprozesses ständig die Meinung der Kunden einzuholen. Nach Cooper ist dies einer der sechs Erfolgsfaktoren eines erfolgreichen Innovationsprozesses. Innovationsprojekte mit einem regelmäßigen hochqualitativen Kundeninput haben eine doppelt so hohe Erfolgschance und einen 70% höheren Marktanteil als Projekte mit einem unzureichenden Marktinput (Cooper 1998).

Erfolgreiche Unternehmen unterscheiden sich von Firmen mit schlechter Marktperformance in punkto Kundennähe ganz wesentlich:

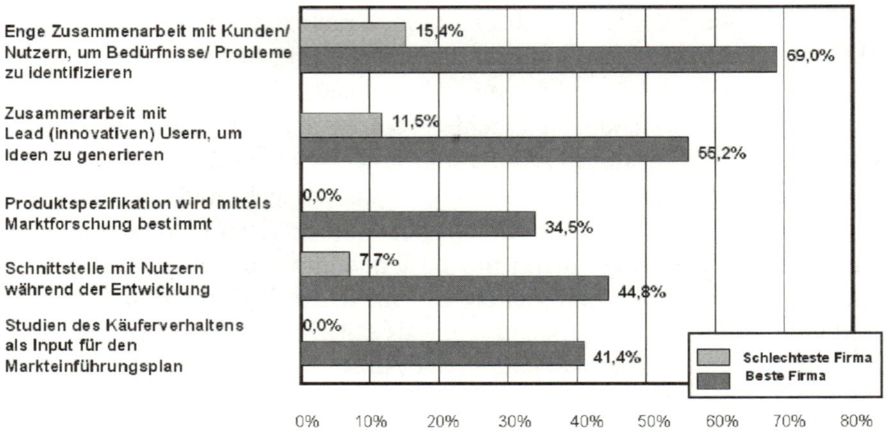

Abb. 5.1. Kundennähe von Firmen mit unterschiedlicher Marktperformance (Auszug aus Darstellung bei Cooper 2005)

Die Unternehmen, die im Markt am erfolgreichsten sind, arbeiten viel enger mit den Kunden zusammen, um deren Bedürfnisse und Probleme zu erforschen, als die weniger erfolgreichen Unternehmen. Während 69% der erfolgreichsten Unternehmen diese Kundennähe pflegen, praktizieren dies nur 15% der am wenigsten erfolgreichen Unternehmen. Fast ähnlich krasse Unterschiede ergeben sich bei der Zusammenarbeit mit Lead Usern (siehe nächstes Kapitel) zur Generierung neuer Ideen, bei der Nutzung von Marktforschung zur Produktspezifikation, bei der Zusammenarbeit mit Nutzern während der Entwicklungsphase und bei der Nutzung von Studien des Konsumentenverhaltens als Input für den Markteinführungsplan.

Nach meinen Beobachtungen setzt sich oft eine unerklärliche Lethargie im Innovationsprozess fest, die die „Auseinandersetzung" mit der Meinung der Kunden vermeiden will. Es ist deshalb mit eine Hauptaufgabe der Unternehmensführung, immer wieder vom Innovationsteam neuen Marktinput einzufordern.

Eine Hauptgefahr, der Innovationsteams oft verfallen, ist, dass sie den Glauben entwickeln, was sie gut finden, werden die Kunden auch gut finden. Die Gefahr, die von diesem Irrglauben ausgeht, nimmt leider im Laufe des Innovationsprozesses zu. Das liegt daran, dass sich die Mitglieder des Innovationsteams, je weiter das Projekt voranschreitet, immer mehr von dem Status eines unvoreingenommenen Verbrauchers entfernen und stattdessen immer mehr zu Experten werden. Deshalb übersehen sie mögliche Barrieren, die für den Experten leicht überwindbar erscheinen, die aber dem Verbraucher im Weg stehen und ihn möglicherweise von einer

Nutzung des Produktes abhalten (Smethers u. France 2007). Es handelt sich dabei um eine spezielle Ausprägung der bekannten Betriebsblindheit. Gerade deshalb bleibt es während des gesamten Innovationsprozesses wichtig, dass regelmäßig ein „Realitätscheck“ mit Hilfe der zukünftigen Kunden durchgeführt wird. Procter & Gamble hat aus diesem Grund seine Brand Manager gedrängt, mehr Zeit mit den Konsumenten zu verbringen. Im Vergleich zum Jahr 2000, als Procters Brandleute nur vier Stunden pro Monat beim Verbraucher waren, hat sich diese Zeit inzwischen auf das Dreifache erhöht (Sellers 2004).

Bei diesem „Realitätscheck“ gilt: je näher wir an dem Kunden sind, umso besser. Deswegen sprechen wir auch von Kundenintimität (Treacy u. Wiersema 1997, Wiersema 2002). P&Gs Vorstandsvorsitzender A.G. Lafley hat eine einfache, kraftvolle Botschaft dafür: „Consumer is boss“ (Der Verbraucher ist unser Chef). Deshalb muss es unser Ziel sein, die wahre Meinung des Kunden zu erfahren. Wir bedienen uns dazu zweier Mittel: der Kommunikation mit dem Kunden und der Beobachtung des Kunden.

Die Kommunikation mit dem Verbraucher erfordert viel Erfahrung und Disziplin; denn der Konsument kommuniziert mit uns nicht nur verbal, sondern vor allem auch nicht-verbal. Mehrabian hat herausgefunden, dass nur 7% der Bedeutung des Kommunizierten im Inhalt der gesprochenen Worte liegt, 38% dagegen in der Art, wie die Worte gesprochen werden und sogar 55% im Gesichtsausdruck und der Körpersprache (Mehrabian 1972). Oft sagt uns der Kunde einfach nicht seine „wahre“ Meinung. Das kann z. B. daran liegen, dass er Schwierigkeiten hat, sich in eine Entscheidungssituation hineinzuversetzen. Oder es kann daran liegen, dass er in einer Fokusgruppe vor den anderen Gruppenteilnehmern nach sozialer Akzeptanz strebt oder seine wahren Gefühle nicht offenbaren will. So erinnere ich mich an Fokusgruppen Anfang der 90er Jahre, also zur ersten Hochzeit des Umweltschutzbewusstseins in Deutschland. Die Verbraucherinnen nannten damals meist als ersten Entscheidungsfaktor für einen Waschmittelkauf die Umweltverträglichkeit des betreffenden Produktes, während die Waschkraft wesentlich weiter hinten rangierte. In der späteren tatsächlichen Kaufentscheidung spielte dann aber doch die Waschkraft eine erheblich größere Rolle. Es gilt also, „zwischen den Zeilen zu lesen“.

Wegen der schwierigen Interpretation des Gesagten legen einige Forschungsinstitute das Schwergewicht auf die Beobachtung des Konsumenten und seines Verhaltens. Die berühmte amerikanische Designfirma IDEO sagt deshalb doppeldeutig: „Innovation begins with an eye“ (Kelley 2001). IDEO zieht es vor, reale Personen in realen Lebenssituationen zu beobachten.

Ich benutze zur Darstellung der verschiedenen Methoden, zur wahren Meinung des Kunden vorzustoßen, einen „Wahrheitsbaum“. Dabei fokussiere ich auf die so genannte qualitative Marktforschung. Sie geht einer quantitativen Marktforschung, die die Bedingungen statistisch gesicherter Aussagekraft erfüllt, voraus und besorgt die wichtigen Consumer Insights, die im nachfolgenden quantitativen Test überprüft werden.

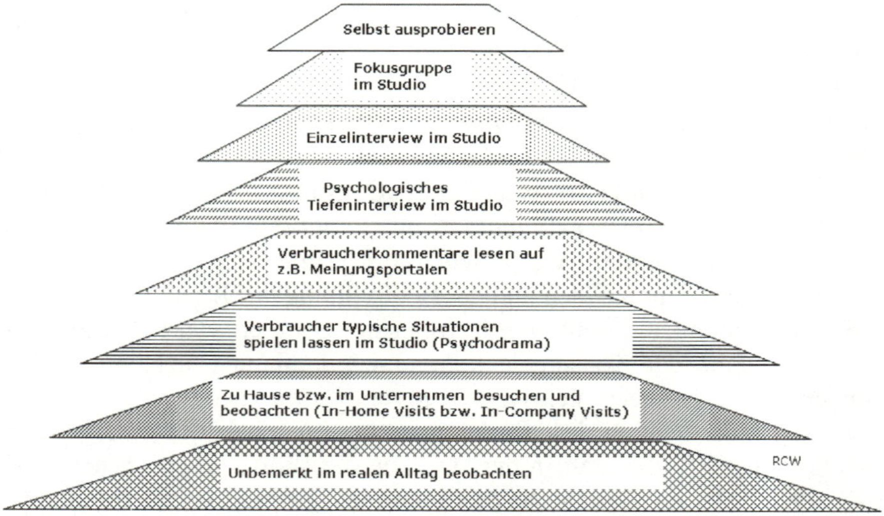

Abb. 5.2. „Wahrheitsbaum“ zur Entdeckung der wahren Meinung des Kunden

Der „Wahrheitsbaum“ umfasst insgesamt acht Methoden zur Erfahrung der wahren Meinung des Kunden. Die oberste, erste Methode beruht auf dem eigenen Ausprobieren, die zweite bis sechste Methode letztlich auf der Kommunikation mit dem Konsumenten und die unteren zwei auf der Beobachtung des Konsumenten.

Am oberen Ende des „Wahrheitsbaums“ starten wir also mit der eigenen Beobachtung durch Ausprobieren. Hier geht es eigentlich um eine Selbstverständlichkeit, die in der Praxis aber leider oft nicht als Selbstverständlichkeit praktiziert wird. Es geht darum, dass wir die Produkte unseres eigenen Unternehmens, aber auch möglichst die unserer Hauptkonkurrenten selbst ausprobieren und damit versuchen, uns in die Situation unserer Kunden zu versetzen. Erste überraschende Erkenntnisse, die sehr schnell Stärken, aber auch Verbesserungspotentiale aufzeigen, folgen normalerweise aus dieser Übung. Die besten Unternehmen dieser Welt wie Toyota und Procter & Gamble setzen als selbstverständlich voraus, dass ihre Mitarbeiter zumindest ihre eigenen Produkte gründlich ausprobiert haben. Bei den meisten Konsum- und Gebrauchsgütern für den Endverbraucher steht dem auch nichts im Wege. Legendär ist Toyotas Chefingenieur für den neuen Sienna, der mit seinem Team in Toyotas Minivan-Vorgängermodell 50000 Meilen durch Nordamerika fuhr, um am eigenen Leib zu erfahren, was in Nordamerika wichtig für einen Minivan ist (Morgan u. Liker 2006). Und bei P&G sind Manager, die 2001 die Markteinführung einer neuen hochpreisigen Pampers vorbereiteten, sogar soweit gegangen, dass sie sich in einem Meetingraum trafen, den sie wie eine übergroße Kinderkrippe ausgestaltet hatten, sich verschwommene Brillen aufsetzten und in Hochstühlen Platz nahmen, um die Erfahrung von Babies zu simulieren (Dvorak 2007).

An zweiter Stelle des „Wahrheitsbaumes" befindet sich die Fokusgruppe im Studio. Sie ist eine viel gebrauchte und schnelle, aber von der Wahrheit oft sehr entfernte Methode der Kommunikation mit den Kunden. Sie erfordert einen sehr guten Moderator und eine herausragende Fähigkeit, „zwischen den Zeilen zu lesen". Gegenseitige Beeinflussung der Teilnehmer der Fokusgruppe, mögliche Dominanz eines Teilnehmers, Streben der Teilnehmer nach sozialer Akzeptanz und Zurückhaltung bei der Offenlegung der eigenen Gefühle sind die größten Schwächen dieser Methode. Firmen wie P&G nehmen deshalb zunehmend Abstand von Fokusgruppen und setzen auf den Einzelkontakt mit Verbrauchern (Sellers 2004).

Eine viel bessere Methode ist bereits das Einzelinterview im Studio, das, wenn von einem Psychologen durchgeführt, auch ein psychologisches Tiefeninterview sein kann. Diese Methode ist zwar nicht so schnell wie die Fokusgruppe, da die Kunden einzeln interviewt werden, aber wesentlich aussagekräftiger, da viele der großen Nachteile der Fokusgruppe entfallen.

Eine Methode, die sich in der Praxis sehr bewährt, ist nach meiner Erfahrung das Lesen von Verbraucherkommentaren in dritten Medien, z. B. auf Meinungsportalen im Internet[9]. Abgesehen von einigen Ausreißern, die eventuell auf eine manipulative Motivation des Kommentators zurückzuführen sind, korrelieren die Kommentare nach meiner Erfahrung meist sehr gut mit den Ergebnissen eigener Marktforschung.

Die fünfte Methode der Kommunikation besteht darin, den Verbraucher typische Situationen, die im Zusammenhang mit der Verwendung des untersuchten Produktes oder der untersuchten Warenklasse stehen, spielen zu lassen. Aus dem dabei Gesagten und Beobachteten wird auf die wahre Meinung und Motivation der Verbraucher zurückgeschlossen.[10]

---

9 Wie z.B. doyoo.de, ciao.de oder andere.

10 Diese Methode wird z.B. sehr stark von der Firma Konzept & Analyse eingesetzt und „Psychodrama" genannt.

Die beiden letzten Methoden am unteren Ende des „Wahrheitsbaumes“ legen den Schwerpunkt auf die Beobachtung. Die Kundin zu Hause oder am Arbeitsplatz zu besuchen (sog. In-Home Visits bzw. In-Company Visits) erlaubt es, ihr dabei zuzusehen, wie sie das untersuchte Produkt tatsächlich verbraucht bzw. verwendet. Dabei werden oft überraschende Abweichungen gegenüber dem im Studio Gesagten sichtbar. Unternehmen wie Procter & Gamble benutzen diese Methode sehr gern und entdecken damit wesentliche Consumer Insights. Ja, sogar die Führungsspitze von P&G inklusive ihrem Vorstandsvorsitzenden A.G. Lafley verlassen ihre Büros, um Verbraucher, die P&G Produkt kaufen und benutzen, im Supermarkt oder zu Hause zu beobachten und mit ihnen direkt zu sprechen (P&G 2002). Toyota macht ebenfalls gerne Gebrauch von In-Home Visits. Zur Vorbereitung der weltweiten Einführung des neuen Camry ist Toyotas Chefingenieur für diesen Wagen mit seinem gesamten Entwicklungsteam von Japan in die USA gereist, um dort 32 Familien zu Hause zu besuchen und zu befragen (Toyota 2006). Legendär ist der Toyota Chefingenieur für den RAV Four Sport Utility Vehicle, der bei einer jungen Familie in Südkalifornien einzog, um den Lebensstil dieser Generation X Zielgruppe hautnah und besser zu verstehen (Morgan u. Liker 2006).

Schließlich befindet sich am Fuße des „Wahrheitsbaumes“ die unbemerkte Beobachtung des Kunden. Diese Methode versucht jede mögliche Konditionierung des Kunden, die durch die Präsenz des Untersuchers entstehen könnte, auszuschließen. Sie eignet sich sehr gut sowohl für die Beobachtung von Konsumenten im Freien bzw. in öffentlichen Räumen wie z. B. im Supermarkt bzw. in Restaurants. Außerdem kann mit dieser Methode das Verhalten von Konsumenten auf Websites anhand von Nutzerprotokollen hervorragend beobachtet und interpretiert werden (Smethers u. France 2007).

5.4 Total Quality in der Marktforschung

Innovation ist ein risikoreiches Geschäft. Umso wichtiger ist es, das Risiko zu limitieren. Dazu bedienen wir uns der Marktforschung.

Je weiter wir im Innovationsprozess von der Ideengenerierung (Idea) bis zur Einführung (Launch) voranschreiten, umso mehr nimmt die Investition von Unternehmensressourcen (Amounts at stake) zu. Um trotzdem das

Risiko unter Kontrolle zu halten, muss die Unsicherheit (Uncertainty) durch begleitende Marktforschung reduziert werden. Ob das gelingt, hängt neben der Nähe zum Kunden, der Kundenintimität, von der Qualität der Marktforschung ab. Deshalb plädiere ich für Total Quality (Juran 1989, Deming 2000, Binner 1996) in der Marktforschung.

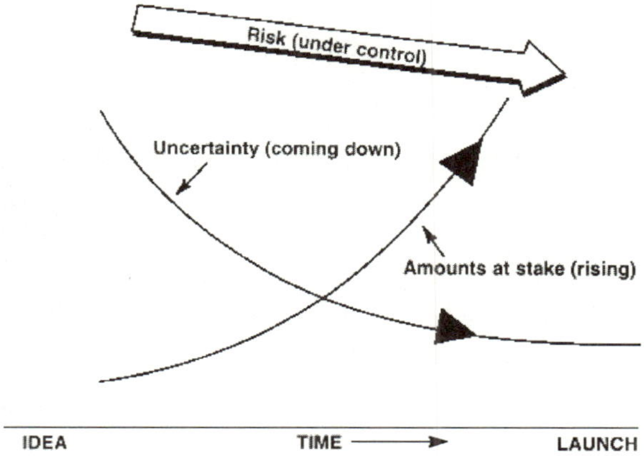

Abb. 5.3. Reduzierung von Risiko und Unsicherheit durch Marktforschung (Cooper 2001)

Total Quality Marktforschung bedeutet „first time right" und damit:

- Vermeidung von fehlerhaftem Verständnis mit teuren Konsequenzen
- schnellere Entscheidungen
- geringere Kosten.

Die Vermeidung von fehlerhaftem Verständnis reduziert das Risiko von nachfolgenden Fehlentscheidungen. Gerade für Marktforschung gilt die Warnung: „Abfall rein, Abfall raus" (engl. „Garbage in, garbage out"). Hochqualitative Marktforschung resultiert auch in schnelleren Entscheidungen und einer früheren Einführung der Innovation; denn mangelhafte Marktforschung müsste wiederholt werden, und das bedeutet den Verlust kostbarer Zeit. Und durch die Vermeidung von Nacharbeit spart eine Total Quality Marktforschung natürlich auch Kosten.

Es ist als trügerisch, bei der Marktforschung Abkürzungen zu nehmen. Das kommt uns sonst teuer zu stehen durch Fehlentscheidung, Zeitverlust und Mehrkosten.

Total Quality Marktforschung folgt deshalb diesem Prozess:

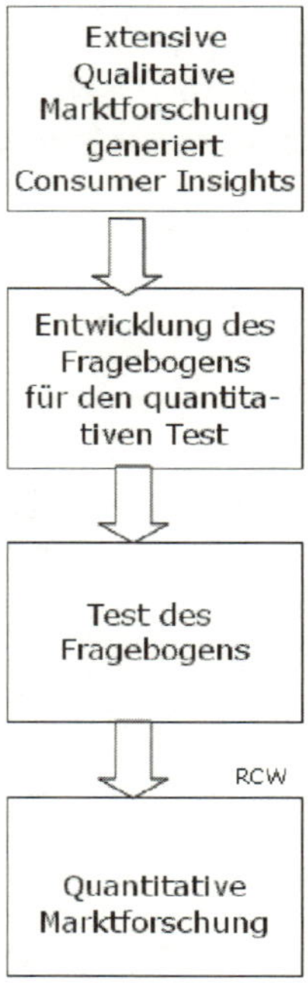

Abb. 5.4. Best Practice Marktforschung

Jedem quantitativen Test muss qualitative Marktforschung vorangehen, die unser Kundenverständnis erhöht und wertvolle Consumer Insights liefert. Erst mit einem reichen Fundus an Verbraucherverständnis können wir uns dann im zweiten Schritt an die Entwicklung eines Fragebogens für einen quantitativen Test begeben. Der Fragebogen für den quantitativen Test sollte vor der Platzierung selbst auf Verständlichkeit, leichte Navigation, Vollständigkeit usw. hin getestet werden. Dafür können Kollegen aus dem eigenen Unternehmen genommen werden. Diese Überprüfung des Fragebogens fördert gewöhnlich wertvolle Korrekturen zutage. Mit diesen Korrekturen ist der Fragebogen dann qualifiziert für die quantitative Marktforschung.

5.5 Fünf Grundsätze der praktischen Marktforschung

Folgende Grundsätze haben sich nach meiner Erfahrung in der praktischen Marktforschung bewährt, um Total Quality Ergebnisse zu erreichen:

1. Formuliere Hypothesen zu den erwarteten Ergebnissen der Marktforschung, um den Erkenntniszugewinn der Marktforschung überprüfen zu können.

Hier geht es ums Lernen. Entweder die Marktforschung widerlegt unsere Hypothesen, und dann haben wir etwas Wichtiges dazugelernt. Oder die Marktforschung bestätigt alle unsere Hypothesen, und dann sollte das uns Anlass sein für einige kritische Fragen: Verschwenden wir unser Geld und unsere Zeit mit bestätigender Marktforschung? Oder ist unsere Marktforschung nicht kreativ genug, um wichtige neue Insights auszugraben? Führende Unternehmen wie Toyota, P&G und GE investieren ins Lernen.

2. Setze Aktionsstandards für aktionsorientierte Marktforschung.

Aktionsstandards sehen beispielsweise wie folgt aus:
„a) Wenn unser neuer Reiniger im Konzept-Produkttest alle vier Erfolgsschwellen (Wiederkaufsrate, Preis-Leistung-Bewertung, Neuigkeitsgrad, Produktzufriedenheit) erreicht oder übertrifft, führen wir ihn mit dem vereinbarten Marketingplan ein, sonst nicht.
b) Wenn der Reiniger nur drei der vier Erfolgsschwellen erreicht, überprüfen wir, wie wir den Marketingplan stärken können und ob wir damit den neuen Reiniger erfolgreich einführen können.
c) Wenn der neue Reiniger weniger als drei der vier Erfolgsschwellen erreicht, brechen wir das Innovationsprojekt ab“.
Aktionsorientierte Marktforschung mit Aktionsstandards hat nach meiner Erfahrung zwei große Vorteile:

- Wir vermeiden Marktforschung, die uns bei der Entscheidung nicht wirklich weiterbringt (sog. nice-to-know Forschung).
- Wir schützen das Innovationsteam besser gegen politisch motivierten unternehmensinternen Druck auf die Entscheidung, da die Entscheidungen, die aus den Marktforschungsergebnissen folgen, vorher vereinbart wurden.

3. Gib den Testpersonen etwas Konkretes in die Hand.

Etwas Konkretes kann ein Blatt Papier mit einem Konzept sein, optimalerweise mit einer oder zwei Abbildungen, die das neue Produkt und seine Anwendung zeigen. Oder noch besser ist ein Prototyp, den wir dem Kunden in die Hand geben können. Alles andere überfordert die Vorstellungskraft des Verbrauchers. Der Verbraucher benötigt konkrete Stimuli.

Kürzlich las ich im Wall Street Journal, dass Forrester Research in den USA eine schriftliche Umfrage durchgeführt habe, wie viel die Verbraucher bereit wären dafür zu bezahlen, dass sie sich Internet-Videos auf ihren Fernsehern ansehen können (Clark u. Grant 2007). Die Antwort sei gewesen, dass 80% der Befragten gesagt hätten, sie seien an Internet-Videos auf Ihrem Fernseher nicht interessiert, egal was der Preis sei. Ein Analyst von Forrester habe dann anschließend erklärt, dass Verbraucher unvertraute Produktkonzepte gewöhnlich verreißen. „People have no idea what you're talking about“. Ja, so ist es. Die Testpersonen hätten zumindest einen Prototypen dieses neuen Gerätes ausprobieren müssen, damit man von ihnen valide Reaktionen bekäme.

4. Komprimiere das Konzept, damit Du es auch wirklich kommunikativ umsetzen kannst.

Generell gilt: ein Konzept, das sehr lang ist und viele Bilder enthält, hat mehr Chancen, den Kunden in der künstlichen Testsituation des Studios oder des Internets zu überzeugen als ein kürzeres Konzept ohne Bilder. Unter den vielen Aussagen und Bildern wird der Verbraucher nämlich etwas finden, was ihm zusagt. In der späteren Umsetzung stellen wir dann aber sehr schnell fest, dass unser Fernsehspot bloß 20 Sekunden lang ist und nur die Vermittlung einer Hauptbotschaft zulässt. Und auch die Printwerbung erlaubt nur eine beschränkte Menge Text. Zu oft habe ich Konzepte auf einem DINA4 Blatt geschrieben gesehen, das in Schriftgröße 10 von links nach rechts fast vollständig beschrieben war. Soviel Botschaft ist später in unserer Werbung nicht umsetzbar. Wir täuschen uns selbst.

Das erinnert mich an eine treue Persilkundin, die wir einmal in einem tiefenpsychologischen Interview zwei Stunden lang interviewt haben. Im Verlauf dieses Interviews befragten wir diese Verbraucherin nach ihren Motivationen, warum sie Persil verwende und warum nicht Ariel und welche Unterschiede sie denn sehe zwischen den beiden Marken. Außerdem haben wir ihr Ariel im Einzelnen erklärt inklusive Ariels besondere Produktstärken. Das Ergebnis dieses Interviews war, dass diese Konsumentin nach Ablauf der zwei Stunden bereut hat, zwanzig Jahre lang nur Persil verwendet zu haben. In Zukunft wolle sie Ariel benutzen. Natürlich haben wir daraus keine wirklich validen Schlüsse gezogen.

5. Versprich nur, was das Produkt wirklich liefern kann.

Nichts kann ein neues Produkt so schnell zum Flop machen, wie ein Produktversprechen, das man enttäuscht. Wenn man ein solches nicht haltbares Produktversprechen bewirbt, passiert der Flop noch schneller.

Das erinnert mich an die Einführung von Ariel Color und des Konkurrenzproduktes Persil Color von Henkel. Während wir (glücklicherweise) Ariel Color ganz einfach auf Schutz vor dem Ausbleichen positioniert hatten, behauptete bzw. implizierte Persil Color, dass der Verbraucher Buntwäsche wie eine rote Bluse getrost mit Weißwäsche zusammen waschen könne. Denn die neue Formel von Persil Color würde eine Farbübertragung verhindern. Nach unseren Informationen hat Persil Color dieses Produktversprechen nicht einhalten können. Die Persilverbraucher wurden massenhaft enttäuscht. Diese Produktenttäuschung dürfte mit ein wesentlicher Grund dafür gewesen sein, dass Ariel Color trotz der zeitlich etwas späteren Einführung schon innerhalb von sechs Monaten Persil Color die Marktführerschaft in diesem neuen Produktsegment abgenommen hat.

5.6 Fazit

- Limitierte Consumer Insights sind eine Schwachstelle in vielen Unternehmen.
- Starke Consumer Insights haben eine große Wirkung auf die Erfolgschancen der Innovation.
- Die Entdeckung starker Consumer Insights erfordert Kundenintimität. Denn, wie P&G sagt: „Consumer is boss“.
- Es gibt verschiedene Methoden, die wahre Meinung der Verbraucher zu erkunden. Acht bewährte Methoden reichen vom selber Ausprobieren über die Kommunikation mit dem Kunden zur Beobachtung des Kunden. Die Beobachtung des Kunden bietet Vorteile gegenüber dem Interview mit ihm.
- Total Quality in der Marktforschung reduziert das Risiko von Fehlentscheidungen bei Innovationen und spart Zeit und Kosten.
- Fünf Grundsätze der Total Quality Marktforschung: Formuliere Hypothesen, setze Aktionsstandards, gib dem Verbraucher etwas Konkretes in die Hand, komprimiere das Konzept und versprich nur, was das Produkt halten kann.
- Die Kodak und Drano Fallstudien demonstrieren den Erfolgshebel starker Consumer Insights.

6 Ideengenerierung

6.1 Die Geburt von Pampers

Eine der größten Innovationen im Konsumgüterbereich beginnt 1956 (Schisgall 1981). Procter & Gamble ist dabei, die Charmin Paper Company in Green Bay, Wisconsin zu kaufen, und und Vic Mills, Direktor der experimentellen Entwicklung bei P&G, erhält den Auftrag, sich für die Papiersparte neue Produkte auszudenken. Mills hat gerade einige Zeit damit verbracht, sich um seinen neugeborenen Enkelsohn zu kümmern (Pampers 2007-1). Gegen das Wechseln und vor allem Reinigen der Babywindeln hat er dabei eine tiefe Abneigung entwickelt. Wohlgemerkt, wir sind im Jahr 1956. Fast alle amerikanische Babies werden in diesem Jahr noch in Stoffwindeln gewickelt, die natürlich nach dem Windelwechsel nicht weggeworfen, sondern gereinigt werden. Als Mills wieder zurück in seinem P&G Labor in Cincinnati ist, beauftragt er einige seiner talentiertesten Mitarbeiter damit, einen Teil ihrer Zeit damit zu verbringen, die Machbarkeit von Wegwerfwindeln zu untersuchen. Er meint, dass eine Papierfabrik, die P&G gehört, eigentlich doch in der Lage sein müsse, absorbierendes Papier für eine Wegwerfwindel zu produzieren.

Mills Mitarbeiter verwenden Monate darauf, die bestehenden Produkte wie Chux, Drypers und K.D. zu untersuchen und vor allem, wie die Verbraucher diese finden. Dabei stellen sie fest, dass Wegwerfwindeln in den USA nur in 1% der Fälle, in denen Windel gewechselt werden, benutzt werden. Eigentlich werden Wegwerfwindeln nur dann von Eltern verwendet, wenn sie verreisen, weil die Stoffwindeln ihrer Babies dann nicht gewaschen werden können. Ansonsten finden die Mütter, dass Wegwerfwindeln einfach nicht gut genug sind und vor allem viel zu teuer. Bei besserer Qualität und vor allem bei einem viel niedrigeren Preis sähe das anders aus, wie die Konsumentinnen Mills und seinen Mitarbeitern versichern. Mills sieht das enorme Potential, und Ende 1957 befördert er Bob Duncan zum Leiter einer Forschungsgruppe, die sich vollzeitig mit der Wegwerfwindelforschung beschäftigt.

Zunächst entwickelt das Team eine hoch absorbierende Windeleinlage, die in ein speziell zugeschnittenes Windelhöschen aus Plastik eingelegt wird, ähnlich jenen, die 1957 in Skandinavien benutzt werden. Doch im Produkttest in Dallas floppt dies Produkt. Bei der hohen Außentemperatur fühlen sich die Babies unwohl in den Plastikhöschen, und viele entwickeln Hautreizungen und Hautausschlag.

Das Forschungsteam macht sich von neuem an die Arbeit: Im März 1959 ist der Prototyp einer neuen Höschenwindel fertig. Er besteht aus drei Teilen. Eine dünne Plastikfolie umhüllt den absorbierenden Kern und hält die Feuchtigkeit in ihm, so dass auf das separate Plastikhöschen der skandinavischen Art verzichtet werden kann. Der absorbierende Kern hilft die Feuchtigkeit zu halten, und zusätzlich verteilt er die Feuchtigkeit so gleichmäßig im ganzen Kern, dass keine nassen Klumpen entstehen. Direkt an der Haut des Babies liegt jetzt eine besondere poröse Folie, die Feuchtigkeit durchlässt, aber verhindert, dass diese wieder zurückfließt. Dieser Prototyp erweist sich insgesamt als weicher als die bestehenden Produkte, nimmt die Feuchtigkeit noch besser auf und hat vor allem eine verbesserte Feuchtigkeitssperre zwischen dem Baby und dem absorbierenden Kern. In dem neuen Produkttest, der diesmal mit 37000 Windeln in Rochester, New York stattfindet, sagen zwei Drittel der Eltern, die neue Höschenwindel sei gleich gut oder sogar besser als eine Stoffwindel.

Das sind extrem ermutigende Resultate. Jetzt sind P&Gs Ingenieure gefordert, Maschinen zu entwickeln, die diese neue Höschenwindel in der Großproduktion herstellen können. Denn 1959 können keine fertigen Maschinen auf dem Markt gekauft werden, mit denen diese Höschenwindeln produziert werden könnten.

1961 ist die Maschine entwickelt, und ist wird Zeit, dem Produkt einen Namen zu geben. Unter verschiedenen Namenskandidaten wird Pampers ausgewählt. Und im Dezember 1961 geht Pampers in seinen ersten richtigen Testmarkt in Peoria, Illinois. Nach sechs Monaten liegt ein eindeutiges Ergebnis vor: auch dieser Test ist ein Flop. Die Mütter mögen zwar Pampers; aber mit zehn US Cents pro Stück ist die Windel viel zu teuer.

Die einzige Chance, das Projekt noch zu retten, besteht jetzt darin, den Preis des Produktes dramatisch zu senken. Es ist klar, dass jede Preisreduktion um nur einen Cent eine gewaltige Steigerung der Verkaufsmenge benötigt, um zu einem Payout zu führen. Da P&Gs Marktforschung in der Vergangenheit nicht immer erfolgreich war mit ihren Preissensitivitätsstudien, wird die Entscheidung über Pampers Verkaufspreis rein nach dem Ermessen des Managements gefällt: der Endverbraucherpreis soll nur sechs Cents pro Stück betragen. In mehreren Tests wird Pampers jetzt mit diesem neuen Preis getestet. Die zu erwartenden Verkaufszahlen sind nun sehr gut. Es besteht die Chance, dass sie sogar P&Gs Planziele übertreffen.

Alles anders ist Historie. Pampers wird 1961 zunächst in den USA eingeführt, danach folgen andere Länder. In Deutschland wird Pampers 1974 auf den Markt gebracht. Aber die Windel ist noch nicht perfekt.

P&G führt in den folgenden Jahren viele Produktinnovationen bei Pampers durch, die durch mehr als hundert Patente abgedeckt werden. Die Produktverbesserungen umfassen unter anderem wiederverschließbare Klebebänder, elastische Bündchen und Windeln mit besserer Passform (Pampers 2007-2).

Im Jahr 1986 führt Pampers die größte Veränderung ein seit der Geburt der Marke. Ultra Pampers werden auf den Markt gebracht mit einem „Weg-Schließ-Kern", der superabsorbierende Acyrlsäure-basierende Polymere (SAP) verwendet und damit einen Teil des bisherigen Zellulosedflieskernes ersetzt. Die SAP machen es möglich, dass die Dicke der Ultra-Windel um die Hälfte verringert wird, und sie bieten bislang unerreichte Trockenheit und Feuchteabsorption. Durch die Nutzung des osmotischen Drucks halten die SAP Polymere etwa das Dreißigfache des Eigengewichtes an Körperflüssigkeit. Das Problem nässender Windeln wird von 30% auf 5% reduziert. Klinische Studien beweisen, dass Kinder, die Ultra Pampers verwenden, eine trockenere Haut, einen normaleren ph-Wert der Haut und seltener und weniger ernste Hautreizungen haben als Kinder in Stoffwindeln. Der technologische Fortschritt von Ultra Pampers besteht nicht nur darin, dass die SAP Polymere den bisherigen Windeln hinzugefügt werden. Vorher hat P&G das Problem zu lösen, dass Polymere im Windelkern nicht ihre volle Wirksamkeit entfalten. Dafür ist eine Erfindung nötig. Sie besteht darin, dass eine Mischung aus Zellstoffpulpe und SAP um 50% komprimiert und in einen fertigen superabsorbierenden Kern gepresst wird. Dieser Prozess wird von P&G patentiert.

Heute wird Pampers weltweit in mehr als 80 Ländern verkauft. Pampers macht einen weltweiten Umsatz von 5 Milliarden US $ und ist damit P&Gs größte Marke.

6.2 P&G vs. SC Johnson im Staubwischermarkt

Holzfußböden sind üblich in japanischen Häusern. Aber sie sind gar nicht so leicht sauber zu halten. Staubsaugen funktioniert nicht, da es eher Staub aufwirbelt, der sich dann wieder auf dem Boden niederlässt. Und wasser- und ölhaltige Mops können Staubbällchen, die sich bilden, nicht aufnehmen. Der Verbraucher braucht eine andere Lösung.

1988 bildet die japanische Firma Kao, ein führender Konsumgüterhersteller mit einem jährlichen Umsatz von heute rund 6.5 Milliarden EURO und Sitz in Tokio, ein Projektteam, das Mitglieder der Haushaltsproduktsparte und des Produktentwicklungslabors umfasst (Kao 2007). Die Haushaltsproduktsparte hat das unerfüllte Verbraucherbedürfnis bei der Reinigung der Holzfußböden erkannt. Die Produktentwicklung untersucht schon seit einiger Zeit die Verwendung von Vliesstoffen (engl. nonwoven) für Reinigungsprodukte. Kao hat in seinem Papiergeschäft bereits einige Erfahrung mit der Technologie der Vliesstoffe gesammelt, zum Beispiel mit der erfolgreichen Einführung des Quickle Toilettenreinigungstuches im Jahr 1989. Vliesstoffe bestehen aus lose zusammen liegenden Fasern, die wirr zueinander liegen und durch Kleben oder hohe Temperatur miteinander verbunden bzw. verschmolzen werden.

Kaos Forschung zeigt, dass Vliesstoffe, insbesondere Spinnvliese, die durch einen besonderen Prozess in laufendem Wasser lose miteinander verbunden werden, sehr wirksam sind bei der Staubaufnahme. Das Projektteam entwickelt ein besonderes Spinnvlies mit einem Netz aus Polypropylen zur Verstärkung. Beim Reinigungsprozess lädt sich das Tuch elektrostatisch auf und zieht damit den Staub an. Dieses Produkt erzielt eine überlegene Staubentfernung und ist gleichzeitig genügend belastbar für den Einsatz in der Haushaltsreinigung.

1994 wird ein solches Produkt in Kombination mit einem leichten mechanischen Stab mit flexiblem Drehkopf, an dem das Wischtuch befestigt wird, unter dem Namen Quickle Wiper in Japan eingeführt. Bereits im ersten Jahr verkauft Kao sechs Millionen Stück Quickle Wiper. Die Zeitschrift Nikkei Trendy wählt ein Jahr später Quickle Wiper zu einem der 30 besten Produkte Japans (Kanzaki 1995).

Kao bringt in den folgenden Jahren Quickle Wiper auch in anderen Ländern Asiens erfolgreich auf den Markt. In diesen Ländern ist Kao mit einer lokalen Organisation und seiner Haushaltsproduktsparte vertreten. Allerdings hat Kao in großen Teilen der Welt kein aktives Geschäft im Haushaltsbereich. Das erweist sich jetzt als großer strategischer Nachteil. Denn die globale Konkurrenz beobachtet sehr aufmerksam, wie erfolgreich Quickle Wiper ein bislang unerfülltes Verbraucherbedürfnis befriedigt.

Im Juli 1999 führt Procter & Gamble ein ähnliches Produkt unter dem neuen Markennamen Swiffer in den USA, in Europa und in einigen anderen Ländern ein. Procter & Gamble hat den großen Vorteil der globalen Präsenz in allen wichtigen Märkten der Erde. In den USA und in Europa, in denen Kao noch nicht mit seinen Reinigungsprodukten vertreten ist, betritt P&G deshalb mit Swiffer als Pionier den Markt. Swiffer wird vor Ort als große Innovation gefeiert.

Ein Monat nach Procter & Gamble führt SC Johnson in den USA unter dem Markendach seiner vertrauten Holzpflegemarke Pledge das neue Produkt Pledge Grab-It ein. Pledge Grab-It ist identisch mit Quickle Wiper; denn SC Johnson lizensiert das Produkt von Kao. Auch in Europa bringt SC Johnson das neue Produkt auf den Markt, in Deutschland zum Beispiel unter dem Namen Pronto Dust & Go. Der zeitliche Rückstand in der Einführung des SCJ Produktes gegenüber Swiffer beträgt in Europa mehr als einen Monat.

Das ist entscheidend für den Distributionsaufbau im lokalen Handel. Aufgrund seiner exzellenten Reputation gewinnt P&G für Swiffer schnell eine überlegene Distribution und erschwert damit ganz erheblich die Listung des SC Johnson Produktes. Procters Exekution der Swiffer Einführung ist exzellent. Mit Swiffers starkem Marketingbudget kann SC Johnson nicht mithalten. Swiffer gewinnt das Rennen und wird Marktführer.

Weltweit hat Swiffer inzwischen einen Umsatz von mehr als einer halben Milliarde US $.

6.3 Große Ideen tun not

Ideen gibt es zuhauf. Die Generierung von vielen Ideen ist das kleinere Problem. Die größte Herausforderung ist die Generierung von wirklich Großen Ideen (engl. Big Ideas). Big Ideas sind Innovationsideen, die erfolgversprechend sind und das Potential haben, bei erfolgreicher Einführung das Unternehmen einen Riesenschritt in seiner Marktposition und beim Umsatz und Gewinn voranzubringen. Solche Großen Ideen verlangen vom Unternehmen größte Disziplin, an den Toren des Innovationsprozesses Ideen nur weiterzuverfolgen, wenn sie wirkliche Big Ideas sind. Big Ideas können sowohl radikale wie auch inkrementale Innovationen sein.

Wie groß eine Idee sein muss, um als Big Idea zu gelten, hängt vom einzelnen Unternehmen ab. Für den deutschen Markt haben wir bei SC Johnson dafür einen inkrementalen Umsatz von 5 Millionen EURO als unteres Limit gesetzt. Wenn man diesen Maßstab an neue Ideen anlegt, fallen die meisten durch. General Electric sucht globale „Imagination Breakthroughs“ mit einem inkrementalen weltweiten Umsatz von mindestens 100 Millionen US $ (Brady 2005-1).

Warum sind Big Ideas so wichtig? Zunächst ganz allgemein, um eine Mindestrendite auf die eingesetzten Innovationsressourcen des Unternehmens zu erzielen, also auf die Personalinvestitionen ins Innovationsteam, auf die zusätzlichen Personal- und Sachinvestitionen in der Forschung und Entwicklung, auf eventuelle Investitionen in neue Produktionsanlagen, auf die Marketinginvestitionen usw. In der Konsumgüterindustrie gelten noch ganz besondere Gründe: nur Große Ideen garantieren, dass wir im Handel die nötige Mindestdistribution erreichen, um breit genug für den deutschen Verbraucher in den Regalen präsent zu sein. Außerdem kann nur eine Big Idea die Mindestwerbeinvestition von z. B. 1300 Gross Rating Points (GRP)[11] oder mehreren Millionen EURO rechtfertigen, die in Deutschland bei einer TV-Werbung alleine im ersten Jahr der Einführung nötig sind, um ein neues Produkt erfolgreich im Konsumgütermarkt zu etablieren.

Innovationsideen können entweder top-down (in der Unternehmenshierarchie von oben nach unten) oder bottom-up (von unten nach oben) generiert werden:

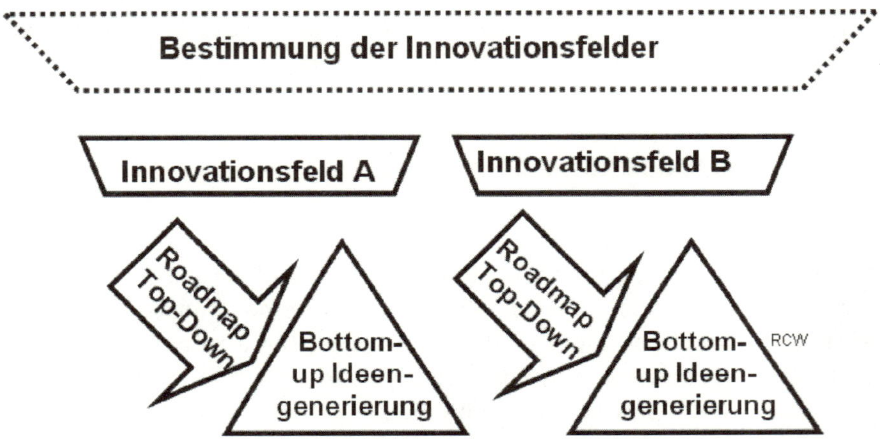

Abb. 6.1. Ideengenerierung Top-Down und Bottom-Up

Als Top-Down Methode werden meist die strategischen Roadmaps aus Kap. 3 genutzt. Das weitere Ausrollen von Beiersdorfs Coenzym Q10 über andere Produkte und Marken ist eine solche Top-Down Idee. Auch Googles Desktop Search, das die Dokumentensuche in den eigenen PC-Dateien anhand von Schlagwörtern ermöglicht, ist eine solche strategische

[11] Hierbei handelt es sich um eine empirisch überprüfte Faustregel. Gross Rating Points geben an, wie oft die Zielgruppe von der Werbung erreicht wird. 1300 Gross Ratings Points können vereinfacht so verstanden werden, dass 100% der Zielgruppe 13mal von der Werbung erreicht wird, oder 50% der Zielgruppe 26 mal.

Top-Down Idee gewesen (Mayer 2006). Ebenso kam die Idee zu Toyotas Lexus und Toyotas Prius direkt von der Unternehmensführung (Liker 2003). Wichtig ist, dass solche Top-Down Ideen nicht den Nachschub an Bottom-Up Ideen ersticken, der aus dem Rest der Organisation kommt, der an der strategischen Innovationsplanung nicht beteiligt ist. Eine wirklich innovative Organisation schafft viel Freiraum, so dass solche Bottom-Up Ideen tief in der Organisation entstehen können. 3M, Google und Whirlpool sind hervorragende Beispiele für derartige innovationsfreundliche Organisationen (siehe Kap. 2, 9 und 11).

6.4 Vorhandene Ideen vs. Originäre Ideen

Ideengenerierung wird oft mit Brainstorming und kreativen Workshops gleichgesetzt. Nichts ist ferner von der Praxis. Brainstorming und kreative Workshops sind nur ein kleiner Ausschnitt der unzähligen Wege der Ideengenerierung.

Von fundamentaler Bedeutung ist zunächst die Unterscheidung zwischen vorhandenen Ideen und originären Ideen. Es ist ein Gebot der kaufmännischen Vernunft, zunächst nachzuforschen, ob Ideen, die ein bestehendes oder ein latentes Marktbedürfnis befriedigen oder ein technisches Problem lösen können, bereits irgendwo bestehen. Ich sage bewusst irgendwo; denn irgendwo kann heißen außerhalb des eigenen Unternehmens, aber auch innerhalb des eigenen Unternehmens. Der Fall von Swiffer ist ein Beispiel für das Erste. Brise One Touch ist ein Beispiel für das Zweite. Es ist immer wieder erstaunlich zu beobachten, wie gering die Kenntnis in manchen globalen Konzernen ist von den Ideen, die bereits in anderen Ecken der Welt im Konzern erfolgreich umgesetzt wurden.

Vorhandene Ideen haben gegenüber originären Ideen zumindest zwei Vorteile:

- Sie haben sich bereits irgendwo bewährt, d. h. sind meist bereits irgendwo im Markt erfolgreich.
- Sie lassen sich schneller in dem eigenen Markt einführen, d. h. verkürzen die wichtige time-to-market.

Es sollte für jeden Geschäftsmann offensichtlich sein, dass eine Große Idee, die sich bereits irgendwo im Markt bewährt hat, zunächst wirtschaftlich wesentlich interessanter ist als eine Idee, die im Augenblick noch im

Kopfe eines kreativen Mitarbeiters schlummert. Das soll natürlich nicht heißen, dass diese bereits vorhandene Idee blind übernommen und im eigenen Markt blind eingeführt wird. Natürlich müssen auch vorhandene erfolgreiche Ideen noch, bevor sie hier eingeführt werden, daraufhin überprüft werden, ob sie sich für den neuen Markt eignen.

Um die gesamte Spannbreite der Ideengenerierung aufzuzeigen, benutze ich folgendes Schaubild:

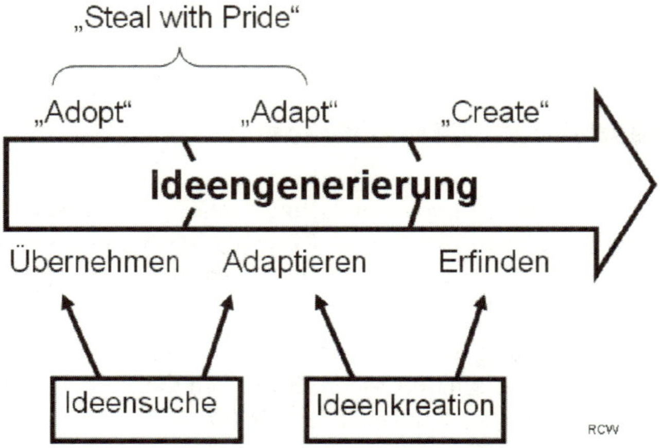

Abb. 6.2. Ideengenerierung und ihre Komponenten

Die Ideengenerierung kann in drei Komponenten aufgeteilt werden:

- Übernehmen (engl. adopt) vorhandener Ideen
- Adaptieren (engl. adapt) vorhandener Ideen
- Erfinden (engl. create) originärer Ideen

Die erste Komponente bedient sich ausschließlich der Werkzeuge der Ideensuche, nämlich der Suche nach vorhandenen Ideen, um neue Ideen zu generieren.

Die zweite Komponente der Adaptation stützt sich auch auf die Ideensuche, um bereits vorhandene Ideen zu finden; aber in diesem Fall müssen die gefundenen Ideen noch an die Bedürfnisse des eigenen Marktes angepasst werden. Bei dieser Anpassung können dann auch Mittel der Ideenkreation zum Einsatz kommen, zum Beispiel wenn Konflikte mit Patenten der Konkurrenz verhindert werden müssen. Aus Gründen der schnellen Markteinführung gilt aber allgemein, dass Anpassungen auf ein Minimum reduziert werden sollten. Ein pragmatischer Weg, um das Adaptieren durchs Übernehmen zu ersetzen und damit schneller in den Markt zu kommen, ist die Akquisition oder Einlizenzierung der fehlenden Technologie bzw. des fehlenden Produktes. Der Kauf von gate5 durch Nokia bzw. die Einlizenzierung der Quickle Wiper Technologie durch SC Johnson sind gute Beispiele dafür.

Die dritte Komponente des Erfindens benutzt ausschließlich die Werkzeuge der Ideenkreation, um wirklich originäre Ideen hervorzubringen.

Um zur Übernahme und Adaption von bereits konzernintern bestehenden Ideen zu ermuntern, wird in internationalen Konzernen gewöhnlich zum „steal with pride" („Stiehl mit Stolz") aufgefordert. Diese Aufforderung ist in der Tat oft angebracht, da in vielen Konzernen die eigenen Schätze, d. h. Ideen noch viel zu wenig gehoben sind. Dafür gibt es heute keine Ausrede. Weder das berühmte „not-invented-here" Syndrom darf dem im Wege stehen noch die Technologie. Heutzutage ist die konzernweite Veröffentlichung erfolgreicher Ideen aus allen Tochtergesellschaften dank des Intranets Best Practice.

Allerdings reicht die Bereitstellung der Kommunikationstechnologie alleine oft nicht aus. Ein zusätzlicher Push von der Unternehmensführung hilft. P&Gs Vorstandsvorsitzender A.G. Lafley lässt sich bei seinen jährlichen „Innovation Reviews" (Innovationsbesprechungen) deshalb von den Wissenschaftlern und Technikern jeder Geschäftseinheit präsentieren, wie sie Ideen mit Kollegen geteilt haben (engl. idea sharing). „Die Leute erhalten gleich viel Anerkennung egal, ob sie gute Ideen mit Kollegen geteilt haben oder solche aufgriffen haben", sagt er (Sellers 2004). Auch GE ist berühmt für sein intensiv praktiziertes Idea Sharing und Best Practice Sharing.

6.5 Quellen vorhandener Ideen

Die Quellen zum Finden vorhandener Ideen sind unendlich. Ideen haben die Eigenart, dass sie aufeinander aufbauen, quasi Ideenketten bilden. Es ist letztlich nur eine Frage der Kreativität, neue Ideenquellen zu entdecken, und letztlich des Fleißes, um alle Quellen zu erforschen. In diesem Sinne, kann folgende Illustration der möglichen Quellen bestehender Ideen nur eine unvollständige Synopsis sein.

Zunächst müssen wir zwischen externen und internen Ideenquellen unterscheiden.

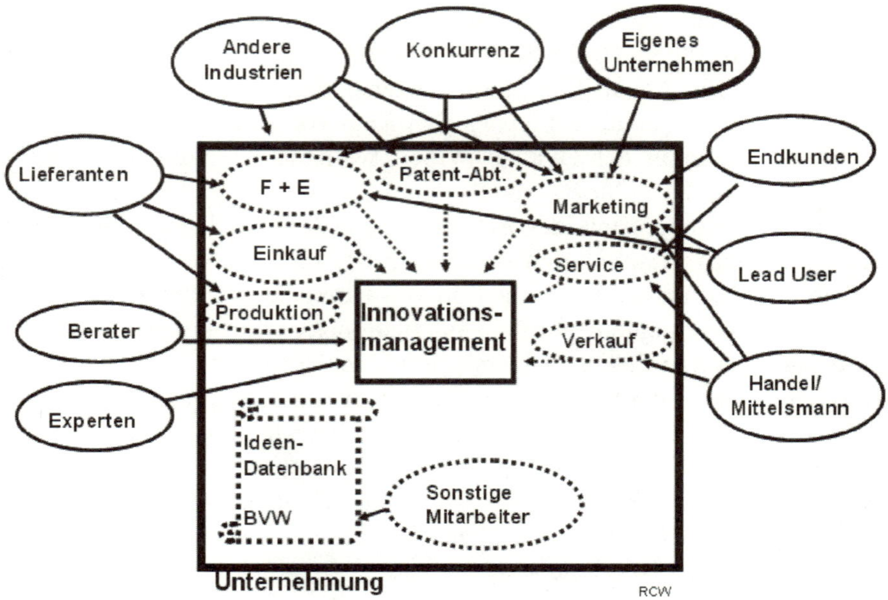

Abb. 6.3. Quellen vorhandener Innovationsideen

In dieser Abbildung befinden sich folgende externen Ideenquellen außerhalb des Quadrats, das die Unternehmung darstellt, und in den durchgezogenen Ellipsen:

- Das eigene Unternehmen
- Konkurrenz
- Andere Industrien
- Lieferanten
- Endkunden, insbesondere Lead User
- Der Handel und andere Mittelsmänner
- Berater
- Experten

Die internen Ideenquellen sind dagegen innerhalb des Quadrats der Unternehmung platziert und gestrichelt dargestellt:

- Marketing
- Patent-Abteilung
- Service
- Verkauf
- F+E

- Einkauf
- Produktion
- die interne Ideenbank und das Betriebliche Vorschlagswesen (BVW), in denen bereits Ideen in der Vergangenheit gespeichert wurden bzw. in denen Ideen der sonstigen Mitarbeiter gesammelt werden.

Die internen Abteilungen stehen in regelmäßigem Kontakt mit den externen Ideenquellen und beziehen aus diesen Kontakten Ideen, was mit den durchgezogenen Pfeilen angedeutet wird, ein typisches Beispiel für eine Ideenkette. Wichtig für das Innovationsmanagement ist es deshalb, zunächst alle bereits im Unternehmen selbst bestehenden Ideen von diesen internen Ideenquellen einzusammeln (gestrichelte Pfeile). Sinnvollerweise werden erst danach die externen Ideenquellen angesprochen.

Mit welcher Häufigkeit die einzelnen Innovationsquellen Beiträge liefern, hat IBM zu erforschen versucht:

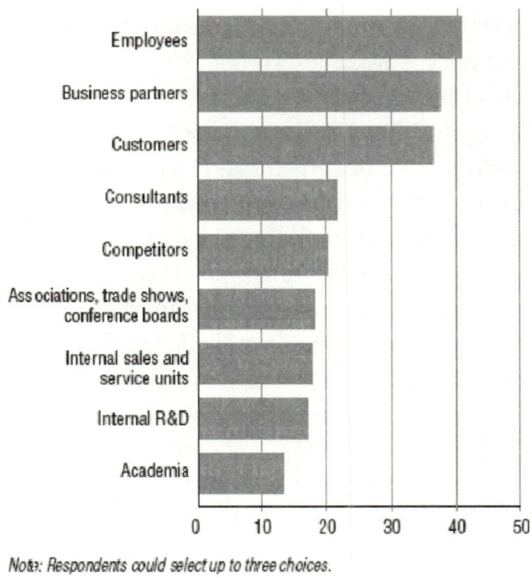

Abb. 6.4. Die bedeutsamsten Ideenquellen in % der Befragten (IBM 2006)

Aus der IBM Untersuchung, die auf Interviews von 765 Chief Executive Officers weltweit aufbaut, aber meines Erachtens nicht umfassend genug die möglichen Ideenquellen abdeckt, möchte ich den vorsichtigen Schluss ziehen, dass externe Quellen mindestens so bedeutsam sind wie interne.

Überraschend an meiner Auflistung der externen Ideenquellen ist wahrscheinlich, dass ich dort „*das eigene Unternehmen*" aufgeführt habe. Das tue ich natürlich bewusst. Bevor ich auf die anderen externen Ideenquellen detaillierter eingehe, möchte ich das erklären.

Gerade in großen globalen Konzernen ist die Kenntnis über erfolgreiche Innovationen in anderen Ecken der Welt oft unterentwickelt, mit der Gefahr, dass das Rad wieder neu erfunden wird. Dadurch dass ich „das eigene Unternehmen" als externe Quelle aufführe, will ich erreichen, dass als erste Priorität die Suche nach bestehenden Ideen im gesamten eigenen Unternehmen betrieben wird. Wenn eine Große Idee tatsächlich schon irgendwo im eigenen Konzern erfolgreich in den Markt gebracht wurde, hat das natürlich einen großen Vorteil. Durch direkten Kontakt zu den Kollegen im betreffenden Konzernteil können die besonderen Insights in Erfahrung gebracht werden, die für eine erfolgreiche Einführung im eigenen Markt hilfreich und nötig sind. Viele große Unternehmen wie 3M, P&G und GE haben das erkannt und fördern das Teilen von Informationen und Wissen zwischen den verschiedenen Sparten und Regionen des Unternehmens auf verschiedenste Weise, sei es über „Innovationsmessen" (engl. innovation fairs) oder interne „Poster Sessions" wie bei 3M, „Poster Shows" oder „Communities of Practice Meetings" bei P&G (Sellers 2004) oder via Intranet. Die Einführung von *Brise One Touch* in Deutschland ist ein hervorragendes Beispiel für das eigene Unternehmen als Ideenquelle. Das Produkt war vor Jahren von SC Johnson in Taiwan eingeführt worden. Insights, die wir von unseren taiwanesischen Kollegen erhielten, waren hilfreich bei der Einführung in Deutschland. Es stellte sich heraus, dass das Produkt für den deutschen Markt nur adaptiert werden musste.

Die wahrscheinlich nächstbeste externe Quelle für Innovationsideen ist die *Konkurrenz*. Unzählige Beispiele gibt es dafür. Der Swiffer Fall ist ein hervorragendes Beispiel für die Adoption und Adaption einer Konkurrenzidee aus einem anderen Teil der Welt. Kann man mit der Konkurrenz als Ideenlieferant Geld verdienen? Ja, sehr gut! Swiffer ist heute eine globale Marke mit einem Umsatz von mehr als einer halben Milliarde US $. Und Swiffer ist nicht das erste Mal, dass P&G von Innovationsideen profitiert hat, die es in Japan aufspürte. Auch bei P&Gs Kompaktwaschmitteln, die wie Ariel Ultra ab Ende der 80er Jahre weltweit eingeführt wurden, stand Kao Pate (Pepper 1999). Bereits 1987 hatte Kao mit Attack das erste hochleistungsfähige Kompaktwaschmittel der Welt eingeführt, allerdings auch nur in Japan.

Aber die Adaptation von erfolgreichen Innovationsideen der Konkurrenz funktioniert auch in größerer geographischer Nähe. Ein Beispiel dafür sind die Duftkerzen von SC Johnson. Bis 1996 wurden Duftkerzen nur in Spezialgeschäften verkauft. Dann hat SC Johnson Duftkerzen im Glas in den Drogeriemärkten und im Lebensmitteleinzelhandel unter dem Namen

Glade bzw. Brise eingeführt und damit und mittels starker Endverbraucherwerbung ganz neue Verbraucherschichten für Duftkerzen erschlossen. Die Einführung von Glade Duftkerzen in den USA war genauso ein Riesenerfolg wie die Einführung von Brise Duftkerzen in Deutschland.

Aber das Aufgreifen von Ideen der Konkurrenz funktioniert selbst in ein und demselben Markt, wenn man eine Idee der Konkurrenz mit einer eigenen originären Idee verbindet. So hat zum Beispiel nicht Google, sondern Overture als Erster das suchwortbasierte Werbemodell mit der Bezahlung pro Klick im Internet eingeführt (Battelle 2005). Google hat mit seinen Google „AdWords" die Overture Werbe-Innovation imitiert und damit die überlegenen Suchergebnisse der originären Google Suchtechnologie monetarisiert.

Neben der Konkurrenz sind aber auch *andere Industrien*, vor allem nahe liegende Branchen auf Innovationsideen hin zu untersuchen. Ein erhellendes Beispiel dafür ist die Firmengeschichte von Starbucks (Schultz 1997). Starbucks wurde 1971 als ein Einzelhandelsgeschäft für Qualitätskaffee in Seattle gegründet. Howard Schultz, der erst 1982 zu Starbucks gestoßen ist, lernte 1983 anlässlich einer Geschäftsreise nach Mailand zum ersten Mal die italienische Cafe- und Espresso-Bar-Kultur kennen. Er sah das riesige Potential, dass darin steckte, nicht nur Starbucks Kaffee für den Verbrauch zu Hause zu verkaufen, sondern die Gäste vor Ort in Starbucks Coffee Shops die hohe Qualität des Starbucks Kaffees genießen zu lassen. Howard Schultz konnte seine Partner nicht von dieser Idee überzeugen. Deshalb kaufte er ihnen 1987 Starbucks ab und verwandelte Starbucks in die inzwischen mit Abstand größte Coffee-Shop-Kette der Welt. Der Erfolg von Starbucks motivierte andere Unternehmer, das Starbucks Konzept in ihrem Heimatland zu implementieren. So hat im norddeutschen Raum die Firma Balzac Coffee das Starbucks Konzept sehr erfolgreich imitiert. Und sogar McDonald's ist offensichtlich so stark von Starbucks Erfolg beeindruckt, dass es jetzt weltweit sein adaptiertes niedrigpreisiges McCafé Konzept ausrollt.

Auch Brise One Touch ist ein Beispiel für die erfolgreiche Beobachtung anderer Industrien. Eine Minispraykartusche wie die von Brise One Touch wurde vorher bereits in der pharmazeutischen Industrie zur Zerstäubung anderer Flüssigkeiten eingesetzt.

Lieferanten werden mehr und mehr zu pro-aktiven Quellen von Innovationsideen. Damit versuchen sie sich ihrerseits im harten Lieferantenwettbewerb zu differenzieren. Ein gutes Beispiel ist Tetra Pak. Tetra Recart ist der Name einer von vielen innovativen Kartonpackungen, die von Tetra Pak entwickelt wurden. In einer Tetra Recart Packung können Lebensmittel sterilisiert und damit länger haltbar gemacht werden. Der französische Lebensmittelproduzent Bonduelle ist mit Tetra Pak eine enge Kooperation zur Fertigentwicklung der Tetra Recart Technologie für seine Gemüseprodukte eingegangen. In Deutschland hat Bonduelle als erster Lebensmittelproduzent diese Packung für seine Produkte eingesetzt und als Innovation in den Markt gebracht. Was Tetra Pak bei Packungen macht, ist ebenso Tagespraxis bei den führenden Lieferanten von Parfümen, Aromen und Spezialchemikalien für die Industrie.

Natürlich ist auch der *Endkunde* eine Quelle von vorhandenen Innovationsideen. Der in dieser Hinsicht produktivste Endkunde ist der Lead User (von Hippel 2005). Lead User sind besonders qualifiziert und motiviert, bei Innovationen mitzuwirken. Sie stehen an der Spitze eines Markttrends und ziehen mit der Lösung ihres Problems einen großen persönlichen Vorteil aus der Innovation. Lead User sind selbst Entwickler von Breakthrough Ideen. Das unterscheidet sie von normalen Endkunden, die zwar einen wichtigen Beitrag im Innovationsprozess leisten, indem sie zum Beispiel zu Prototypen Feedback geben, die aber diese Prototypen nicht selbst erstellen und auch sonst bei der Kreation wirklich neuer Ideen große Limitierungen zeigen. 3M, ein Pionier in der Anwendung des Lead User Konzeptes, hat festgestellt, dass Ideen von Lead Usern im Durchschnitt zu einem achtmal höheren Umsatz führen als intern produzierte Ideen. Vielleicht noch bedeutsamer: Lead User generieren überwiegend Ideen für neue Produktlinien, während die traditionelle Methode der Ideengenerierung eher inkrementale Ideen hervorbringt (Hippel 2005).

Lead User haben zunächst eine dominante Rolle gespielt in der Entwicklung neuer Sportarten wie Skateboarding, Snowboarding, Surfen sowie Kite-Surfen. Kommerzielle Hersteller, die diese Innovationen beobachteten, griffen sie auf und machten daraus bedeutsame Unternehmen. Heute haben viele Firmen, dem Vorbild von 3M folgend, den Lead User Prozess systematisiert. Das heißt, sie suchen aktiv Lead User und binden sie in Innovationsprojekte ein.

In Deutschland macht sich BMW das Lead User Konzept zu Nutze. Als Teil seines Customer Innovation Labs hat BMW seinen Lead Usern einen Toolkit, einen virtuellen Werkzeugkasten im Internet, zur Verfügung gestellt, um die konkreten Ideen der Lead User zu den Themen „Connected Drive", also Telematik-, Online-Dienste und Fahrerassistenzsysteme aufzugreifen (Jokisch 2004, Kröher 2005). Gut tausend Technikbegeisterte haben Vorschläge eingereicht. Mit Hilfe von Interviews und Workshops wurden drei Projekte aus allen Vorschlägen herausgefiltert und die Prototypen getestet.

Audi hat Lead User durch die Bereitstellung dreidimensionaler virtueller Software in die Entwicklung von innovativen Infotainment Systemen eingebunden. 1662 Verbraucher haben sich beteiligt. Sowohl durch das eigene Design gewünschter Infotainment-Module als auch durch die Beurteilung virtueller Infotainmentvorschläge, die Audi entwickelt hat, haben sie Audi in der Entwicklung unterstützt (Füller u. Matzler 2007).

Ein anderes Unternehmen mit einem bemerkenswerten Ansatz zur Lead User Integration ist Lego. 2005 hat es Lego Factory eingeführt, das es den Usern erlaubt, Software zum Design eigener Spielzeugmodelle von der Lego Factory Website herunter zu laden. Nach Fertigstellung des eigenen Designs lädt der Lead User dieses auf die Lego Factory Website wieder hoch (Lego 2007) Nach etwas mehr als einer Woche erhält der Lead User von Lego eine Box zugesandt, auf der sein neuer Bausatz abgebildet ist und in der sich die Teile seines neuen Bausatzes befinden. Alle Lead User Modelle sind dem Publikum auf der Lego Website zum Kauf zugänglich. Mehr als 100000 neue Modelle sind auf diesem Weg bereits entwickelt worden. Die besten von ihnen sind als offizielle Lego Produkte auch im Handel erhältlich (Anderson 2006).

Auch Microsofts XNA Game Studio Express (siehe Kap. 3) bindet Lead User in die Innovation ein. Nutzer können Microsoft-Programmierwerkzeuge im Internet herunter laden, um damit eigene Spiele von Hause aus zu konstruieren. Nach Fertigstellung ihrer Konsolenspiele können die Hobby-Programmierer dann diese auf Xbox Live hoch laden und dort einstellen.

Der *Handel und andere Mittelsmänner* in den Distributionskanälen sind andere mögliche Quellen von bestehenden Innovationsideen. Aufgrund der globalen Reichweite der größten Händler wie zum Beispiel Wal-Mart, Carrefour und Tesco können diese oft sehr hilfreiche Hinweise geben auf Innovationsideen, die sich in ihren Geschäften in anderen Ländern bereits sehr gut abverkaufen. Natürlich wird ein Unternehmen sicherstellen wollen, dass die vorgeschlagene Innovationsidee eine kritische Umsatzmasse erreicht, d. h. nicht nur in einer einzelnen Handelskette funktioniert, sondern in der Breite des relevanten Handels.

Schließlich sind externe *Berater* und *Experten* mögliche Quellen von bereits existierenden Innovationsideen.

Neben der zahlreichen von mir erwähnten externen Quellen vorhandener Ideen stehen natürlich all die internen Quellen. Ihre Bedeutung ist wohl evident, so dass ich nicht auf sie einzeln eingehen muss. Immer wichtiger, und deshalb von mir doch einzeln zu erwähnen ist die zentrale Innovationsdatenbank des Unternehmens, in der alle irgendwann für gut befundenen Innovationsideen inklusive jener des Betrieblichen Vorschlagswesens gespeichert werden. Damit diese Datenbank wirklich von den Mitarbeitern akzeptiert wird und breite Nutzung erfährt, hat sie zwei Bedingungen zu erfüllen, die mit moderner Technologie befriedigt werden können. Erstens muss sie leicht und breit zugänglich sein, wofür sich am besten ein Zugang übers firmeneigene Intranet eignet. Und zweitens muss modernste Suchtechnologie zur Verfügung stehen, um relevante Ideen schnell und einfach in der Datenbank aufzuspüren.

6.6 Kreation originärer neuer Ideen

Wenn über die Kreation originärer neuer Ideen gesprochen wird, entsteht oft der Eindruck, dass diese nur in kreativen Gruppensitzungen entstehen, die zu bestimmten Anlässen zusammengerufen werden. Dieser Eindruck ist natürlich falsch.

Zunächst sind und waren es schon immer einzelne Mitarbeiter, die – neben kreativen Gruppen – im Unternehmen mit entscheidend waren für die Kreation originärer Ideen. Die Frage, ob eine Gruppe oder Individuen kreativer sind, ist untersucht worden (Hauschildt 2004). Dabei wurde eine so genannte „reale" Gruppe mit einer so genannten „nominalen" Gruppe verglichen, die streng genommen keine interaktiv tätige Gruppe ist, sondern nur eine Anzahl von Einzelpersonen, denen die gleiche Aufgabe gestellt wird. Die Untersuchungen kommen zu dem Ergebnis, dass gemessen an der Anzahl, aber wohl auch an der Qualität der geäußerten Ideen die „nominale" Gruppe der „realen" Gruppe überlegen ist. Was stark dafür spricht, neben der Gruppenarbeit das konzentrierte „Tüfteln" der einzelnen Mitarbeiter zu fördern.

Zweitens passiert Ideenkreation nicht nur zu bestimmten Anlässen und Zeitpunkten. Vielmehr ist die Kreation neuer Ideen für ein innovatives Unternehmen eine permanente Tätigkeit. In diesem permanenten Prozess haben bestimmte individuelle Mitarbeiter (oft aus den Bereichen F+E und Marketing) besondere kreative Aufgabenstellungen und den dazu nötigen Freiraum. Darüber hinaus sind alle anderen Mitarbeiter bei vielen Unternehmen über das Betriebliche Vorschlagswesen in diesen permanenten Ideenkreationsprozess integriert.

Während für die permanente Kreation originärer Ideen also gewöhnlich alleine die interne Organisation zuständig ist, werden zu gewissen Anlässen und Zeitpunkten auch externe Berater, Experten oder sonstige Parteien herangezogen, um bei der Ideenkreation auszuhelfen.

Die Kreation originärer neuer Ideen inklusive der Hilfsmittel, der sie sich bedient, kann demnach wie folgt dargestellt werden, ohne dass diese Darstellung Anspruch auf Vollständigkeit erhebt:

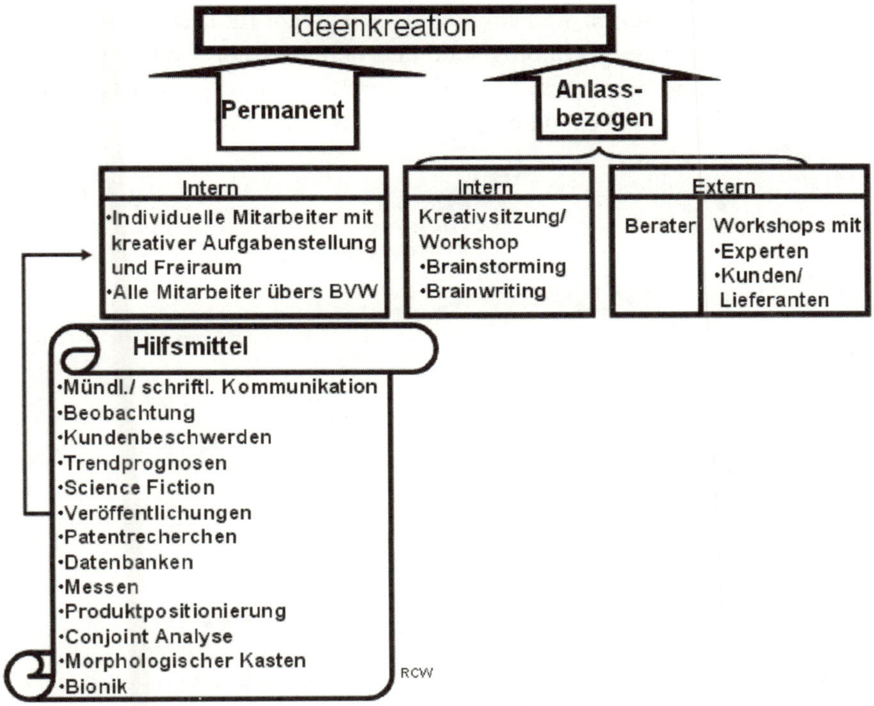

Abb. 6.5. Systematik der Ideenkreation

6.7 Permanente Ideenkreation

Die permanente Ideenkreation bedient sich eines breiten Arsenals von Hilfsmitteln. Die hier dargestellten sind wahrscheinlich die wichtigsten. Doch auch hier gilt: die Kreativität bei der Findung neuer Hilfsmittel ist unerschöpflich.

Natürlich stehen zunächst einmal ganz oben die *mündliche bzw. schriftliche Kommunikation* und die *Beobachtung* der Endkunden (siehe Kap. 5). Aber auch die mündliche und schriftliche Kommunikation mit den internen und den anderen externen Ideenquellen gehört dazu.

Kundenbeschwerden sind ein anderer wichtiger Stimulus für kreative Ideen. So ist bei Weinen der Korkgeschmack ein recht häufiger Grund für Kundenbeschwerden. Alcoa bietet seit 2003 mit dem Vino-Lok eine Lösung für dieses Problem. Ein hochwertig erscheinender Verschluss aus Glass soll zunehmend den Korken ersetzen (Alcoa 2003). Führende Unternehmen wie P&G und Toyota werten regelmäßig Kundenbeschwerden zu ihrem Nutzen aus.

Auch *Trendprognosen* sind ein wichtiger Anreger für kreative Ideen. Wir unterscheiden soziale, technologische und ökonomische Trends (Cagan u. Vogel 2002). Die Veränderungen, die durch die Trends widergespiegelt werden, schaffen eine besondere Chance für Innovationen:

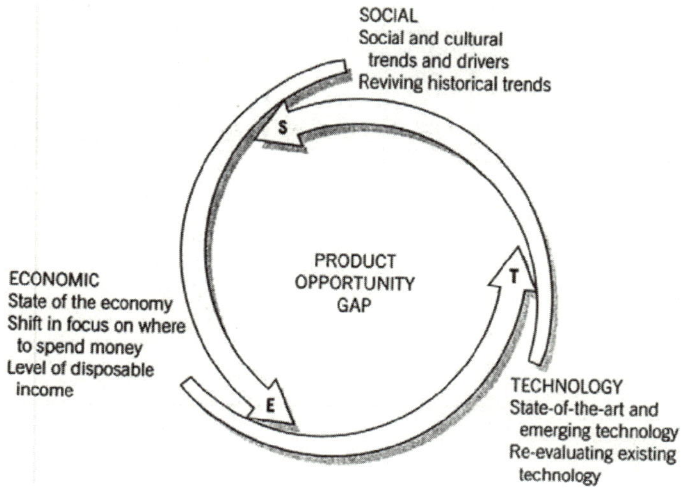

Abb. 6.6. Trends und die resultierende Innovationschance (Cagan u. Vogel 2002)

So haben wir bei Campbell's Germany das steigende Bewusstsein der Verbraucher für gesunde Ernährung und Wellness, die zunehmende Alterung der Bevölkerung und den Trend zum Übergewicht der Menschen zum Anlass genommen, um mit Erasco Gemüsegarten eine neue Art von Eintopf auf den Markt zu bringen. Die Eintöpfe von Erasco Gemüsegarten sind reich an Gemüse und Vitaminen, natürlich fettarm und vegetarisch.

Ein wichtiger sozialer Trend ist das wieder zunehmende Bewusstsein der Bevölkerung für den Umweltschutz, ausgelöst durch die Klimadebatte. Das zeigt die gegenwärtige Diskussion über Autos mit Hybridantrieb (Spiegel 2007). Als erster gewerblicher Anbieter von Hybridfahrzeugen brachte Audi 1994 den Audi 80 duo auf den Markt. Dieses Modell war aber so teuer, dass es sich nicht verkaufte. 1997 folgte der Audi A4 duo mit einem Verkaufspreis von umgerechnet 30.000 EURO, und wieder wurden nur 90 Autos dieses Typs abgesetzt. Audis Schlussfolgerung daraus war, dass kein Bedarf für ein Auto mit Hybridantrieb bestehe. Im Oktober 1997 führte dann Toyota mit dem Prius sein erstes serienmäßig hergestelltes Auto mit Hybridmotor in den Markt ein, zunächst in Japan, seit 2000 auch in den USA und danach auch in Europa (siehe Toyota Fallstudie in Kap. 4). Der Verkaufspreis war halb so hoch wie der des Audi A4 duo, nämlich umgerechnet nur etwa 15.000 EURO (Wallentowitz u. a. 1999).

Während der Audi duo einen parallelen Hybridantrieb besaß, verfügt der Prius über einen leistungsverzweigten Hybridmotor. Toyota hat es mit dem Prius geschafft, Akzeptanz für den Hybridantrieb zu gewinnen und das Image eines Umweltführers zu erwerben.

Science Fiction hat sich als hochinteressante Ideenquelle entpuppt. Angestachelt durch Steven Spielbergs Film „Minority Report", der 2002 in die Kinos kam, entwickelte die US-amerikanische Raython Co. die so genannte „Gesture Technology" als neue intuitive Methode der Interaktion mit elektronischen Daten per Handbewegung (Karp 2005). Das Einsatzgebiet in diesem Falle ist die beschleunigte Analyse von visuellen Daten des militärischen Geheimdienstes. Von dort führt die Ideenkette jetzt weiter in den Verbrauchermarkt. Mit seiner neuen Spielkonsole Wii hat Nintendo letztes Jahr einen riesigen Erfolg im Markt erzielt. Wii basiert auf einem Bewegungssimulator in der Fernbedienung und Infrarotdioden am Fernseher. Mit Wii lässt sich das Tennisspiel im Fernseher simulieren oder ein Orchester dirigieren (FAZ 28.8.06).

Veröffentlichungen, *Patentrecherchen*, *Datenbanken* und *Messen* sind vermutlich selbsterklärend als mögliche Anstöße für neue originäre Ideen. Ich will mich deshalb auf die letzten vier erwähnten Hilfsmittel konzentrieren.

Produktpositionierungsmodelle helfen, im Markt noch nicht besetzte Positionen ausfindig zu machen. Sie geben damit kreative Anstöße für den Typ des zu entwickelnden Produktes (Herstatt u. Lüthje 2005). Besonders gut eignen sich derartige Produktpositionierungsmodelle gerade auch für die Identifizierung vielversprechender neuer Geschäftsmodelle.

Eine beliebte Methode der Ideenkreation besteht in der neuartigen Kombination von bekannten Elementen. Denken Sie nur an den Apple iPod Musikspieler. Sein Vorbild war Sonys Walkman. Allerdings ersetzt im iPod ein Festplattenspeicher bzw. ein Flash Speicher die Tonbandkassette oder den DVD des Walkman. Ein anderes Beispiel für die Kombinationsmethode der Ideenkreation sind Handys, die sich durch immer neue Kombinationen grundsätzlich schon bekannter Funktionalitäten auszeichnen (siehe auch Kap. 3.).

Systematische Kombinationsmethoden der Ideenkreation sind die *Conjoint-Analyse* und der *morphologische Kasten*. Beide streben danach, den Suchraum total zu erfassen durch eine komplette Auflistung aller möglichen Produkteigenschaften und deren Kombination. Es handelt sich bei ihnen also um systematisch-analytische Methoden der Ideenkreation und nicht um intuitiv-kreative Methoden (Geschka u. Lantelme 2005).

Die *Conjoint-Analyse* (Teichert 2001) resultiert in der vergleichenden quantitativen Bewertung verschiedener fiktiver Produkte, die durch die

Kombination von Eigenschaftsausprägungen der Produktmerkmale entstehen. Während sich die Conjoint-Analyse mit der Kombination von für den Endkunden relevanten Produktmerkmalen befasst, eignet sich der morphologische Kasten besonders für die Kreation technisch komplizierter Produkte mittels Kombination der technischen Elemente.

Eine hochinteressante Kreativmethode ist die *Bionik*, die Analogien zur Natur sucht (Trommsdorff u. Steinhoff 2007). Eines der bekanntesten Beispiele ist der so genannte „Lotuseffekt", eine Selbstreinigung, wie sie bei der indischen Lotuspflanze in der Natur beobachtet wurde. Die Blätter der Lotuspflanze werden von Wasser nicht benetzt und sind zugleich auch vollkommen schmutzabweisend. Ursache sind feinste Erhebungen auf der Oberfläche der Blätter, durch die Wasser besonders gut abperlt und dabei auch eventuell vorhandenen Schmutz mit wegspült. Kommerziell ist der Lotuseffekt inzwischen in verschiedensten Oberflächenprodukten eingesetzt worden. Ein Beispiel sind die Dachpfannen der Firma Erlus. Sie werden unter dem Namen Erlus Lotus als das erste selbst reinigende Tondach der Welt ausgelobt.

6.8 Anlassbezogene Ideenkreation

Nachdem wir bislang die Hilfsmittel für die permanente Ideenkreation besprochen haben, möchte ich abschließend kurz auf die anlassbezogenen Methoden der Ideenkreation eingehen.

Das *Brainstorming* und das *Brainwriting* stehen hier in der Praxis an erster Stelle. Beide sind intuitiv-kreative Methoden, die sich der Abstraktion, der Assoziation und der Analogie bedienen (Geschka u. Lantelme 2005).

Das *Brainstorming* findet gewöhnlich in interdisziplinär zusammengesetzten Gruppen von fünf bis maximal zwölf Teilnehmern statt. Sie ist die in der Praxis am häufigsten verwendete Methode. Jeder von uns hat wahrscheinlich schon mehrmals an Brainstorming-Sitzungen teilgenommen. Typischerweise werden in ihr drei Phasen durchlaufen: die Einführung in die Aufgabenstellung, die Ideengenerierung an sich (divergentes Denken) und die Ideenbewertung und -auswahl (konvergentes Denken). Grundregeln für die Ideengenerierungs-Phase sind: jegliche Kritik der vorgebrachten Ideen ist zu unterlassen; selbst ausgefallene Ideen sollen geäußert werden; denn sie regen an und lockern auf; möglichst viele Ideen sind zusammenzutragen, so dass die Problemstellung erschöpfend ausgelotet wird, und die Teilnehmer sollen sich durch die geäußerten Ideen anregen lassen, an sie anknüpfen und sie weiterentwickeln. Die Probleme des Brainstorming bestehen darin, dass der eigene Ideenfluss unterbrochen wird, weil gerade jemand anderes spricht (Problem des sog. „Blocking"), dass sich einzelne Gruppenmitglieder passiv verhalten und die anderen reden lassen (sog. „Free Rider" Problem) und dass sie Furcht vor der negativen Beurteilung der eigenen Ideen durch die anderen Teilnehmer haben (sog. „Evaluation apprehension" Problem). Hier fällt dem Moderator der Brainstorming-Sitzung eine entscheidende Rolle zu. Er muss alle Mitglieder aktiv involvieren und das Tempo hochhalten. Das Blocking-Problem kann teilweise gelöst werden, indem man vor der Ideengenerierungsphase jeden Teilnehmer zunächst 5–15 Minuten für sich selbst brainstormen und dann alle Teilnehmer ihre Ideen in die Gruppendiskussion einbringen lässt. Gegen das „Evaluation apprehension" Problem hilft eine kleinere Gruppe von maximal acht Teilnehmern und eine Zusammensetzung der Gruppe aus Teilnehmern von möglichst derselben Hierarchiestufe.

Das „Blocking Problem" vermeidet das *Brainwriting*. Bei dieser Methode wird nicht mündlich unter den Gruppenmitgliedern kommuniziert, sondern die spontane Niederschrift von möglichst vielen Ideen ist der Fokus. Die Karten, auf denen die Ideen niedergeschrieben werden, sind normalerweise an den Gruppennachbarn weiterzureichen, damit dieser durch einen schriftlichen Zusatz darauf aufbauen kann. Das Brainwriting versucht also in gewisser Weise, die Vorteile der Einzelarbeit mit denen der Gruppenarbeit zu verbinden.

Firmen wie Disney sind Meister im Brainstorming, das sie mit der Technik des Storytelling kombinieren. Disney hat 1952 dafür eine Kreativabteilung mit dem Namen Imagineering gegründet (Disney Imagineers 2005-1). Das Wort Imagineering ist die Kombination von Imagination und Engineering. Das sagt auch etwas über die Spannweite der Abteilung aus, die 140 Berufsbilder vom Storyschreiber über den Lichtdesigner und Landschaftsarchitekten bis zum Ingenieur umfasst. Anlass für die Gründung der neuen Abteilung war die Planung des ersten Disneylands. Die Disney Imagineers entwickeln im Team die Vision eines neuen Vergnügungsparks und eine magische fiktive Geschichte, wie der Ort und die einzelnen Attraktionen im Park entstanden sein sollen (Disney Imagineers 2005-2, Capodagli u. Jackson 2006). Disney hat inzwischen den Imagineering-Ansatz unter anderem auch für die Gestaltung von Disney Kreuzfahrtschiffen und Hotels verwendet.

Gelegentlich werden bei bestimmten Anlässen Externe zur Ideenkreation herangezogen. Dann handelt es sich um Berater oder Experten, die in Workshops bei der Ideenkreation unterstützen. Aber auch Kunden oder Lieferanten können zu explorativen Workshops herangezogen werden. So lädt General Electric gerne seine Top-Kunden zu sogenannten „dreaming sessions" ein. Im Sommer 2004 war GEs Vorstandsvorsitzender Immelt zum Beispiel Gastgeber für die 30 größten Energieunternehmen, um mit ihnen das Potential und konkrete Ideen für umweltfreundliche Ecomagination-Projekte zu diskutieren (Immelt 2006).

Ein sehr bekannter externer Berater ist die kalifornische Ideenschmiede IDEO. Sie hat zum Beispiel mit Procter & Gamble bei der Kreation des Mr. Clean MagicReach zusammengearbeitet (Nussbaum 2005). Ein Team von P&G und IDEO Designern beobachtete Verbraucherinnen weltweit dabei, wie sie die Badezimmer säuberten. In Südamerika sahen sie, wie Hausfrauen mit Schrubbern die Wände und die Duschen reinigten. Auf Basis dieser Beobachtung baute das P&G-IDEO Team einen ersten Prototypen, der einen kleinen Handreiniger mit einem langen Stab kombinierte. Der erste Prototyp fand noch nicht die große Resonanz bei den Konsumentinnen. Aber sie liebten den überarbeiteten Prototypen, der aus einem leichten zusammensteckbaren mechanischen Stab mit flexiblem Reinigungskopf besteht, an dem das Reinigungskissen befestigt wird. Mr. Clean MagicReach war geboren. Die Ähnlichkeit zum Swiffer Konzept ist natürlich evident.

6.9 Fazit

- Große Ideen (Big Ideas) zu generieren ist die Hauptherausforderung. Ohne Big Ideas hilft der beste Innovationsprozess nicht viel.
- Große Ideen können top-down oder bottom-up entwickelt werden.
- Ideengenerierung teilt sich auf in die Komponenten: Übernehmen (adopt) vorhandener Ideen, Adaptieren (adapt) vorhandener Ideen, und Erfinden (create) originärer Ideen.
- Ideensuche ist der erste Schritt, gefolgt von der Ideenkreation.
- Sinnvoll als erster Schritt ist die Überprüfung schon vorhandener Ideen („steal with pride"), die entweder direkt übernommen oder adaptiert werden können.
- Es gibt fast unendlich viele Quellen für vorhandene Ideen. Das eigene Unternehmen und die Konkurrenz stehen meist an erster Stelle.
- Originäre Ideen werden permanent und anlassbezogen kreiert. Dabei ist die kreative Arbeit des einzelnen Mitarbeiters genauso wichtig wie die kreative Arbeit in der Gruppe.
- Eine unermessliche Anzahl von Hilfsmitteln steht für die Ideenkreation zur Verfügung, von der Analyse von Kundenbeschwerden über die Bionik und das Brainstorming bis zu externen Workshops mit Experten.

- Brainstorming ist die in der Praxis am häufigsten benutzte Kreativtechnik der Gruppenarbeit. Brainwriting ist eine überlegenswerte Alternative, da sie gewisse Schwächen des Brainstormings behebt.
- Die Pampers Fallstudie demonstriert das Zusammenspiel von Adoption bzw. Adaption bestehender Ideen mit der Kreation originärer Ideen.
- Die Fallstudie von P&G vs. SC Johnson im Staubwischermarkt belegt die Bedeutung der Konkurrenz (hier: Kao) als Ideenquelle (P&G) und des externen Sourcings von Innovationen (SC Johnson). Gleichzeitig verdeutlicht sie den großen Wettbewerbsvorteil global aufgestellter Unternehmen.

7 Wertmaximierung im Innovationszyklus

7.1 Apple erfindet sich neu: der iPod

Im Geschäftsjahr 1997 ist Apple an seinem Tiefpunkt. Apples Umsatz ist auf 7 Milliarden US $ gesunken, die Gewinn- und Verlustrechnung zeigt einen Verlust von mehr als 1 Milliarde US $. Apples Marktanteil im PC Markt ist auf nur noch 3.5% gefallen (Cruikshank 2006). Das Chaos im Innovationsmanagement ist so groß, dass Apple es nicht schafft, das eigene Betriebssystem Apple OS durch eine überfällige bessere interne Version zu ersetzen. So wendet sich das Unternehmen nach draußen und überprüft externe Betriebssysteme hinsichtlich einer potentiellen Lizenzierung oder eines Zukaufs. Die Auswahl fällt auf das Betriebssystem von NEXT, der Firma, die Steve Jobs nach seinem Fortgang von Apple im Jahr 1985 gegründet hat. Und mit NEXT kehrt Steve Jobs zu Apple zurück. Im Juli 1997 wird er zu Apples neuem (Interim) CEO ernannt.

Steve Jobs begibt sich sofort daran, den alten Glanz und vor allem die famose Innovationskraft in Apple wieder neu zu erwecken. Er ist sich der wachsenden Bedeutung des Internets bewusst und beschleunigt das Innovationstempo. In kurzer Folge führt er mit dem iMac PC („i" steht für Internet) und dem iBook Laptop zwei äußerst erfolgreiche Produkte ein, die an Apples beste Tage erinnert. Aber das ist nicht genug für Jobs. Er sucht etwas anderes, etwas Großes, etwas Revolutionäres, das Apple in ein anderes Unternehmen verwandeln kann (Young u. Simon 2005). Schließlich zieht die Musikszene seine Aufmerksamkeit auf sich.

Jobs Mitarbeiter machen ihn auf eine neue Musiksoftware mit dem Namen Soundjam aufmerksam. Soundjam ist das Projekt eines jungen Programmierers namens Jeff Robbin, der sich der Softwarenentwicklungsfirma C&G angeschlossen hat. C&G hat bereits einige Anwendungssoftware für Apples Macintosh PC entwickelt. Robbin verfolgt das Ziel, mit Soundjam eine MP3 Software[12] für den Computer zu entwickeln, die alle bereits auf dem Markt befindliche MP3 Software schlägt. Jobs setzt C&G unter Druck und erreicht, dass C&G Apple seine Rechte an Soundjam verkauft. Außerdem übernimmt Apple Jeff Robbin und einige andere

[12] MP3 ist der vorherrschende Kompressionsstandard für digitale Musikdateien.

wichtige C&G Kollegen als neue Mitarbeiter. Jobs Mission für Soundjam ist eindeutig: sie soll schnellstens modifiziert und Apples Musiksoftware werden. In weniger als einem Jahr, im Januar 2001 ist es dann soweit. Jobs stellt auf der jährlichen Mac World Expo Apples neue Musiksoftware mit dem Namen iTunes vor.

iTunes hat viele Features von Soundjam übernommen. Aber auf einige Soundjam Features hat iTunes bewusst verzichtet, um mit dem Crash Projekt rechtzeitig in den Markt zu kommen. Was iTunes auszeichnet, ist was Apple in der Vergangenheit berühmt gemacht hat: Eleganz und Einfachheit der Nutzung und attraktives Design. Macintosh Nutzer können Musiktitel direkt von ihren CDs oder aus dem Internet in ihren Computer laden. So machen sie aus ihrem Computer eine elektronische Jukebox. Und das Erfreuliche ist, dass die iTunes Software kostenlos von der Apple Website herunter geladen werden kann.

Im Zusammenhang mit dem iTunes Projekt gewinnen Jobs und seine Leute einen tieferen Einblick in den Musikmarkt. Natürlich stellen sie schnell fest, dass zwar viele Menschen Musik in ihren Computer herunterladen, dass aber auch einige die Musik auf tragbare MP3 Abspielgeräte downloaden, um sie unterwegs zu hören, zum Beispiel beim Sport, im Auto oder beim Einkauf. Bereits im September 1998 ist der Rio PMP300 des japanischen Elektronikproduzenten D&M Holdings auf den Markt gekommen. Er ist der erste MP3 Spieler für den Massenmarkt, der große Bekanntheit erlangt. Und andere sind gefolgt. Aber die Verkaufszahlen für diese MP3 Spieler sind noch vernachlässigbar niedrig. Jobs ist sich sicher, dass er einen viel besseren MP3 Spieler entwickeln kann, der die Kauflust der Verbraucher entfachen wird. Das Gerät soll rechtzeitig zum kommenden Weihnachtsgeschäft auf dem Markt sein, also in weniger als zwölf Monaten.

Jobs beauftragt einen jungen High-Tech Berater namens Tony Fadell mit der Führung dieses Projektes. Durch einen Zufall hat Jobs Fadell kennen gelernt. Fadell, der vorher bei General Magic und Philips gearbeitet hat, versucht schon seit einiger Zeit, ein Unternehmen für seine Idee zu gewinnen, ein MP3 Abspielgerät mit einer Musikdatenbank zu verbinden. Keine Firma hat sich für diese Idee begeistert … bis auf Apple.

Fadell beschließt, das Design von Apples MP3 Player auf dem Design eines bestehenden Produktes, des PortalPlayer, zu basieren. Der PortalPlayer gehört einer Entwicklungsfirma in Kalifornien, die als Designführer im Bereich der MP3 Abspielgeräte anerkannt ist. Der PortalPlayer soll so adaptiert werden, dass er Jobs hohen Ansprüchen an Design und Einfachheit der Nutzung genügt. Da wenig Zeit zur Verfügung steht, werden die meisten Komponenten „off-the-shelf“ (fertig vom Regal) gekauft, also aus dem verfügbaren Angebot vorhandener potentieller Lieferanten zusammengestellt. Die winzige Festplatte in dem Spielgerät kommt zum Beispiel von Toshiba, ist aber in Toshibas Firmenkatalog grundsätzlich für jeden zu bestellen.

Am Donnerstag, den 23. Oktober 2001 präsentiert Jobs dann ein Produkt, das für Apple das erfolgreichste Produkt aller Zeiten werden soll: der Apple iPod. Nach der iTunes Software ist der iPod die zweite wichtige Komponente in Apples digitalem Musikgeschäft. Die Resonanz des Publikums ist überwältigend.

Zwar gibt es wie immer auch Kritiker. Sie mokieren sich über den hohen Einführungspreis des Apple iPod von 399 US $ und verheißen deshalb dem iPod geringe Erfolgschancen. Aber das breite Publikum liebt das dramatisch schöne Design und die Einfachheit des iPod. Gemäß Apples berühmten Plug-and-Play Standard braucht der iPod nur an den Apple Computer angeschlossen werden, und schon fließt alle Apple iTunes Musik automatisch vom Computer auf den MP3 Spieler. Das Zusammenspiel zwischen iPod und iTunes Software ist ein Traum. Der iPod fühlt sich zweimal leichter in der Benutzung an als die bisherigen MP3 Spieler, ist 30% kleiner und halb so schwer (Captain 2002). Dank der 5 Gigabyte Festplatte kann der iPod 1000 Lieder speichern.

Nur einen Haken hat der iPod: er ist nur kompatibel mit den Apple Computern, also nur mit 3% des Computermarktes. Zumindest im Augenblick. Trotzdem verkauft Apple 125000 iPods bis zum Ende 2001. Und das Kompatibilitätsproblem geht Apple direkt nach der Einführung des iPods an. Die externe Softwarefirma Mediafour soll die Kompatibilität mit der Windows-Welt, die fast die gesamten restlichen 97% des PC-Marktes repräsentiert, herstellen. Ab Juli 2002 ist dann der iPod mit allen Windows-Maschinen kompatibel.

Und Apple lässt nicht locker: Jobs hat offensichtlich von den strategischen Fehlern seiner Vergangenheit im Kampf mit Microsoft gelernt. Alle Mängel des iPod werden umgehend beseitigt, seien es Probleme mit den Steuerungskomponenten oder der Lebensdauer der Batterien. Und es gibt keine strategische Position im Markt, die Jobs unbesetzt lassen will. Zeitgleich mit der Schaffung der Windows-Kompatibilität erweitert er deshalb zunächst die iPod Produktreihe um zwei Modelle mit noch größeren Datenspeichern: 10 bzw. 20 Gigabyte.

Und dann kommt der nächste Paukenschlag: im April 2003 eröffnet Jobs den iTunes Music Store, die dritte wichtige Komponente in Apples Musikgeschäft. Spätestens jetzt mutiert Apples Produktinnovation iPod in die Geschäftsmodellinnovation „iMusic“. Dieser Online Music Store ist eine intelligente Antwort auf die zu der Zeit grassierende Musikpiraterie.

Für 99 US $ Cents kann der Verbraucher jetzt jedes Lied legal und kopiergeschützt aus dem iTunes Store herunterladen. Jobs gelingt das Kunststück, dafür alle fünf großen globalen Musikproduzenten gewinnen zu können. 200000 Musikstücke sind am Tage der Eröffnung bereits im iTunes Music Store erhältlich. Innerhalb eines Jahres verkauft Apple 85 Millionen Songs, und Fortune ernennt den iTunes Music Store zum Produkt des Jahres 2003. Fortan wird der Verkauf der Musikstücke vom iTunes Laden eine höchst synergistische Wirkung auf den Verkauf der iPods entfalten, und umgekehrt. Die Attraktivität und die Menge der im iTunes Store verfügbaren Musikstücke stachelt den Verkauf der Lieder an, und diese wiederum den Verkauf der iPods. Und je mehr iPods in die Hände der Verbraucher gelangen, desto mehr Lieder stellen die Musikproduzenten zur Verfügung und umso mehr Lieder werden von den Verbrauchern aus dem iTunes Music Store herunter geladen.

Zeitgleich mit der Eröffnung des iTunes Musikladens führt Apple eine neue Generation von iPods ein: noch dünner, noch kleiner und noch robuster. Für den iPod gibt es bereits die verschiedensten Accessoires zu kaufen.

Im Januar 2004 bringt Apple den iPod mini auf den Markt, um die Preislücke nach unten zu schließen. Der mini kostet nur noch 250 US $ und hat einen 4 GB Festplattenpeicher, was ihn nahe an 1000 Lieder speichern lässt und ihn etwas leichter macht als den iPod.

Wieder ein Jahr später, im Januar 2005, führt Apple den iPod shuffle ein, den ersten Apple MP3 Spieler mit einem Flash-Speicherchip statt einer Festplatte. Das erlaubt dem iPod shuffle, besonders klein zu sein. Außerdem ist er wegen des Flash-Speichers sehr robust, kann also zum Beispiel sehr gut beim Joggen benutzt werden, ohne dass die Lieder „springen“. Der shuffle hat Speicherplatz für 100 Lieder. Die preisgünstigste Version kostet 99 US $.

Im September 2005 kommt dann der iPod nano auf den Markt. Er ersetzt den iPod mini, hat auch einen Flash-Speicherchip und ist kleiner als der mini. Der nano ist dünner als ein Bleistift, hat einen Farbbildschirm, kann 1000 Lieder speichern und kostet zwischen 199 und 249 US $.

Im Oktober 2005 folgt der iPod video, mit einem größeren Farbbildschirm und bestechender Bildqualität. Ab jetzt können mit diesem neuen weiter verbesserten iPod, der den Vorgänger ablöst, Videos für 1.99 US $ das Stück vom iTunes Store (der Zusatz „Music“ ist inzwischen aus dem Namen gestrichen worden) herunter geladen und angesehen werden.

Inzwischen gibt es Hunderte von iPod Accessoires. Dazu gehören zum Beispiel auch Adapter für Autos wie BMW.

Im September 2006 wird die komplette iPod Produktreihe einem Relaunch unterzogen: der iPod, iPod nano und der iPod shuffle erhalten mehr Speicherkapazität bzw. eine verlängerte Batteriedauer, bzw. ihr Verkaufspreis wird weiter reduziert.

Und dann, am 29. Juni 2007 ist es soweit: als nächste große Einführung bringt Apple das iPhone auf den Markt, zunächst nur in den USA und zunächst auch nur für das AT&T Mobilfunknetz. Der Hype, der dieses Produkt umgibt, seitdem es Jobs im Januar offiziell angekündigt hat, ist unbeschreiblich. Das iPhone vereint drei Produkte in einem: ein Mobiltelefon, einen iPod mit weitem Bildschirm und ein Internet-Kommunikationsmittel mit e-mail, Webbrowser, digitalen Karten und Suchfunktion. Das Design des Produktes und insbesondere sein großes schönes berührungsempfindliches Display, das alle Tasten ersetzt, die ein Handy normalerweise hat, bis auf eine, faszinieren die Käufer (Mossberg u. Boehret 2007). Auf der anderen Seite ist wieder der Verkaufspreis extrem hoch, mindestens 499 US $. Wird sich der Erfolg des iPod mit dem iPhone wiederholen? Die Abverkäufe am ersten Verkaufswochenende sollen besser gewesen sein als erwartet (FAZ.NET 4.7.07).

Apple setzt mit diesem Stakkato an Innovationen die bestehenden Wettbewerber unter starken Druck. Nach und nach ziehen sie sich aus dem MP3 Spielermarkt zurück: Rio von der D&M Holding, die erste große Marke im MP3 Spielermarkt, gibt im August 2005 auf; Olympus mit seinem m-robe Spieler im November 2005 (Rowley 2006); dann die koreanische Reigncom mit ihrer bekannten Marke iRiver und im August 2006 Dell (Hesseldahl 2006). Nur ein Konkurrent tritt neu in den Markt ein: im November 2006 bringt Microsoft seinen Zune auf den Markt. Ein großer Effekt des Zune auf den iPod ist bislang noch nicht festzustellen.

Mit dem iPod erfindet sich Apple tatsächlich neu: im Geschäftsjahr 2006 macht der iPod und dazugehörige Accessoires und Services bereits 50% des gesamten Apple Umsatzes aus (Apple 2006). Der absolute Umsatz des Musikgeschäftes beträgt im Geschäftsjahr 2006 9.5 Milliarden US $, ein Zuwachs von 76% gegenüber dem Vorjahr. In Stückzahlen repräsentiert das einen Verkauf von 39.4 Millionen iPods, 75% mehr als in 2005. Alleine im ersten Halbjahr des Geschäftsjahrs 2007 verkauft dann Apple 31.6 Millionen iPods (Apple 25.4.07). Bei einfacher linearer Hochrechnung heißt das: Apple verkauft inzwischen bereits rund 60 Millionen iPods im Jahr.

Im Geschäftsjahr 2006 werden 1.2 Milliarden Songs vom iTunes Store herunter geladen und verkauft (Wingfield u. Smith 2007). Heute stehen mehr als vier Millionen Musikstücke im iTunes Store zur Verfügung, außerdem 250 Filme, 350 Fernsehshows und über 100000 Podcasts (Apple 9.1.07).

Apple dominiert den digitalen Musikmarkt. In den USA soll der iPod einen Marktanteil von 76% am MP3 Spieler Segment haben, und iTunes einen Anteil von 88% am Markt der legalen Musikdownloads (Mossberg u. Boehret 2006). Unter allen Musikhändlern in den USA hat Apple inzwischen den dritten Platz erreicht hinter Wal-Mart und Best-Buy (WSTJE 25.6.2007).

Und noch besser: Apple ist inzwischen richtig profitabel. Im Geschäftsjahr 2006 erreicht Apple einen Rekordgewinn von netto 2.0 Milliarden US $ bei einem Gesamtumsatz von 19.3 Milliarden US $, was einer Nettoumsatzrendite von gut 10% entspricht.

Der iPod in Kombination mit dem iTunes Store ist eine der größten Innovationen der Unternehmensgeschichte, vergleichbar mit einer innovativen Sensation wie der von Google Earth, die allerdings im Vergleich zum iPod noch keinen großen Gewinn abwirft. Der iPod hat inzwischen den legendären Sony Walkman in den Schatten gestellt und dominiert offensichtlich die Welt der MP3 Musikspieler im Bewusstsein der Menschen. Eine Analyse der Suchanfragen bei Google, wie sie Google Trends liefert, belegt dies[13]:

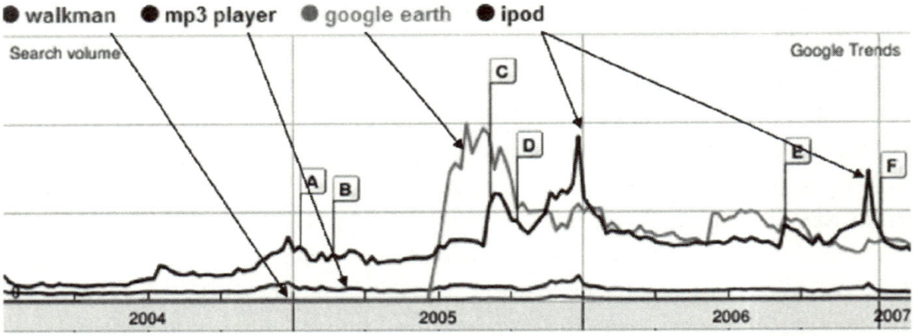

Abb. 7.1. Bedeutung des iPod im Vergleich zum Walkman, MP3 Player und Google Earth gemessen am Suchvolumen auf google.com (Quelle: Google Trends)

Offensichtlich stimmt, was Steve Jobs sagt: der iPod ist „der Walkman des einundzwanzigsten Jahrhunderts" (Young u. Simon 2005).

[13] Abgerufen unter http://www.google.com/trends?q=ipod%2C+walkman%2C+mp3+player%2C+google+earth&ctab=0&geo=all&date=all am 30.3.2007.

7.2 „Big Idea" Brise One Touch

Kurz nach der Einführung von Brise One Touch um die Jahreswende 1999/2000 stellt sich bereits heraus, dass Brise One Touch ein großer Erfolg sein wird. Das habe ich bereits im 1. Kapitel angedeutet. Offensichtlich haben wir hier bei SC Johnson eine Technologieplattform in der Hand, mit der wir unsere Marktposition fundamental verändern können. Das Potenzial von Brise One Touch erscheint riesengroß. Wir wollen den Wert maximieren, den wir aus dieser Innovation ziehen.

Als Brise One Touch im Februar 2000 das erste Mal an den deutschen Handel ausgeliefert wird, beschränken wir unser Angebot zunächst auf nur vier Artikel: zwei Originalminisprays mit den Duftnoten Limone bzw. Ocean und zwei Nachfüller, die nur aus der Duftpatrone bestehen, in denselben Duftnoten. Dieses kompakte Einführungsangebot in Verbindung mit dem geringen Regalbedarf dieser Miniprodukte ermöglicht uns, bereits in wenigen Monaten hervorragende Distributionswerte im deutschen Handel zu erreichen.

Aber während die Einführung dieser ersten Produkte läuft, sind bereits die nächsten Innovationen in der Bearbeitung, die auf der One Touch Innovationsplattform aufsetzen. Unser erstes Ziel ist, die Duftauswahl für den Verbraucher erheblich zu erweitern. Im gleichen Atemzug wollen wir mit der Listung dieser neuen Duftvarianten im Handel unsere Präsenz und Sichtbarkeit auf den Regalen verbessern. Denn obwohl die Brise One Touch „Neuer Trick" Einführungswerbung im TV mit dem kleinen Jungen auf der Toilette hervorragend funktioniert, gehen uns Konsumenten verloren. Sie sehen unser kleines Produkt im Geschäft nicht oder finden es nicht. Und außerdem wollen wir in diesem neuen Segment der Miniduftsprays so schnell wie möglich eine starke Marktführerposition aufbauen, bevor die Konkurrenz mit einem ähnlichen Angebot erscheint. In kurzer Zeit bringen wir fünf zusätzliche Duftnoten auf den Markt, die im Handel eine sehr gute Distribution erreichen und die Präsenz von Brise One Touch sichtbar stärken.

Unsere Strategie erweist sich als goldrichtig. Die Konkurrenz hat natürlich den durchschlagenden Erfolg von Brise One Touch beobachtet. Im Sommer 2001 hören wir, dass unser Hauptkonkurrent Reckitt Benckiser in Kürze ein Konkurrenzprodukt mit dem Namen Airwick Click Spray auf den Markt bringen wird. Wir kennen die Stärke der Reckitt Benckiser Verkaufstruppe. Eine große Herausforderung steht uns bevor. Mittels unserer Handelskontakte erfahren wir erste Details über das Konkurrenzprodukt. Unser erstes Gefühl ist das einer gewissen Erleichterung: der Airwick Clickspray ist ein ganzes Stück größer als Brise One Touch. Offensichtlich hat Reckitt Benckiser den Erfolgsfaktor Miniaturisierung nicht ganz so ernst genommen wie wir. Unsere Verbraucherinterviews bestätigen unseren ersten Eindruck: wir haben eine sehr gute Chance, uns erfolgreich gegen diesen harten Wettbewerber zu verteidigen.

Während Reckitt Benckiser seinen Airwick Click Spray im Handel vorstellt, laufen von unserer Seite die nächsten Innovationen ins Feld. Wir bieten dem Handel als Promotion attraktive alternative Designinnovationen des Brise One Touch Originalproduktes an. Bei einer sehr erfolgreichen Designvariante hat die Kartuschenabdeckung die Form eines stilisierten Blattes. Die Verkaufsförderungsaktionen finden sehr gute Resonanz im Handel. Mit den Promotionprodukten erreichen wir zusätzliche Platzierungen in den Geschäften, zum Beispiel auf Displays. Die Sichtbarkeit von Brise One Touch steigt weiter.

Gleichzeitig nutzen wir den Konsumenten- und Handelsfeedback, um unsere Produkte weiter zu verbessern. Die Düfte werden für einzelne Varianten weiter optimiert. Wir überarbeiten die Packung, um unser Alleinstellungsmerkmal, die Minigröße und das attraktive Design unseres Sprays, noch besser sichtbar zu machen.

Obendrauf „treiben" wir dem Handel immer mehr Verbraucher in seine Märkte. Einerseits überzeugt unsere TV-Werbung immer mehr Konsumenten, diesen neuen Minispray von Brise auszuprobieren. Andererseits ergänzen wir die TV-Werbung um starke Produktsamplingaktionen, in denen wir an eine große Zahl von Verbrauchern kostenlose Brise One Touch Proben verteilen, um sie vom Produkt zu überzeugen. Viele dieser Verbraucher gehen daraufhin gezielt in die Märkte, um Brise One Touch zu erwerben.

Mit allen Innovationen und Aktionen schaffen wir es, die gewichtete Distribution von Brise One Touch auf einen Rekordwert von fast 90% auszubauen. Brise One Touch verkauft jetzt eine Million Stück pro Monat im deutschen und österreichischen Markt. Und Reckitt Benckiser hat es umso schwerer, sich in diesem hochkompetitiven Umfeld zu behaupten. Der Handel hat Vorbehalte gegenüber dem Airwick Click Spray aufgrund des zu großen Produktes und der fehlenden Vorteile gegenüber Brise One Touch. Reckitt Benckiser erreicht die selbst gesteckten Distributionsziele nicht, und der Abverkauf von Airwick Click Spray ist enttäuschend. Die einzelnen Brise One Touch Artikel verkaufen sich wesentlich besser. Der Umsatz von Airwick Click Spray insgesamt bleibt dauerhaft unter 20% des Umsatzes von Brise One Touch.

Im zweiten Halbjahr 2002 setzen wir dann mit einer neuen großen Innovation auf der Brise One Touch Plattform auf. Unser Ziel ist es, dass die Verbraucher Brise One Touch nicht nur in der Toilette, wo es vornehmlich verwendet wird, sondern auch in anderen Räumen platzieren. Wir führen Brise One Touch Style ein, einen innovativen dekorativen Minispray zum Aufstellen, der innen wieder die Brise One Touch Duftpatrone enthält. Aufgrund seines attraktiven Designs, das zunächst nicht eindeutig auf einen Duftspray hindeutet, soll Brise One Touch Style in Räumen wie dem Wohnzimmer aufgestellt werden. In diesen Räumen setzen Verbraucher Sprays zum Beispiel zum Beseitigen von Zigarettengeruch oder anderen schlechten Gerüchen ein. Aufbauend auf der Fehleranalyse der missglückten Brise Air de Parfum Einführung im Jahr 1992 haben wir in diese Innovation wesentliche Änderungen eingebaut: ein attraktives Design, das mit einem externen Designstudio entwickelt wurde, einen wohlklingenden Namen, die richtigen leichten Düfte für den deutschen Verbraucher und einen Verkaufspreis, der fürs Originalsprodukt nur leicht über dem von Brise One Touch und damit deutlich unter dem von Brise Air de Parfum liegt.

7.3 Power-Marketing über den Innovationszyklus

Sowohl Appels iPod als auch Brise One Touch sind Beispiele für Big Ideas. Wie der Zufall es will, setzen beide Innovationen auf dem Miniaturisierungstrend auf.

Um den maximalen Wert aus einer Großen Innovationsidee zu ziehen, ist die Befolgung der Regeln einer professionellen Kommerzialisierung der Innovation wichtig. Diese beinhalten zweierlei Erkenntnisse:

- Die Durchsetzung einer Innovation im Markt erfolgt in verschiedenen Phasen.
- In diesen Phasen nehmen unterschiedliche Kundengruppen nacheinander die Innovation an.

Gemeinhin unterscheidet man vier Phasen und fünf Adoptergruppen:

- Phase 1: Markteinführung (engl. commercial introduction): Als Erste probiert die kleine Gruppe der Innovatoren (engl. innovators), die nur 2.5% der potentiellen Kunden ausmachen und die allem Neuen aufgeschlossen gegenüberstehen, die Innovation aus.
- Phase 2: Marktwachstum (engl. commercial growth): die frühen Adopter (engl. early adopters), die typischerweise lokale Meinungsführer sind, kaufen jetzt das neue Produkt.
- Phase 3: Marktreife (engl. commercial maturity): der Umsatz der Innovation erreicht seinen Höhepunkt und fällt danach ab. Nacheinander probiert jetzt die sogenannte frühe Mehrheit (engl. early majority) und dann die späte Mehrheit (engl. late majority) die Innovation aus.
- Phase 4: Marktschrumpfung (engl. commercial decline): in dieser letzten Phase, in der der Umsatz des Produktes dramatisch erodiert, kauft die letzte Kundengruppe, die Nachzügler (engl. laggards), das Produkt.

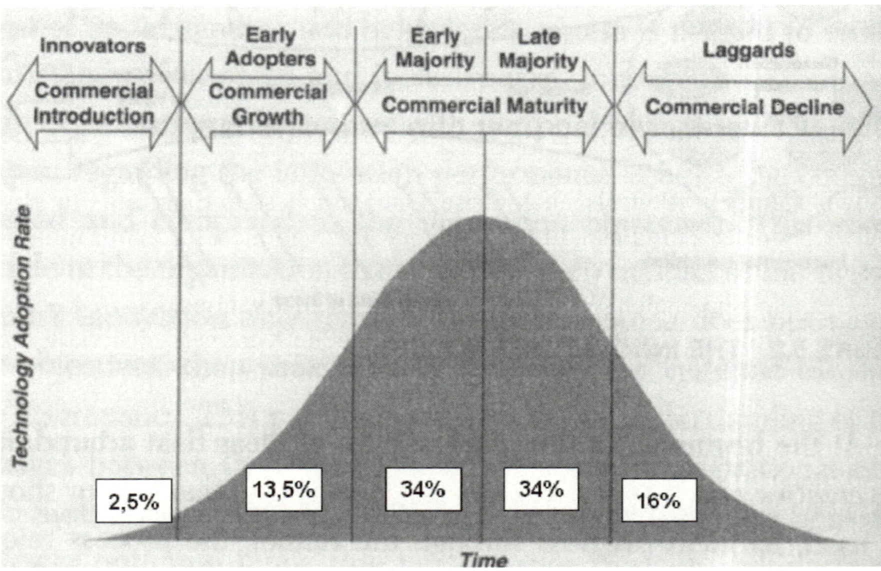

Abb. 7.2. Kommerzialisierungsphasen und Adoptergruppen einer Innovation (Rogers 2003; Davila et al. 2006, leicht adaptiert)

Das Verständnis dieser verschiedenen Phasen und Kundengruppen ist wichtig. Je nachdem in welcher Marktphase sich das neue Produkt befindet, müssen unterschiedliche Marketinginstrumente eingesetzt werden, um neue Kundengruppen zu gewinnen und die bestehenden Kunden zu halten.

Der virtuose Einsatz des Marketinginstrumentenkastens ist gefordert, um die Wertschöpfung aus der Innovation zu maximieren. Ein Power-Marketing über den gesamten Innovationszyklus ist angezeigt:

Markteinführung	Marktwachstum	Marktreife	Marktschrumpfung
Maximiere Distribution innerhalb kürzester Zeit Maximiere Präsenz und Sichtbarkeit in den Vertriebskanälen Generiere maximalen Trial (Erstkauf) durch - Werbung - Sampling (Probenverteilung) Pfleg den Einführungspreis Displayaktionen zum Einführungspreis in den Vertriebskanälen	Beheb Produktschwächen schnellstens, um maximalen Wiederkauf zu erreichen Bau Distribution weiter aus Gewinn zusätzlichen Regalplatz/Stellfläche in den Vertriebskanälen Gewinn weitere Neukunden durch Generierung von Trial - Werbung - Sampling (Probenverteilung) usw. Verkaufförderungsaktionen mit Display zu einem abgesenkten Promotionpreis	Vervollständige Distribution Maximiere Wiederkauf, z.B. über Multipacks zum Vorzugspreis Regelmäßige Verkaufsförderungsaktionen zum abgesenkten Promotionpreis Absenkung des Netto-Netto-Preises an den Handel (und dessen Endverbraucherpreis)	Maximiere Wiederkauf, z.B. über Multipacks zum Vorzugspreis Regelmäßige Verkaufsförderungsaktionen zum abgesenkten Promotionpreis Absenkung des Netto-Netto-Preises an den Handel (und dessen Endverbraucherpreis)

RCW

Abb. 7.3. Typische Marketingmaßnahmen im Produktlebenszyklus einer Innovation der Konsumgüterindustrie

Wie in diesem Beispiel der Konsumgüterindustrie verschiebt sich das Gewicht der eingesetzten Marketinginstrumente im Laufe des Innovationszyklus von der anfänglichen Betonung des Produktes, der Distribution und der Werbung zunehmend hin zu starken Verkaufsförderungsaktionen und Preissenkungen in den späteren Phasen. Diese preispolitischen Maßnahmen tragen natürlich wesentlich dazu bei, dass die Umsatzkurve des Produktes abfällt. Ab einem bestimmten Zeitpunkt können die neu hinzugewonnenen Kunden den Effekt der Preissenkungen nicht mehr kompensieren.

7.4 Sense of Urgency: Vorfahrt für Folgeinnovationen

Der aufmerksame Leser hat natürlich gemerkt: was ich bislang dargestellt habe, ist das Marketing einer Innovation über dessen Produktlebenszyklus. Ein Power-Marketing über den Innovationszyklus der gesamten Innovationsplattform beinhaltet aber viel mehr. Ein Power-Marketing über den gesamten Innovationszyklus ist natürlich völlig unzureichend, wenn es nicht den Launch von Folgeinnovationen in schneller Abfolge umfasst. Die Folgeinnovationen setzen auf der Plattform der ersten Großen Innovation auf, um möglichst große Kostensynergien und Schnelligkeitsvorteile zu erzielen. Dabei werden die Innovationsprozesse für die Folgeinnovationen bereits dann angeschoben, wenn der Innovationsprozess der Vorgängerinnovation noch nicht abgeschlossen ist, wie diese Abbildung zeigt:

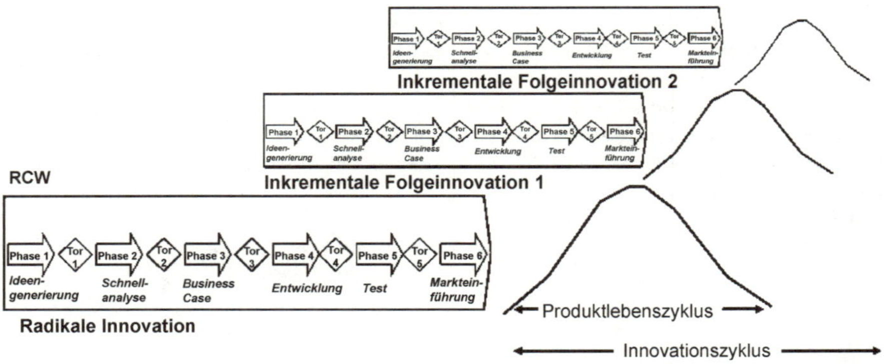

Abb. 7.4. Der Innovationszyklus als die Summe der Produktlebenszyklen von radikaler Innovation und inkrementalen Folgeinnovationen

Wie das gemacht wird, zeigen die Beispiele von Apples iPod und von SC Johnsons Brise One Touch. Anhand von Apples iPod will ich das noch quantitativ genauer beleuchten. Das erscheint angezeigt, zumal Apple nach BCGs weltweiter Umfrage als das innovativste Unternehmen der Welt angesehen wird (siehe Kap. 1).

Apples Umsatz im Musikgeschäft ist aufgrund des Trommelwerks an Folgeinnovationen geradezu explodiert. Nach einem – wohl gemerkt in der Retroperspektive – recht langsamen Start erhält der iPod den ganz entscheidenden Schub durch die Schaffung der Windows Kompatibilität, erst einmal für den iPod selbst und dann für den iTunes Store. Weiteren Aufwind erfährt das Apple Musikgeschäft durch die Schließung der Preislücken nach unten mittels des iPod mini bzw. nano und des iPod shuffle und durch die Preissenkungen und Leistungsverbesserungen quer über die gesamte Produktpalette. Die Anzahl der weltweit verkauften iPods explodiert geradezu von 381 Tausend Stück in 2002 auf 39.4 Millionen Stück in 2006, der Umsatz von 147 Millionen US $ in 2002 auf 9,5 Milliarden US $ in 2006.

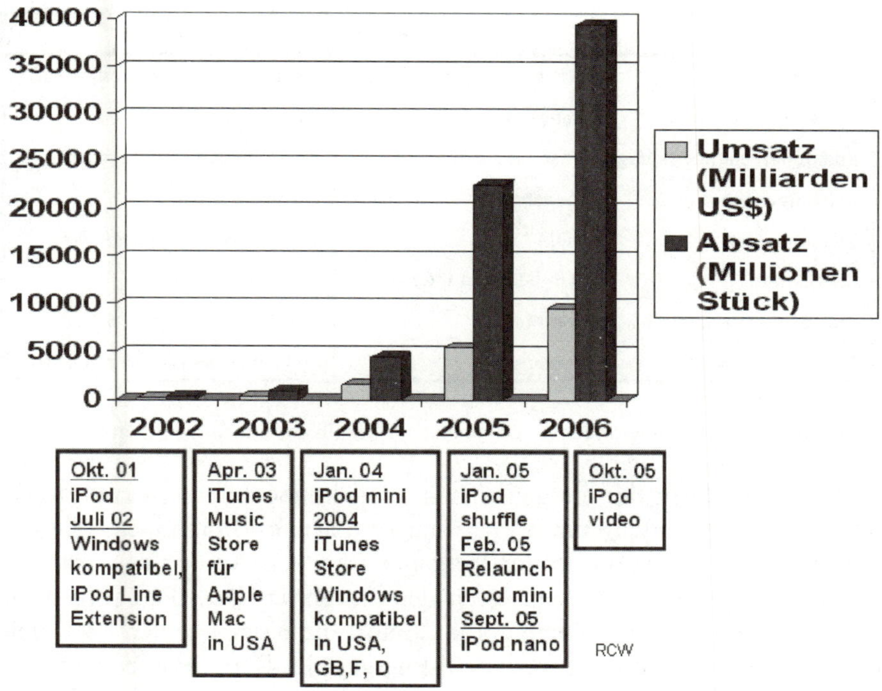

Abb. 7.5. Explosives Wachstum von Apples iPod Musikgeschäft (Umsatz totales Musikgeschäft, Absatz iPod, Quelle: Apple Geschäftsberichte)

Der Trommelwirbel der iPod Folgeinnovationen ist natürlich die eine Seite der Story. Die andere Seite ist, dass in den fünf Jahren seit der Einführung Apple die physische Distribution seiner iPod Spieler dramatisch ausbaut. „Distribution, Distribution und Distribution“ heißt mit Recht ein Haupterfolgsfaktor erfolgreicher Einführungen, und deshalb steht sie in Abb. 7.3 in den ersten Kommerzialisierungsphasen auch ganz oben. Heute sind die iPods in allen denkbaren Vertriebskanälen erhältlich. Ein ganz wichtiger und neuer sind die Apple-eigenen Geschäfte. Per Ende des Geschäftsjahres 2006 gibt es 165 Apple Stores weltweit. Inzwischen steht dieser neue äußerst erfolgreiche Vertriebskanal für 17% des weltweiten Umsatzes von Apple.

Die Apple Story ist unvollständig, wenn wir uns nicht des Strategiewechsels bewusst werden, den Apple vorgenommen hat, nicht zuletzt basierend auf den schmerzlichen Erfahrungen der Vergangenheit:

	Apple PC früher	iPod heute
Innovation	Produktinnovation	Geschäftsmodellinnovation
Folgeinnovationen	langsam	im schnellen Takt
Komponentenentwicklung	fast alles selbst	Komponenten "off the shelf"
Softwareangebot	beschränkt	maximale Breite
Kompatibilität	nein	voll mit Windows kompatibel
Distribution	nur ausgewählte Kanäle	maximale Breite
Preispositionierung	sehr hoch	deckt alle Positionen ab
Preissenkungen	kaum	so bald es die Kosten zu lassen

RCW

Abb. 7.6. Apples Strategiewechsel: iPod heute im Vergleich zum Apple PC früher

Während Apple in der Vergangenheit Produktinnovationen einführte, ist der iPod in Verbindung mit iTunes und dem iTunes Store eine große Geschäftsmodellinnovation. In der Vergangenheit ließ Apple meist schnelle Folgeinnovationen vermissen. Nach der Einführung des iPod folgen die Folgeinnovationen im schnellen Takt. Selbst die Komponenten hat Apple in der Vergangenheit fast immer selbst hergestellt. Beim iPod bedient sich Apple weltweit verfügbarer „off the shelf" Komponenten. Das heißt aber nicht, dass Apple die zentrale Steuerung des Designs aus der Hand gibt (Burrows 2005). Die Apple Computer litten in der Vergangenheit ständig unter der beschränkten Verfügbarkeit von eigener und externer Application Software. Der iTunes Store dagegen bietet eine fast unendlich erscheinende Fülle von Musik„software" an. Dieser Unterschied resultiert natürlich aus der fehlenden Windows-Kompatibilität der Apple Computer in der Vergangenheit (inzwischen zum Teil für die Apple Computer beseitigt), während der iPod und iTunes den Durchbruch erreichen mit der Schaffung der Windows-Kompatibilität. Früher haperte es bei dem Erfolgsfaktor Distribution, weil die Apple Computer nur in ausgewählten Vertriebskanälen angeboten wurden. Mit dem iPod geht Apple strategisch richtig in die maximale Distributionsbreite. Die Apple PCs waren früher legendär für ihre hohen Preise, die praktisch nie gesenkt wurden. Beim iPod hat Apple die größten Preislücken nach unten durch neue Produktvarianten schnell geschlossen, und Kostensenkungen werden in Form von Preissenkungen an den Handel und die Verbraucher weitergegeben.

Durch die Kaskade an schnellen Folgeinnovationen ist Apple der Konkurrenz immer einen Schritt voraus. Bekanntermaßen ist ein Ziel, das ständig in Bewegung ist, für die Gegenseite viel schwieriger auszumachen und einzuschätzen. Das erfordert natürlich vom Innovator ein hohes Gefühl der Dringlichkeit, einen hohen Sense of Urgency in der Organisation. Das

Konzept der radikalen Innovation mit einer schnellen Kaskade von Folgeinnovationen trägt der heutigen Realität Rechnung, dass Wettbewerbsvorteile mehr denn je nur von temporärer Dauer sind. Porters „nachhaltiger Konkurrenzvorteil" (engl. sustainable competitive advantage) (Porter 1985) wird heute mehr und mehr zu einer nicht erreichbaren Vision. Was die Wettbewerbsfähigkeit eines Unternehmens sichert, ist deshalb immer weniger der Konkurrenzvorteil einzelner Innovationen. Es ist vielmehr die nachhaltige Innovationsfähigkeit der Unternehmung, die sich eben darin ausdrückt, dass nach der Einführung der radikalen Innovation gleich ein Stakkato von Folgeinnovationen in den Markt gebracht wird.

7.5 Fazit

- Konkurrenzvorteile sind heute kaum noch nachhaltig. Die innovative Unternehmung muss der Konkurrenz immer einen Schritt voraus sein.
- Das verlangt Wertmaximierung im gesamten Innovationszyklus: nach einer radikalen Innovation muss eine Kaskade von Folgeinnovationen in den Markt gebracht werden, die aus Kosten- und Schnelligkeitsüberlegungen auf derselben Plattform aufsetzen.
- Power-Marketing im Produktlebenszyklus jeder einzelnen Innovation ist eine Selbstverständlichkeit; aber es ist zu wenig.
- Power-Marketing über den gesamten Innovationszyklus beinhaltet den schnellen Nachschub von Folgeinnovationen, die offene Marktsegmente und Preispositionen besetzen.
- Power-Marketing über den gesamten Innovationszyklus erfordert einen hohen Sense of Urgency, ein außerordentliches Gefühl der Dringlichkeit in der Organisation.
- Die Fallstudien von Apple iPod und Brise One Touch demonstrieren, wie der Wert einer Big Idea mittels Folgeinnovationen maximal ausgeschöpft wird und damit ein Unternehmen bzw. eine Marke neu erfunden werden.

8 Innovationsportfolio: liegen wir noch richtig?

8.1 Kann Pfizer den Umsatzknick verhindern?

Am 30. November 2006 hat das Management von Pfizer ein Meeting mit externen Finanzanalysten, um ihnen Pfizers Neuproduktpipeline vorzustellen. Ein verheißungsvolles neues Präparat, das sich seit 2003 in einer klinischen Phase III-Studie befindet, ist Torcetrapib. Pfizers Management bekräftigt, dass es auf Torcetrapib baut und dass es in der zweiten Hälfte von 2007 die Genehmigung der US-amerikanischen Gesundheitsbehörde (Federal Drug Administration) zum Verkauf dieser Innovation einholen will. Pfizers Präsident der Forschungsorganisation, Dr. John LaMattina, erklärt: „Wir glauben, dies ist die bedeutsamste Neuentwicklung in der Herzgefäßmedizin seit Jahren" (WStJO 3.12.06).

Mit einem Umsatz von 48 Milliarden US $ und einem Jahresüberschuss von 19 Milliarden US $ ist Pfizer das größte und erfolgreichste Pharmaunternehmen der Welt. Dennoch ist Pfizer unter Druck. Denn Pfizers Zukunft sieht nicht so rosig aus wie seine Vergangenheit. Viele von Pfizers Pharmaprodukten werden in den nächsten Jahren ihren Patentschutz verlieren. Mit dem Ablauf eines Patentschutzes geht typischerweise innerhalb von sechs Monaten 90% des Umsatzes des betroffenen Präparates verloren, weil Generika-Konkurrenten mit Nachahmerpräparaten zu einem um 40% reduzierten Verkaufspreis auf den Markt drängen. Deshalb ist es für Pfizer umso wichtiger, Innovationen auf den Markt zu bringen, die den drastischen Umsatzverlust, der aus dem Patentablauf resultiert, kompensieren.

Torcetrapib gehört zu Pfizers Therapiebereich der Herz-Kreislauf-Mittel. Es soll möglichst Lipitor, Pfizers umsatzstärkstes Pharmazeutikum mit einem weltweiten Umsatz von 12.9 Milliarden US $, ersetzen, wenn Lipitors Patentschutz ab dem Jahr 2010 ausläuft. Im Gegensatz zu Lipitor, das das schlechte Cholesterin (LDL) in den Blutgefäßen reduziert, soll Torcetrapib das gute Cholesterin (HDL) im menschlichen Blut erhöhen. Torcetrapib ist das erste Molekül aus der Klasse der CETP (Cholesterin Ester Transfer Proteine) Inhibitoren. Dieses Protein reguliert, wie HDL zur Entfernung von schlechtem Cholesterin aus den Blutgefäßen beiträgt.

Nach der Theorie soll damit dieser CETP Inhibitor den Aufbau von Ablagerungen in den Blutgefäßen, die zu Herzinfarkt führen können, reduzieren (Hensley u. Winslow 2006).

Pfizers Anstrengungen, ein Präparat mit HDL-erhöhender Wirkung zu entwickeln, haben 1990 begonnen, nachdem ein wissenschaftlicher Beitrag im New England Journal of Medicine nachwies, dass in japanischen Familien mit hohem HDL keine frühen Herzerkrankungen auftreten.

Neun Jahre später wird Torcetrapib in einer klinischen Phase I-Studie das erste Mal einer kleinen Gruppe von Menschen verabreicht, um die Sicherheit des Präparates zu überprüfen. Phase II-Studien, die die Wirksamkeit des neuen Präparates beweisen sollen, beginnen 2000. Wiederum drei Jahre später starten die Phase III-Tests von Torcetrapib. Phase III-Tests sind die letzte Stufe der klinischen Humanstudien. Sie sollen die Ergebnisse der vorhergegangenen Phase I (Sicherheit)- und Phase II (Wirksamkeit)-Studien in einem weltweiten Test mit 3000 bis 10000 Menschen bestätigen.

Am 8. April 2004 wird eine Studie mit 19 Patienten im New England Journal of Medicine veröffentlicht. Sie belegt eine dramatische Erhöhung des guten Cholesterins im Menschen durch Torcetrapib.

Am 15. März 2006 erklärt Pfizer, dass die Torcetrapib Studien die Wirksamkeit dieses neuen Präparates bei der HDL-Erhöhung bestätigen, dass aber auch der Blutdruck in Patienten einen Anstieg verzeichnet. Ein zunehmender Blutdruck wird von Kardiologen kritisch gesehen. Da steigender Blutdruck das Risiko eines Herzinfarktes und Schlaganfalls erhöht, ist diese Nebenwirkung besonders beunruhigend für ein Medikament, das Menschen bei der Vermeidung von Herz-Kreislauf-Problemen helfen soll.

Am 19. Oktober 2006 erklärt LaMattina in einer Telefonkonferenz mit Finanzanalysten, dass Pfizer „keine unerwarteten Resultate hinsichtlich des Blutdrucks oder anderer ungewöhnlicher Nebenwirkungen" festgestellt habe. Auf Nachfrage der Analysten gibt er allerdings zu, dass der Anstieg des Blutdrucks konsistent im Bereich von zwei bis drei Millimeter liege.

Am 31. Oktober 2006 erklärt Pfizer, dass eine vorläufige Analyse der klinischen Daten der Torcetrapib Studie einen Anstieg des Blutdruckes im Bereich von drei bis vier Millimeter ergebe.

Als nächstes findet das Finanzanalystenmeeting am 30. November 2006 statt, und dann, nur zwei Tage nach LaMattinas Aussage in diesem Meeting platzt die Bombe. Am Samstag morgen, den 2. Dezember 2006 um 7 Uhr erhält LaMattina einen Telefonanruf von Steven Ryder, dem Pfizer Manager, der die Entwicklung von Torcetrapib leitet. Die Nachricht ist schockierend: 82 Patienten, die Torcetrapib zusammen mit Lipitor genommen haben, sind in der klinischen Studie bislang gestorben, im

Vergleich zu 51 Patienten, die in einer Vergleichsstudie nur Lipitor genommen haben und verstorben sind. Der Unterschied in der Anzahl der Todesfälle zwischen den beiden Studien ist statistisch hochsignifikant. Ryder hat diese Ergebnisse gerade von einem unabhängigen Sicherheitsrat mitgeteilt bekommen, der die klinischen Studien überwacht und die Ergebnisse im Monatsrhythmus überprüft. Der Sicherheitsrat empfiehlt den Abbruch der klinischen Studie.

Pfizers Chief Executive Officer, Jeff Kindler, ruft ein Krisenmeeting des Vorstands ein. Noch am Samstag, den 2. Dezember 2006 stoppt Pfizer alle klinischen Studien von Torcetrapib.

Damit stirbt auch ein wichtiger Hoffnungsträger in Pfizers Neuproduktportfolio. Pfizers Herausforderung, die schon vorher immens war, ist damit noch größer geworden.

Zwei Tage vorher, am 30. November, hat Jeff Kindler in dem Finanzanalystentreffen seine neue Strategie dargelegt (Pfizer 2006 8-K):

- Pfizer wird die externe Geschäftsentwicklung und Einlizenzierung forcieren.
- Neben der verstärkten Akquisition neuer Medikamente will Pfizer zunehmend synergistische Produkte und Dienstleistungen wie z. B. neue Dosiertechnologien für bereits vorhandene Medikamente extern akquirieren.
- Ab 2010 sollen jedes Jahr zwei extern erworbene Produkte neu in den Markt eingeführt werden.
- Zusätzlich sollen ab 2010 jedes Jahr vier neue intern entwickelte Medikamente in den Markt kommen.
- Die Anzahl von Pfizer Präparaten, die sich in einer Phase III-Studie befinden, soll sich im Zeitraum bis 2009 verdreifachen.

Reicht diese Strategie noch aus in Anbetracht des Verlustes von Torcetrapib und des absehbaren Patentablaufs von Lipitor?

8.2 Das Innovationsportfolio will gemanagt sein

Pfizers Probleme lassen sich festmachen an seinem Produktportfolio. Zunächst ist Pfizers Umsatz wie der von allen forschenden pharmazeutischen Unternehmen durch den Ablauf des Patentschutzes seiner Medikamente gefährdet, vor allem des Patentschutzes von Lipitor, der ab 2010 wegfallen wird:

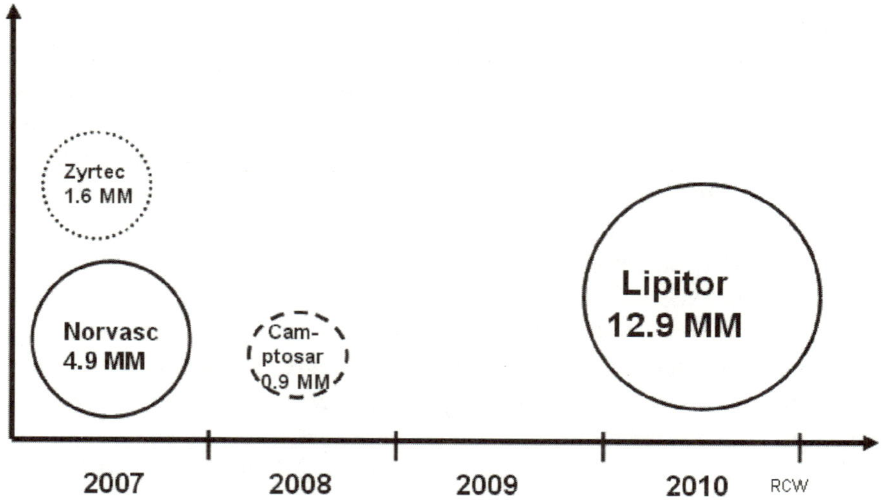

Abb. 8.1. Ablauf des Patentschutzes von Pfizer Präparaten in den nächsten vier Jahren (Umsatz des Geschäftsjahres 2006 in Mrd. US $)

In den nächsten vier Jahren ist zusätzlich zum Lipitor-Umsatz von 12.9 Mrd. US $ auch der Umsatz von Zyrtec, Norvasc und Camptosar durch Patentablauf gefährdet. Insgesamt ist also ein Pfizer Umsatz von bis zu 20.3 Mrd. US $ durch innovative neue Medikamente zu ersetzen.

Zum zweiten rühren Pfizers Probleme von einem Innovationsportfolio her, das nicht stark genug ist und vor allem nicht genügend Balance hat:

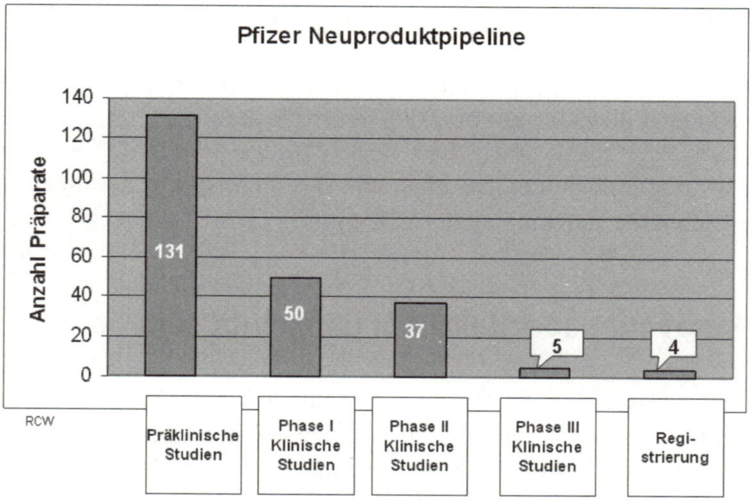

Abb. 8.2. Anzahl der Präparate in Pfizers Neuproduktpipeline (Pfizer 2006 AR)

Ein Blick auf die Anzahl der Präparate, die sich in den verschiedenen Stufen von Pfizers Innovationsprozess befinden, zeigt: nur vier Präparate sind in der Registrierung bei den Gesundheitsbehörden und nur fünf Präparate in der Phase III der klinischen Humanstudien. Dagegen scheint die Produktpipeline davor besser gefüllt zu sein mit 37 Präparaten in einer Phase II-Studie, 50 Präparaten in einer Phase I-Studie und weiteren 131 Molekülen in präklinischen Studien (Pfizer 2006 AR).

Dass die Balance von Pfizers Neuproduktportfolio nicht ganz stimmt, verdeutlicht ein genauerer Blick auf die Medikamente, die sich in der Registrierung bzw. einer Phase III-Studie befinden (Pfizer 20.12.06). Dabei ordne ich die Innovationen den acht Pfizer Therapiebereichen von Herz-Kreislauf bis Endokrine Störungen zu, deren Bedeutung ich durch ihren Umsatz zum Ausdruck bringe:

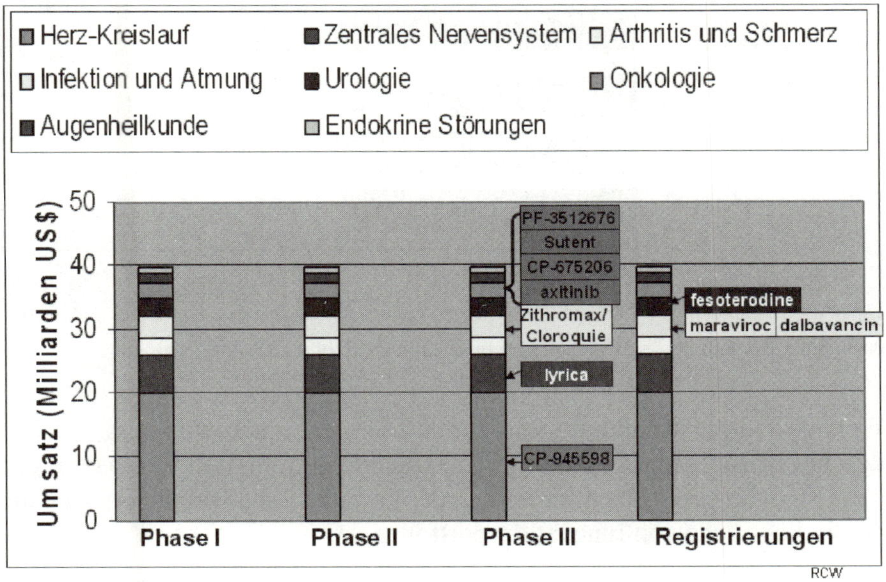

Abb. 8.3. Pfizers Neuproduktportfolio (Pfizer 20.12.06)

Auffällig ist, dass der Therapiebereich der Herz-Kreislauf Mittel (unterstes Segment der Säulen in Abb. 8.3), der auch Medikamente für metabolische und endokrine Krankheiten enthält, etwa die Hälfte von Pfizers humanmedizinischem Umsatz von insgesamt 40 Milliarden US $ ausmacht (Pfizer 2006), dass aber auf der anderen Seite nach dem Ausfall von Torcetrapib nur ein Präparat (CP-945598) aus diesem Therapiebereich in einer Phase III-Studie ist und keines in der Registrierung. Stattdessen befinden sich alleine vier Präparate aus Pfizers neuem kleinen Therapiebereich der Onkologie, der bislang nur 2.2 Milliarden US $ zu Pfizers Umsatz beiträgt, in einer Phase III-Studie.

Die fehlende Balance des Pfizer Portfolios und von Innovationsportfolios insgesamt demonstriert den Mehrwert, den ein pro-aktives transparenzschaffendes Innovationsportfoliomanagement liefern kann. Gemessen am Kriterium der Portfoliobalance schneiden die meisten Innovationsportfolios recht schlecht ab, wie schon Cooper gezeigt hat:

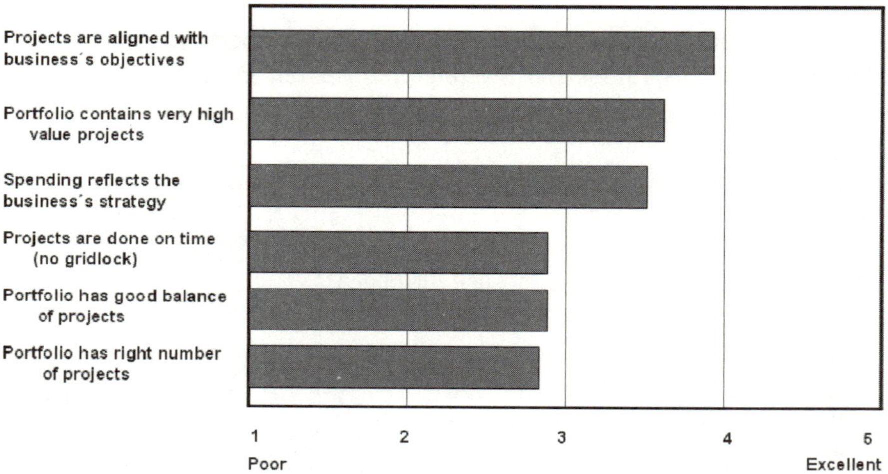

Abb. 8.4. Stärken und Schwächen von Innovationsportfolien (Cooper et al. 2001)

Wenn wir diese Abbildung von unten lesen, erkennen wir, dass – neben falscher Anzahl von Projekten im Innovationsportfolio und Verzögerungen bzw. Stockungen in der Abarbeitung der Projekte – mangelnde Balance die größte Schwäche von Innovationsportfolien ist.

8.3 Ziele und Mittel des Innovationsportfoliomanagements

Innovationsportfoliomanagement gehört zu den Prozessen einer Unternehmung. Im Unterschied zu den ständig fortschreitenden zahlreichen Innovationsprozessen im Unternehmen wird Innovationsportfoliomanagement in regelmäßigen zeitlichen Intervallen praktiziert, die sich durch Portfolio Review Meetings manifestieren.

Innovationsportfoliomanagement verfolgt sechs Ziele:

- Ertragsmaximierung des Portfolios: bei einem „Überschuss" an guten Innovationsprojekten ist in regelmäßigen Abständen zu überprüfen und sicherzustellen, dass die ertragsmäßigen Top-Projekte wirklich aktiv verfolgt werden.
- Sicherstellung der Balance des Portfolios: in regelmäßigen Intervallen ist zu checken wie im Falle des Pfizer Portfolios, dass sich das Portfolio in der Balance befindet.
- Sicherstellung der strategischen Stimmigkeit des Portfolios: anlässlich der Portfolio Reviews ist zu überprüfen, dass alle aktiven Innovationsprojekte weiterhin zur Unternehmensstrategie passen.
- Priorisierung der Projekte: eindeutige Prioritäten sind zu etablieren bzw. zu bestätigen für die Projekte im Innovationsportfolio unter den Gesichtspunkten des Ertrages, aber auch des Risikos und des Beitrages zur Portfoliobalance. Diese Prioritäten helfen der Organisation bei der Fokussierung und bei Entscheidungen in Fällen von Ressourcenkonflikten.
- Abgleich der Projektanzahl mit den verfügbaren Ressourcen: meistens ist die Anzahl der verfolgten aktiven Innovationsprojekte zu hoch angesichts der beschränkten Ressourcen. In regelmäßigen Abständen ist deshalb der Abgleich zwischen Projektanzahl und Ressourcen durchzuführen. Die Projekte am unteren Ende der Prioritätenskala sind zu suspendieren (siehe Kap. 4). Solche konsequenten Entscheidungen sind zu treffen, um eine Überlastung der Organisation zu verhindern, die letztlich zu einer Verzögerung der besten Projekte führen würde.
- Plausibilitätscheck auf Erreichbarkeit der Geschäftsziele: wie im Pfizer Fall geschehen, muss regelmäßig überprüft werden, ob das Unternehmen mit den Projekten im Innovationsportfolio realistischerweise die Geschäftsziele erreichen kann. Falls Lücken offenbar werden, sind diese z. B. durch die forcierte Akquisition und Einlizenzierung externer Innovationen zu schließen.

Für die Ertragswertmaximierung des Innovationsportfolios werden die verschiedenen Innovationsprojekte entweder per Scoring-Kriterien oder per finanzieller Methoden (z. B. Kapitalwert) bewertet und miteinander verglichen (Cooper et al. 2001). Die Schwäche der reinen Ertragswertmaximierung ist, dass sie nicht die Notwendigkeit der Balance eines Portfolios berücksichtigt. Auf der anderen Seite ist die Ertragswertmaximierung der erste Schritt, der sicherstellt, dass die Innovationsprojekte, die in Balance gebracht werden, ertragsmäßig wirklich Top-Projekte sind.

Die Sicherstellung der Balance eines Innovationsportfolios ist ein hervorstechendes Merkmal des Innovationsportfoliomanagements. Dazu bedient sich das Innovationsportfoliomanagement der graphischen Darstellung in Form von Charts, wie wir sie zum Teil bereits im Zusammenhang mit dem Pfizer Fall kennengelernt haben. Unter den unzähligen verschiedenen Chartformen sind Blasen-Charts, Tortendiagramme und Pipeline-Charts (siehe Pfizer) am beliebtesten. Der eindeutig dominierende Typ von Blasen-Chart ist die Ertrags-Risiko-Chart (Cooper 1998). In dieser Chart repräsentiert eine Achse den Ertrag (engl. reward), z. B. den Kapitalwert oder Scoring-Wert, und die andere die Wahrscheinlichkeit des Erfolgs (engl. probability of success) bzw. umgekehrt das Risiko (allgemeines Risiko bzw. technisches oder kommerzielles Risiko). In diese Ertrags-Risiko-Chart werden die verschiedenen Innovationsprojekte des Unternehmens eingetragen (Sommerlatte u. Krautter 2005). Die Größe der Blasen steht für die Größe der Ressourcen, die den einzelnen Projekten zugeteilt sind:

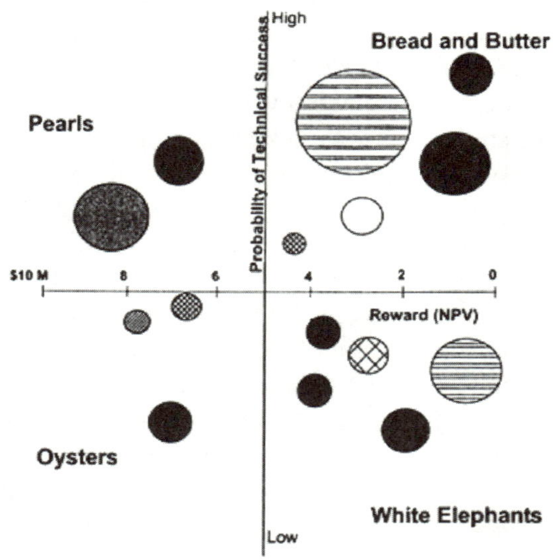

Abb. 8.5. Chancen-Risiko-Chart des Innovationsportfoliomanagements (Cooper 2005, leicht gekürzt)

Die Star-Innovationsprojekte sind zunächst jene, die einen hohen Ertrag versprechen und dennoch eine gute Erfolgschance, d. h. ein niedriges Risiko haben. Das sind die „Perlen“ (engl. Pearls) im linken oberen Quadranten. Rechts oben befinden sich die „Brot-und-Butter“ (engl. Bread and Butter)-Projekte, die eine hohe Erfolgschance haben, dafür aber auch einen relativ limitierten Ertrag, da sie meist inkrementale Innovationen sind. Links unten sind die „Austern“ (engl. Oysters), die einen sehr hohen Ertrag versprechen, die aber auch ein hohes Risiko tragen bzw. umgekehrt eine relativ geringe Erfolgswahrscheinlichkeit haben. Schließlich befinden sich rechts unten die „weißen Elefanten“ (engl. White Elephants), die geringen Ertrag mit geringer Erfolgswahrscheinlichkeit verbinden.

Innovationsportfoliomanagement besteht nicht darin, sich singulär auf die Perlen zu fokussieren und nur diese zu unterstützen. Vielmehr versucht es, die richtige Balance der Perlen, Brot-und-Butter-Projekte und der Austern zu finden, um das Risiko des Portfolios zu streuen. Im Falle des hier betrachteten Unternehmens ist die Unterstützung für die weißen Elefanten schnellstens zu kappen, die Unterstützung der Brot-und-Butter-Projekte tendenziell zu reduzieren, und mehr Ressourcen sollten zu den Projekten mit hohem Ertragspotential (vor allem Perlen, aber auch Austern) verlagert werden.

Charts wie diese sind sehr praktische Hilfsmittel zur Vorbereitung von Entscheidungen zur Portfoliobalance. Natürlich müssen wir uns darüber klar sein, dass sie die Portfolioentscheidungen nur vorbereiten, nicht aber selbst die Portfoliooptimierung liefern können. Vielmehr bedarf es dazu einer hochqualitativen Diskussion der Unternehmensführung.

Bei der Verwendung von Charts besteht die Gefahr der „Überwältigung" des Managements durch zu viele verschiedene präsentierte Charts. Um eine Fokussierung zu erreichen, sollte sich die Diskussion deshalb auf einige wenige Charts konzentrieren. Da der ausgewählte Charttyp das Ergebnis präjudizieren kann, sind die wenigen Charts sehr überlegt auszuwählen.

8.4 Das Portfolio Review Meeting

Innovationsportfoliomanagement kann extrem zeitaufwendig sein. Deshalb finden Portfolio Review Meetings meist nur in größeren zeitlichen Intervallen (alle sechs oder zwölf Monate) statt. Um ein Portfolio Review Meeting effizient zu gestalten, hat sich folgende systematische Vorgehensweise in sieben Schritten bewährt:

1. Überprüfung der strategischen „Muss" Projekte wie z. B. durch gesetzgeberische Maßnahmen vorgegebene Projekte (bespielsweise Projekte zur Abgasreduzierung in der Automobilindustrie):
   - Sind sie im aktiven Projektportfolio enthalten?
   - Bekommen sie genügend Ressourcen (Geld, F+E Personal usw.)?
2. Überprüfung der Prioritäten:
   - Sind die Projekte im geförderten Innovationsportfolio noch die richtigen in Anbetracht ihres Ertragspotentials, ihres Risikos und ihres Beitrages zur Portfoliobalance? Ist kein suspendiertes Projekt höher bewertet als die Projekte im aktiven Portfolio?
   - Stimmt die Prioritätenrangfolge dieser Projekte noch?

3. Abgleich der Ist-Unterstützung gegen die gesetzten Prioritäten:
   - Werden die Projekte mit der höchsten Priorität tatsächlich auch mit höchster Priorität behandelt, d.h. bekommen sie auch die meisten Ressourcen?
   - Entspricht die tatsächliche Ressourcenverteilung über die Projekte dem gewünschten Split?
4. Ressourcenabgleich
   - Reichen die Ressourcen, um alle Projekte im aktiven Portfolio zu verfolgen?
   - Wenn nein, wieviel Zeit bzw. welche Ressourcen müssen für die Prioritätsprojekte noch „freigeschaufelt“ werden und welche Projekte müssen eventuell suspendiert werden?
5. Überprüfung auf strategische Stimmigkeit und Balance
   - Passen alle Projekte noch zur Unternehmens-/Innovationsstrategie?
   - Sollten einzelne Projekte beschleunigt oder abgebrochen werden, da sich der strategische Fokus verschoben hat?
6. Plausibilitätscheck auf Erreichbarkeit der Geschäftsziele
   - Reichen die Projekte im Portfolio aus, um die Geschäftsziele zu erreichen?
   - Wenn nein, mit welchen Maßnahmen soll die Lücke geschlossen werden?
7. Rückkopplung zum Innovationsprozess
   - Sollten Anpassungen im Innovationsprozess vorgenommen werden, sollten z.B. die Mindestanforderungen an die Projekte an den Gates angehoben werden, so dass vorab mehr Projekte ausgefiltert werden und damit weniger ins Innovationsportfolio gelangen?

Dieser letzte Checkpunkt zeigt: es besteht ein enger Zusammenhang zwischen Innovationsportfoliomanagement und Innovationsprozess. Einerseits ist der Innovationsprozess mit dem Innovationsportfolio verzahnt, da er dieses mit Projekten füttert, die durch die Gates des Innovationsprozesses durchgelassen werden. Auf der anderen Seite findet eine Rückkoppelung vom Innovationsportfoliomanagement zum Innovationsprozess statt bezüglich der Mindestanforderungen, die an die Projekte an den Gates des Innovationsprozesses gestellt werden müssen:

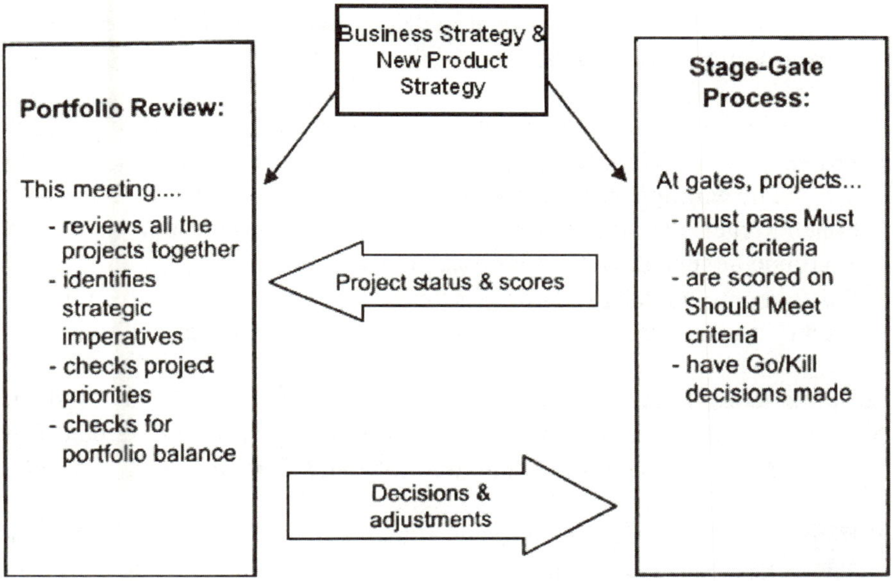

Abb. 8.6. Rückkoppelung zwischen Portfolio Review Meeting und Innovationsprozess (Cooper 2001)

8.5 Ein pragmatischer Ansatz

Trotz der Verzahnung mit dem Innovationsprozess hat Innovationsportfoliomanagement aber nicht die Aufgabe, gravierende Probleme des Innovationsprozesses zu korrigieren. Bei der Rückkoppelung des Innovationsportfoliomanagements zum Innovationsprozess kann es nur um kleinere nachträgliche Kurskorrekturen gehen wie z. B. einer Feinjustierung der Projektanforderungen an den Gates. Sollten größere Probleme im Innovationsprozess auftreten, z. B. dass zu viele schlechte Projekte durch die Tore durchgelassen werden, so sind diese Probleme gemäß den Prinzipien des Total Quality Managements an der Quelle, d. h. im Innovationsprozess selbst zu beheben. Die Aufgabestellung des Portfoliomanagements ist deshalb auf die oben aufgeführten Ziele zu beschränken.

Innovationsportfoliomanagement in der Praxis sieht sich mit drei großen Herausforderungen konfrontiert:

- Innovationsportfoliomanagement kann sehr zeitaufwendig sein.
- Projekte in unterschiedlichen Phasen des Innovationsprozesses lassen sich nicht wirklich vergleichen, da die Unsicherheit der Projektprojektionen wegen der unterschiedlichen Reife der Projekte und damit der zugrunde liegenden Daten sehr unterschiedlich ist.
- Portfolioentscheidungen können schnell sehr komplex werden, und die Datenflut kann das Management leicht verwirren und „überwältigen".

Ein pragmatischer Ansatz zum Innovationsportfoliomanagement versucht deshalb, den drei Herausforderungen gleichzeitig gerecht zu werden. Ein solcher Ansatz ist gekennzeichnet durch folgende Komponenten:

- Häufigkeit: Portfolio-Diskussionen finden nur alle sechs bis zwölf Monate statt. Das setzt voraus, dass der vorangehende Innovationsprozess grundsätzlich im Lot ist und das Portfoliomanagement nur nachträgliche Feinkorrekturen am Portfolio der durchgelassenen Innovationsprojekte vornehmen muss.
- Bewertungsmethoden:
  - Getrennte Bewertung von Projekten in den Frühphasen und ab der Entwicklungs-Phase
  - Verwendung von Scoring-Modellen in den Frühphasen des Innovationsprozesses.
  - Zusätzliche Verwendung von finanziellen Modellen in den späteren Phasen beginnend mit der Entwicklungsphase
- Schwerpunkt: Der Schwerpunkt des Innovationsportfoliomanagements liegt auf dem (getrennten) Portfoliomanagement der Innovationsprojekte ab Gate 3, also ab Genehmigung der Entwicklung:

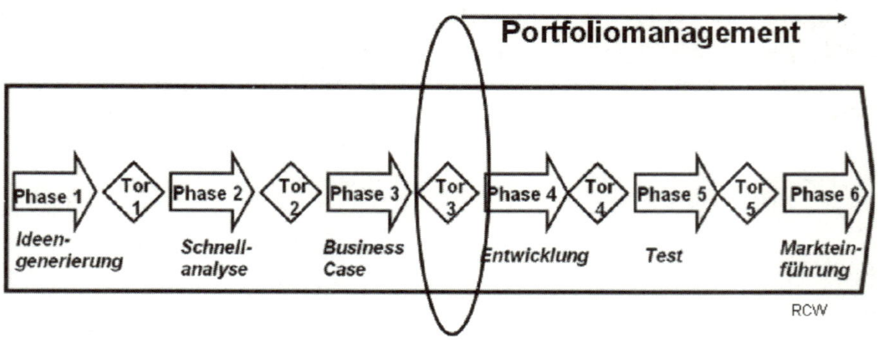

Abb. 8.7. Der Schwerpunkt des Portfoliomanagements liegt auf den Projekten ab Tor 3

8.6 Fazit

- Innovationsportfoliomanagement verfolgt sechs Ziele:
  - o Ertragsmaximierung des Portfolios
  - o Sicherstellung der Balance des Portfolios
  - o Sicherstellung der strategischen Stimmigkeit des Portfolios
  - o Priorisierung der Projekte
  - o Abgleich der Projektanzahl mit den verfügbaren Ressourcen
  - o Plausibilitätscheck auf Erreichbarkeit der Geschäftsziele
- Zur Sicherstellung der Portfoliobalance bedienen sich Unternehmen der Hilfe verschiedenster graphischer Darstellungen, wobei Blasencharts und unter diesen wiederum Ertrags-Risiko-Charts eine dominierende Rolle spielen.
- Portfolio Review Meetings, die in regelmäßigen Abständen stattfinden, folgen sinnvollerweise einer bewährten Systematik der sieben Schritte.
- Ein pragmatischer Ansatz des Innovationsportfoliomanagements
  - o reduziert die Häufigkeit der Portfolio Review Meetings auf alle sechs bis zwölf Monate
  - o wendet unterschiedliche Beurteilungskriterien auf die Frühphasenprojekte und auf die Projekte ab der Entwicklungsphase an und
  - o legt den Schwerpunkt des Portfoliomanagements auf die Diskussion der reiferen Projekte ab Gate 3 (Start der Entwicklungsphase).
- Die Pfizer Fallstudie demonstriert einen besonders hohen Nutzen des Innovationsportfoliomanagements in Branchen wie der pharmazeutischen Industrie, in denen das Produktportfolio durch z. B. Patentablauf in großer Bewegung ist.

9 Innovationsorganisation

9.1 Der Innovationsquell 3M

Jedes Jahr treffen sich die technischen Mitarbeiter von 3M beim Annual Event des Technical Forums, das 3M 1951 eingeführt hat. So auch 1990. Das Technical Forum ist eine riesige Organisation, die von 3M Mitarbeitern auf freiwilliger Basis geleitet wird, mehrere Tausend Mitglieder hat und fast täglich eine besondere Veranstaltung anbietet (Gundling 2000). Es soll dem Networking der technischen Mitarbeiter, dem Austausch von Ideen und Entdeckungen und der Diskussion dienen. Das Programm kann Vorträge von Nobel-Preisträgern oder anderen berühmten Persönlichkeiten enthalten, aber auch Problemlösungs-Workshops, in denen Entwickler von 3M ihre schwierigsten, noch nicht gelösten technischen Probleme vorstellen und darauf hoffen, dass ihre Kollegen eine Lösung dafür bereit halten (Coyne 1997). Der Annual Event des Tech Forums ist etwas ganz Besonderes. Er dauert zwei Tage und wird von einer sogenannten „Poster Session“, einer Art Technologiemesse begleitet, bei der jede 3M Sparte ihre neuesten Technologien präsentiert.

Auf der Technologiemesse des Technical Forums 1990 treffen sich Andy Ouderkirk und Jim Jonza. Ouderkirk arbeitet als Forscher in 3Ms Central Research Process Technology Lab (CRPTL). Das CRPTL gehört zum Central Research Laboratory, das 3M 1937 gegründet hat, um die Arbeit der technischen Labors in den einzelnen Sparten zu unterstützen und um langfristige wissenschaftliche Problemstellungen zu erforschen. Jim Jonza arbeitet als Forscher in der Safety und Security Systems Sparte, also einer der vielen 3M Geschäftssparten (3M Story 2002). Ouderkirk erzählt Jonza von seiner Arbeit mit Multi-Schicht-Folien. In diesen Folien können bis zu 1000 Schichten mit einer Gesamtdicke von 100 Nanometern zusammengefügt werden. Ouderkirk erklärt, dass diese Folien unterschiedlichste Eigenschaften der Lichtbrechung zeigen, je nachdem wie die einzelnen Schichten behandelt werden und wie diese Schichten zu einer Folie kombiniert werden. Ouderkirks Arbeit setzt auf mehreren Jahrzehnten Arbeit auf, die 3M bereits in das Gebiet der sogenannten Microreplication-Technologie investiert hat und die so erfolgreiche Produkte wie Scotchline Diamond Grade Reflexionsfolien für die bessere Sichtbarmachung von

Verkehrszeichen hervorgebracht hat. Ouderkirk kann sich vorstellen, dass sich aus einer seiner Multi-Schicht-Folien ein interessanter reflektierender Lichtbündler herstellen lässt. Jonza ist von dieser Möglichkeit begeistert.

Beide Männer machen sich an die Arbeit. Jonza lässt eine spezielle Copolymer-Folie produzieren. Mit ihr kann Ouderkirk die helligkeitsverstärkende Wirkung einer Multi-Schicht-Folie, die auf einem Flüssigkristalldisplay aufgebracht wird, nachweisen. Mike Weber, ein Senior Specialist für Spezialmaterialien aus dem Film und Light Management Technical Center, versorgt die beiden mit optischen Messungen, die die helligkeitsverstärkende Wirkung bestätigen. Das Film und Light Management Technical Center ist eines von 14 technischen Zentren, die 3M Anfang der 90er Jahre weltweit unterhält. Diese technischen Zentren fokussieren auf einzelne Technologie-Plattformen und sollen aus diesen innovative Produkte für die verschiedenen Unternehmenssparten entwickeln.

Ouderkirk fasst seine Erfahrung zusammen: „3M hat nicht die strukturellen Begrenzungen, die andere Unternehmen kennen. Es ist hier völlig ok, jemanden irgendwo in der Firma anzurufen und ihm Hilfe anzubieten bzw. ihn um Hilfe zu bitten. Wir sind ein gutes Beispiel. Jim suchte eine Anwendung. Ich versuchte herauszufinden, ob dies eine nutzbare Technologie war, und Mike wollte das Problem lösen" (3M Story 2002).

Das Trio erhält von der Firma zwei Genesis Grants, die helfen sollen, ihre Forschung zu finanzieren, und sie beginnen die Pilotproduktion. Unterstützungen aus dem Genesis Programm gibt es bei 3M seit 1984. Diese Förderung soll technisches Unternehmertum bei 3M ermutigen, indem Forschungsprojekte finanziert werden, die sich noch nicht für eine offizielle Budgetierung über die normalen 3M Kanäle qualifizieren.

Mehrere Gruppen innerhalb von 3M unterstützen das Multi-Schicht-Folien-Projekt als Sponsoren, unter anderem auch Optical Systems, das zum Geschäftsbereich Safety and Security Systems gehört. Optical Systems wird von Andy Wong, der seine Karriere im Central Lab begonnen hat, als Business Manager geleitet. Optical Systems besteht seit 1979 (zunächst unter dem Namen Industrial Optics), steckt aber noch immer in den roten Zahlen und sucht den Durchbruch zur Profitabilität mit einer neuen bahnbrechenden Technologie. Andy Wongs Vorgesetzter, Paul Guehler, der ursprünglich bei 3M im Central Research Laboratory angefangen hat und jetzt den Geschäftsbereich Safety and Security Systems führt, dringt auf eine schnelle Entwicklung der neuen Folien-Technologie. Von Seiten der Optical Systems Gruppe wird deshalb zusätzlich Sanford Cobb, ein Senior Product Development Specialist des Optics Technology Center, dem Trio zur Seite gestellt.

Ouderkirk, Jonza, Weber und Cobb entwickeln ihre Technologie mit großer Leidenschaft in ein richtiges Geschäft. Zusätzlich zu den Genesis

Grants erhält das Team eine Förderung aus dem Pacing Plus Program, das 3M 1994 eingeführt hat. Pacing Plus soll eine kleine Auswahl besonders vielversprechender „Leapfrog-Technologien", die die Wettbewerbsverhältnisse zu 3Ms Gunsten in neuen oder bestehenden Märkten verändern können und großes Umsatz-, Gewinn- und Renditepotential bieten, schneller in den Markt bringen. Zu diesem Zweck erhalten Pacing Plus Projekte höchste Priorität und bevorzugten Zugang zu 3Ms Ressourcen (Gundling 2000).

1997 wird unter dem Markennamen Vikuiti der Vikuiti Brightness Enhancement Film (BEF) in den Markt eingeführt. Mehrere Patente sichern 3Ms Multi-Schicht-Folien-Technologie ab. Hauptkunden der BEF-Folie sind die Hersteller von Handys, von Laptops, von PC-Monitoren und von LCD-Fernsehern. Vikuiti BEF kann erfolgreich zwei Probleme dieser Branchen lösen, die diese vorher nicht so artikuliert haben: Vikuiti BEF kann 50 bis 100% mehr Licht an das Display dieser elektronischen Geräte liefern, so dass das Bild auf dem Display wesentlich heller erscheint. Alternativ kann Vikuiti BEF dafür genutzt werden, den Energieverbrauch für einen vorgegebenen Helligkeitsgrad zu reduzieren und damit die Batterielaufzeit der Geräte zu verlängern. Das ist von besonderem Interesse für Farbdisplays, da diese mehr Elektrizität benötigen (Arndt 2005). Unter Nutzern von Laptops ist eine unzureichende Batterielaufzeit ein Hauptbeschwerdepunkt.

Der Umsatz von Optical Systems, der 1991 nur 10 Millionen US $ betrug, schnellt bis zum Jahr 2000 auf fast 500 Millionen US $ hoch. Inzwischen erzielt Optical Systems auch einen soliden Gewinn. 1998 wird Optical Systems eine eigenständige 3M Sparte und so mit den anderen mehr als vierzig 3M Sparten gleichgestellt. Andy Wong wird zum General Manager der neuen Optical Systems Sparte befördert.

In den 90er Jahren ist Optical Systems das 3M Geschäft mit der höchsten Wachstumsrate. Bald werden die Produkte in 60 Ländern verkauft. Während dieser unglaublichen Wachstumsphase übertrifft Optical Systems ständig die von der Firma gesetzten Ziele. 90% des weltweiten Umsatzes von Optical Systems kommen jedes Jahr von Produkten, die erst innerhalb der letzten vier Jahre eingeführt wurden. Nach dem großen Erfolg des Vikuiti Brightness Enhancement Films (BEF) führt die Optical Systems Sparte als nächste große Innovation den Vikuiti Dual Brightness Enhancement Film (DBEF) ein.

3M steuert sein weltweites Geschäft mit Hilfe von sieben global ausgerichteten Sektoren. Die Optical Systems Sparte gehört Anfang 2000 zunächst noch zum Sektor Transportation, Graphics and Safety. Wegen des starken Wachstums dieses Sektors, nicht zuletzt getrieben durch die Optical Systems Sparte, wird das 3M Geschäft Ende 2002 umorganisiert, und die Optical Systems Sparte gehört jetzt zum neu etablierten Sektor Display and Graphics. Vor allem aufgrund des Wachstums der Optical Systems Sparte steigt der Umsatz von Display and Graphics von 2.0 Milliarden US $ in 2001 (3M 2003) auf 3.8 Milliarden US $ in 2006 (3M 2006).

9.2 P&G: der Ideensauger Connect + Develop

„Bei Innovationen dreht sich alles um Netzwerke“, sagt Larry Huston, Vice President of Innovation bei Procter & Gamble. „Es dreht sich alles darum, Verbindungen zu knüpfen, Dinge mit einander zu kombinieren, Dinge aus einem Bereich in einen anderen Verfügungsbereich zu bewegen. P&G ist immer ein Meister darin gewesen, Verbindungen intern zu knüpfen. Die Fähigkeit, diese Art von Verbindungen extern zu knüpfen, verspricht, F+E zu revolutionieren.“ (Taylor u. LaBarre 2006).

Huston führt Procters Initiative mit dem Namen Connect + Develop (C+D). Er berichtet an Gil Cloyd, der seit 2000 P&Gs Chief Technology Officer ist und damit neben der C+D Organisation für 9000 Mitarbeiter in der P&G Forschung und Entwicklung verantwortlich ist. Cloyd ist vor Jahren bereits zur Einsicht gekommen, dass außerhalb von Procter ein riesiges Innovationspotential schlummert. Er will dieses Potential heben und dafür nicht weniger tun, als die Innovation selbst zu erneuern (Teresko 2004).

Die Logik ist ganz einfach: P&G hat zwar 9000 Mitarbeiter in seiner F&E, die in 150 Wissenschaftsfeldern operieren. Und das Potential dieser mächtigen Organisation ist in den letzten Jahren noch stärker geworden, seitdem der Austausch von Ideen und die Bildung von internen Netzwerken durch Intranet-Sites wie P&Gs InnovationNet gefördert wird. Die 18000 P&G Innovatoren in F&E, im Ingenieurwesen, der Marktforschung, dem Einkauf und der Patentabteilung sind die Zielgruppe von InnovationNet. Sechzig Prozent von ihnen nutzen die Intranet-Site mehrmals in der Woche (P&G 7-03). Fragen (z. B. „Wie kann man saubermachen, ohne danach zu spülen?“) können übers InnovationNet gestellt werden, und sie werden von Kollegen mit dem entsprechenden Expertenwissen genauso elektronisch beantwortet (Sellers 2004).

Aber wenn man sich ansieht, wieviele Wissenschaftler in diesen 150 Wissenschaftsfeldern, in denen P&G forscht, in der ganzen Welt aktiv sind, kommt man auf die beeindruckende Zahl von eineinhalb Millionen Wissenschaftler mit einer ähnlich guten Ausbildung wie die der P&G Wissenschaftler. Das Potential, von außen Ideen und Hilfe zu bekommen, muss deshalb gewaltig sein.

Huston ist überzeugt: „Das jetzige F&E Geschäftsmodell ist kaputt. Es wird nicht überleben. In den meisten Unternehmen wachsen die F&E Budgets schneller als die Wachstumsrate des Umsatzes“ (Taylor u. LaBarre 2006).

Hustons Mission ist es, P&Gs Innovationsziel zu erreichen, wonach 50% aller Ideen von außen kommen sollen. Dafür hat er eine kleine schlagkräftige Organisation von 60 sogenannten Technologieunternehmern (engl. technology entrepreneurs) aufgebaut. Diese Mitarbeiter hat er unter P&Gs Wissenschaftlern und Ingenieuren selbst persönlich ausgewählt. Jetzt sind sie weltweit unterwegs in allen Kontinenten der Erde, um externe Innovationen für P&G zu finden und „aufzusaugen“ und dann in P&Gs R&D und Marketing Organisation einzuspeisen. P&G soll zum Magneten für die besten externen Talente und Ideen werden, fordert P&Gs Vorstandsvorsitzender A.G. Lafley. Dafür baut Hustons Truppe externe Innovationsnetzwerke auf. Das Motto ist: neue Ideen entdecken, sie adaptieren und darauf aufbauend schnell neue Produkte einführen Die Betonung ist nicht zuletzt auf der Schnelligkeit der Implementierung.

Neben dieser relativ personalintensiven Strategie verfolgt P&G aber auch eine Suchstrategie, die auf modernen Technologien wie dem Internet aufsetzen. Dafür bedient sich Hustons Teams der Dienste externer Firmen wie Your Encore aus Indianapolis, NineSigma aus Cleveland oder InnoCentive aus Andover, Massachusetts.

P&G ist neben Eli Lilly einer der Gründer und Mitglieder von Your Encore. Diese junge Firma bringt pensionierte Wissenschaftler, Ingenieure und Produktentwickler, die noch vor Ideen und Energie strotzen, mit Firmen zusammen, die Ideen suchen (Your Encore 2007). Your Encores Firmenslogan ist: „Innovationen beschleunigen durch nachgewiesene Erfahrung“ (engl. „Accelerating Innovation Through Proven Experience“). Neben P&G und Eli Lilly nehmen Firmen wie Boeing, National Starch und Ethicon Endo-Surgery Your Encores Dienstleistung in Anspruch. Die Wissenschaftler, Ingenieure und Produktentwickler in Your Encores Pool bearbeiten gut definierte technische Probleme der Mitgliedsfirmen innerhalb eines eng begrenzten zeitlichen Rahmens, entweder von zu Hause aus oder vor Ort bei der Firma. Das geistige Eigentum (engl. Intellectual Property = IP), das sie schaffen, wird per Vertrag schon vorab auf die Mitgliedsfirma übertragen.

NineSigma wurde 2000 von Dr. Mehran Mehregany, Goodrich Professor of Engineering Innovation, Case Western Reserve University gegründet und wird heute von Paul Stiros, der von P&G kommt, als President and CEO geführt (NineSigma 2007). Im Vergleich zu Your Encore hat NineSigma ein noch weiteres globales web-basiertes Netzwerk aufgebaut, das wie eine

Know-How-Börse oder weltweite F&E Suchmaschine funktioniert. Unternehmen, die eine Lösung für ein technisches Problem suchen, die sogenannten Innnovationssucher (engl. innovation seekers), treten über NineSigma in Kontakt mit einem Pool von weltweit eineinhalb Millionen Wissenschaftlern, den sogenannten Problemlösern (engl. solution providers), die NineSigma rekrutiert hat. Der Großteil dieser Wissenschaftler arbeitet in anderen Unternehmen, von Start-ups bis zu großen Firmen, oder in akademischen Institutionen (Scanlon 2007). NineSigmas Arbeitshypothese ist, dass sehr wahrscheinlich irgendwo in der Welt ein heller Kopf das Problem bereits gelöst hat, an dessen Lösung die Forscher des suchenden Unternehmens noch arbeiten. NineSigmas Firmenslogan lautet: „Den Innovationszyklus beschleunigen" (engl. „Accelerating the Innovation Cycle").

Der NineSigma Prozess läuft entsprechend Abb. 9.1 in vier Phasen ab (NineSigma 2007):

1. NineSigma hilft den suchenden Firmen dabei, für ihr zu lösendes Problem eine klare und präzise Beschreibung (sog. Request for Proposal = RFP) zu formulieren, die die externen NineSigma Wissenschaftler zu einer Mitarbeit motiviert. Dieses Dokument sendet NineSigma dann per e-mail an die ausgesuchten externen Problemlöser.
2. Diese Poolmitglieder haben jetzt 4 Wochen Zeit, um darauf zu antworten. Falls sie an dem Projekt interessiert sind, schicken sie einen kompakten Lösungsvorschlag (sog. proposal abstract), der keine vertraulichen Informationen enthalten soll, an NineSigma.
3. NineSigma bereitet die erhaltenen Proposal Abstracts auf und präsentiert sie dem innovationssuchenden Unternehmen innerhalb von wenigen Tagen nach deren Erhalt. Die meisten Innovationssucher schließen innerhalb von vier bis acht Wochen ihre vorläufige Analyse der Lösungsvorschläge ab und entscheiden sich, welche Lösungen sie weiterverfolgen wollen. Normalerweise haben sie dann noch zusätzliche Fragen an die ausgewählten Lösungsanbieter, oder sie wünschen sich eine Telefonkonferenz, einen detaillierteren Vorschlag oder sogar einen Prototypen. Sobald vertrauliche Informationen ausgetauscht werden müssen, unterschreiben die Partner eine Vertraulichkeitsvereinbarung (engl. Confidential Disclosure Agreement).
4. Das innovationssuchende Unternehmen nimmt eine Due Diligence Prüfung der Lösungsanbieter und der Lösungsvorschläge vor, an denen es jetzt noch interessiert ist. Der Kooperationsvertrag, der den Umfang der Zusammenarbeit, die einzelnen Aufgaben, die Dauer und die Vergütung festlegt, wird dann direkt zwischen Unternehmen und Lösungsanbieter geschlossen. NineSigma selbst wird vom innovationssuchenden Unternehmen mittels einer Gebühr entlohnt.

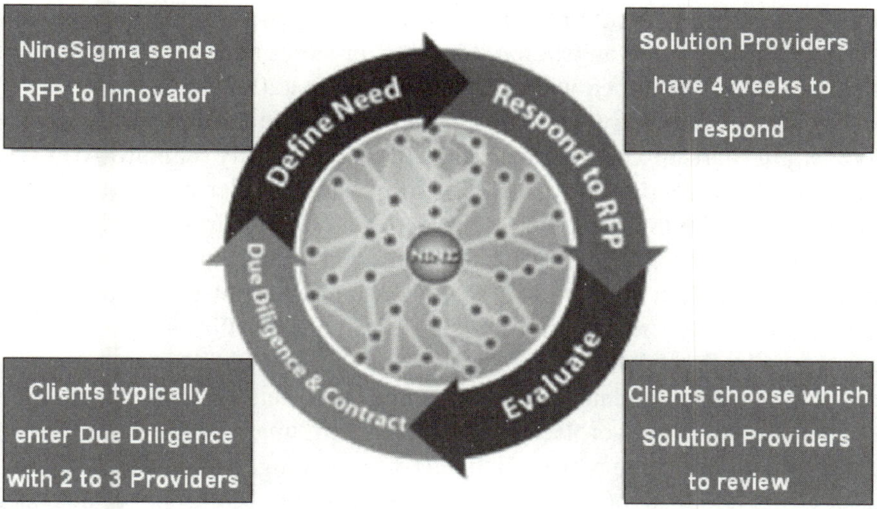

Abb. 9.1. NineSigma Prozess (NineSigma 2007)

Der Trick, der den ganzen Prozess zum Laufen bringt, besteht darin, dass der anfängliche Request for Proposal einerseits präzise genug geschrieben werden muss, um eine Welle von irrelevanten Antworten auszuschließen, aber dass er andererseits in die Sprache der Wissenschaft übersetzt wird, um auch Lösungsvorschläge aus anderen Branchen und Technologiebereichen zu stimulieren. Als zum Beispiel P&G eine Lösung für das Problem zerknitterter Baumwolle suchte, hat NineSigma im Request for Proposal nicht geschrieben, dass das Unternehmen eine Lösung für das Zerknittern sucht. Stattdessen hat NineSigma das Problem in der Sprache der Oberflächenchemie beschrieben (Scanlon 2007). Ein Lösungsvorschlag kam dann von jemandem zurück, der in der Halbleiterindustrie arbeitet. Er bot eine Beschichtung für Halbleiterscheiben an, die P&Gs Anforderungen erfüllte. Das Problem war zwar ein Textilproblem; aber die Lösung kam aus einer völlig anderen Industrie (Fandray 2007).

Huston berichtet, dass P&G insgesamt an mehr als 700000 Mitglieder aus NineSigmas Pool Requests for Proposal verschickt hat und dass als ein Ergebnis davon mehr als 100 Projekte abgeschlossen werden konnten. Neben P&G gehören zu NineSigmas Klienten Firmen wie Unilever, Kimberly–Clark, Philip Morris, General Mills, Kraft, DuPont, Johnson Controls und GlaxoSmithKline.

Wer beispielsweise am 2. Juli 2007 auf NineSigmas Website ging, hat festgestellt, dass an diesem Tag dort 29 aktive RFPs ausgeschrieben waren. Dabei entpuppt sich Dow Chemical mit neun RFPs als ein Hauptnutzer dieser Internetbörse. Bis Anfang Juli 2007 hat Ninesigma in diesem

Jahr insgesamt 175 RFP Projekte veröffentlicht, und Forscher aus 60 Nationen haben Lösungen angeboten. Für 2007 erwartet Ninesigma ein doppelt so hohes Projektvolumen wie in 2006 (NineSigma 2007).

Auch mit InnoCentive arbeitet Procter & Gamble zusammen. InnoCentive ist ein Start-up Unternehmen, das durch den e.Lilly Venture-Arm von Eli Lilly 2001 gegründet wurde. Eli Lilly war auch der erste Kunde von InnoCentive. Der Schwerpunkt von InnoCentive liegt in der Chemie und den Life Sciences. Das Geschäftsmodell von InnoCentive ist dem von NineSigma ähnlich (Innocentive 2007). Allerdings gibt es ein paar feine Unterschiede. Bei InnoCentive treten alle suchenden Firmen nur anonym auf, und die finanziellen Vergütungen für die Problemlöser werden von den Firmen bereits dann festgesetzt und veröffentlicht, wenn sie den Request for Proposal veröffentlichen. Außerdem unterzeichnen die Firmen und Problemlöser eine Vertraulichkeitsvereinbarung, sobald der Problemlöser einen Lösungsvorschlag unterbreitet; denn bei InnoCentive muss der erste eingereichte Lösungsvorschlag schon sehr detailliert sein. 70000 Wissenschaftler aus 150 Ländern sind als Problemlöser bei InnoCentive registriert. Die hauptsächlichen Problemlösernetzwerke sind in China, den USA, Russland und Indien. P&G berichtet von einer 50%igen Erfolgsquote bei der Lösung seiner technischen Probleme mit Hilfe von InnoCentive (P&G 7-03).

Zusätzlich zu Your Encore, NineSigma und InnoCentive nutzt P&G sehr aktiv die Dienste von yet2.com. yet2.com ist ein Online Marktplatz für den Verkauf und Kauf von geistigem Eigentum. Dabei ist yet2.com vor allem angebotsgetrieben (yet2.com 2007). Große Unternehmen wie Procter & Gamble veröffentlichen auf yet2.com jene ihrer patentgeschützten Technologien, die sie selbst nicht nutzen, und bieten sie zum Verkauf bzw. zur Rauslizenzierung an. P&G hat Ende der 90er Jahre festgestellt, dass es nur 10% der eigenen Patentanmeldungen in eigenen Produkten nutzt (Tapscott u. Williams 2006). Dank yet2.com werden diese nicht genutzten Technologien jetzt zu einer neuen Einkommensquelle. Und umgekehrt ist yet2.com natürlich auch für P&G eine interessante Quelle zur Sichtung und zum Erwerb von patentgeschützten Technologien, die andere Unternehmen anbieten.

P&Gs Connect + Develop Organisation hat mit ihrem direkten 60-Personen-Team Ansatz und ihren indirekten Internetaktivitäten über Your Encore, NineSigma, InnoCentive und yet2.com die Fühler in die wissenschaftlichen Netzwerke dieser Welt weit ausgestreckt. Larry Huston berichtet, dass sich seine Organisation bislang 10000 Vorschläge von draußen angesehen und darunter 2000 identifiziert hat, die eine genauere Untersuchung verdienen. Schließlich sei die technische Beurteilung von 500 Vorschlägen positiv ausgefallen und 100 neue Produkte seien darauf aufbauend in den Markt gebracht wurden. Zu den so gewonnenen Produktinnovationen gehören Mr. Clean AutoDry, Scentstories by Febreze, Mr. Clean Magic Eraser und Pringles Prints (Taylor u. LaBarre 2006).

9.3 Struktur vs. Chaos

Die Struktur der Unternehmung spiegelt wider, welchen Einheiten die Mitarbeiter formal zugeordnet sind, wie ihre Arbeit formal koordiniert ist und die Systeme zur Leistungsmessung der Mitarbeiter, zur Leistungsmotivation und die Beförderungssysteme. Ein großes in der Praxis immer wieder zu lösendes Dilemma besteht in der richtigen Dosierung von Struktur vs. Chaos, um Innovation im Unternehmen zu fördern. Wieviel Struktur ist unumgänglich? Wieviel Freiheit und Chaos ist nötig?

Die Antwort lautet: das richtige Mittelmaß zwischen Struktur und Chaos ist angezeigt, um der innovativen Unternehmung die schnelle Anpassung an das sich ständig wandelnde Umfeld zu ermöglichen. Eine partielle Strukturierung ist zu empfehlen (Brown u. Eisenhardt 1998). Zuviel Struktur macht die Unternehmung bürokratisch, unbeweglich und unfähig zum Wandel. Zuviel Freiheit führt zum Chaos und macht die Unternehmung nicht mehr steuerbar.

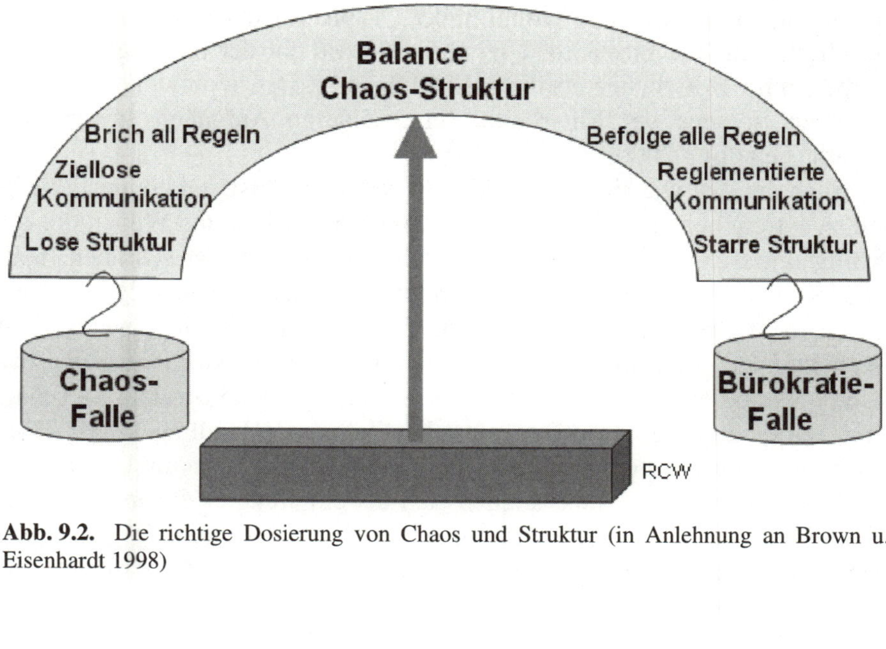

Abb. 9.2. Die richtige Dosierung von Chaos und Struktur (in Anlehnung an Brown u. Eisenhardt 1998)

3M ist ein gutes Beispiel für den goldenen Mittelweg. 3M ist sich der Notwendigkeit der richtigen Balance zwischen Struktur und Chaos sehr bewusst (Gundling 2000). 3M versucht eine Organisation zu sein, „die nicht ihren Mitarbeitern im Wege steht" (3M Story 2002). 3Ms technische Mitarbeiter dürfen 15% ihrer Zeit auf ihre Lieblingsprojekte verwenden, für die sie sich richtig begeistern können. Die 3M Mitarbeiter brauchen keine Genehmigung für die Lieblingsprojekte, die sie verfolgen wollen. Sie müssen noch nicht einmal ihren Vorgesetzten sagen, woran sie arbeiten (Coyne 1997). Diese 15%-Regel ist das Resultat einer langen „bootlegging"-Tradition bei 3M, die darin besteht, dass bei 3M immer schon leidenschaftlich überzeugte Innovatoren ihre Projekte außerhalb der formalen Struktur, d. h. ohne Autorisierung und teilweise gegen den ausdrücklichen Willen der Unternehmensführung betrieben haben. Bestes Beispiel dafür ist der legendäre Dick Drew, der gegen die ausdrückliche Anweisung des damaligen Vorstandsvorsitzenden, William McKnight, sein Projekt der Entwicklung eines Abdeckbandes für die Automobilindustrie hartnäckig fortsetzte und 1925 mit der Einführung des extrem erfolgreichen Scotch Abdeckbandes abschloss. Es war die Auseinandersetzung von Drew mit McKnight, die diesen dazu führte, die 15%-Regel zu institutionalisieren (3M Story 2002). In der heutigen 3M Praxis wird die 15%-Regel nicht so genau genommen. Einige 3M Mitarbeiter verbringen viel mehr als 15% ihrer Zeit mit ihren Lieblingsprojekten, andere weniger oder überhaupt keine Zeit. Die wirkliche Bedeutung der 15%-Regel ist, dass 3M Mitarbeiter das Recht haben, einen Teil ihrer Arbeitszeit für selbst gewählte Projekte zu verwenden. Sie sind ermutigt, das zu tun, was nach ihrem Ermessen am besten für die Firma ist. Und es ist die Pflicht der 3M Manager, die Arbeit ihrer Mitarbeiter an ihren Lieblingsprojekten wohlwollend zu betrachten, solange der Mitarbeiter seine anderen Aufgaben angemessen erfüllt (Gundling 2000).

Auch die Art, wie sich Teams bei 3M selbst organisieren können, drückt einen extrem hohen Freiheitsgrad aus. Ouderkirk, Jonza und Weber, die aus völlig unterschiedlichen Unternehmensbereichen von 3M stammen, nehmen zu einander Kontakt auf und etablieren sich als ein Team. 3M ist überzeugt, dass diese Kontakte am erfolgversprechendsten sind, wenn diese Kontakte auf freiwilliger Basis passieren. Die Herausforderung für das Unternehmen besteht darin, gerade das richtige Maß an Struktur zu schaffen, damit zufällige Kontakte entstehen können (Gundling 2000). 3Ms Technical Forum ist ein gutes Beispiel für ein solches Strukturelement.

Auch die Genesis Grants eignen sich als ein weiteres Beispiel des gewollten „Chaos": ganz bewusst finanzieren sie Forschungsprojekte, die sich noch nicht für eine offizielle Budgetierung über die normalen 3M Kanäle qualifizieren.

Aber auf der anderen Seite steht bei 3M diesen Freiheiten eine eindeutige Mindeststruktur gegenüber. Zunächst gibt es natürlich klare, anspruchsvolle Ziele, für deren Erreichung die Manager verantwortlich gemacht werden und die der Leistungsmessung der Mitarbeiter dienen. Jedes neue Produkt muss ein Betriebsergebnis von 30% des Umsatzes und spezifische Wachstumsziele erreichen. Jede Sparte muss mindestens 30% des Umsatzes mit Produkten erzielen, die in den letzten vier Jahren eingeführt wurden. Und natürlich müssen die Manager die Gewinnziele für ihre Verantwortungsbereiche jedes Quartal erreichen.

Neben den Zielen gibt es bei 3M natürlich auch Mindestmaße an Organisationsstruktur. Die Hauptfunktionen wie F&E, Ingenieurwesen, Finanzen und Personal haben alle eine zentrale Organisationseinheit in 3Ms Hauptverwaltung in St. Paul, und in der Geschäftsleitung aller Sparten sind diese Hauptfunktionen vertreten. Das soll die Durchsetzung konsistenter Geschäftspraktiken im Gesamtunternehmen sicherzustellen. Die Mitarbeiter werden einzelnen Unternehmensbereichen formal zugeordnet (z. B. dem Central Research Laboratory, den Technical Centers oder den technischen Labors der einzelnen Geschäftssparten) und haben dort eine klare Berichtslinie zu einem Vorgesetzten. Ihre Arbeit wird auch formal koordiniert mit Hilfe von Managementgremien, die über die Prioritäten der Projekte befinden und für die Freigabe von finanziellen Mitteln zuständig sind. Zur Selbst-Koordination der Mitarbeiter stellt ihnen 3M Kommunikationsplattformen wie das Technical Forum zur Verfügung. Zur Unterstützung der Innovationsteams bzw. der einzelnen Teammitglieder stehen bei 3M schließlich leitende Champions aus der Unternehmensführung, Sponsoren und freiwillige Mentoren bereit. 3M weiß, dass solche Promotoren (Hauschildt 2004) für das Überleben von innovativen Ideen von entscheidender Bedeutung sind.

Schließlich bietet 3M seinen Mitarbeitern eine Fülle von Leistungsanreizen (Collins u. Porras 1997). Zunächst ist da die finanzielle Ausstattung der technischen Innovationsteams mit Genesis Grants bzw. Pacing Plus Grants. Innovationen im Verwaltungs-, Marketing- und anderen nicht-technischen Bereichen können einen Alpha Grant von der Firma bekommen. Dann bietet 3M die Möglichkeit, wie Andy Wong sich quasi mit einem neuen Unternehmen innerhalb von 3M „selbständig zu machen“. In dem Maße, wie sich sein Optical Systems Geschäft entwickelt, wird er befördert, und natürlich wird auch seine finanzielle Vergütung entsprechend angepasst. Für jene Techniker bei 3M, die nicht wie Wong eine Managementkarriere verfolgen und zu einem späteren Zeitpunkt ein operatives Geschäft übernehmen wollen, wurde die „Dual ladder“ (Zwei-Leiter) Karriere entwickelt. Sie können bei 3M auch aufsteigen, ohne ihre professionellen Forschungsinteressen aufgeben und ohne operative Managementverantwortung übernehmen zu müssen. Als Spezialist ohne Personalverantwortung kann der 3M Forscher bis zum Corporate Scientist (im Range eines Direktors) aufsteigen und so weiterhin über große Freiheit in der Auswahl seiner Projekte verfügen. (Klingen 2005). Andere Firmen wie P&G haben inzwischen diesen Ansatz übernommen.

Und zu guter Letzt gibt es noch eine Vielzahl von Auszeichnungen bei 3M für besondere Team- bzw. Einzelleistungen (Coyne 1997):

- Der Golden Step Award: diese Auszeichnung wird Teams verliehen, die innerhalb von drei Jahren nach Produkteinführung einen profitablen Mindestumsatz von 5 Millionen US $ erreicht haben.
- Der Innovator Award: diese Auszeichnung geht an individuelle 3M Mitarbeiter, die während ihrer 15% Zeit bahnbrechende Produkt- oder Geschäftsinnovationen hervorgebracht haben (Gundling 2000).
- Technical Circle of Excellence: Basierend auf der Annahme, dass Kollegen oft die Arbeit besser beurteilen können als Vorgesetzte, nominiert die gesamte technische Mitarbeiterschaft Kollegen, die sich durch besondere Leistung bzw. als Mentor für andere Kollegen ausgezeichnet haben.
- Carlton Society Mitgliedschaft: Mitarbeitern, die außergewöhnliche Beiträge zu 3Ms Wissenschaft und Technologie geliefert haben, wird eine Ehrenmitgliedschaft in dieser 3M Organisation verliehen, dessen Name auf einen der ersten 3M Innovatoren zurückgeht.

Zusammengefasst kann man sagen, dass ein erfolgreiches innovatives Unternehmen wie 3M eine besondere Mischung von lose-fest Eigenschaften (engl. „loose-tight properties") besitzt (Peters u. Waterman 2004). Diese Mischung verleiht 3M den Charakter eines Venture Capital Unternehmens mit klaren Leistungskriterien, das ständig neue Innovationen und Start-up Unternehmen hervorbringt.

9.4 Vorrang für die Prozessorganisation

In den letzten Jahrzehnten hat die Prozessorientierung der Unternehmen zunehmend an Bedeutung gewonnen. Es geht darum, Unternehmen so auf die Kunden auszurichten, dass sie ihnen schneller und effizienter Wertschöpfung liefern können. Alle Teilschritte in diesem Prozess, die keinen Wert für den Kunden schaffen, werden als Verschwendung identifiziert und möglichst eliminiert (Womack u. Jones 2003). Die Prozessorientierung fördert schnittstellenärmere Strukturen und erleichtert die Koordination der Teilschritte.

Aus der Organisationslehre sind die Begriffe Aufbauorganisation und Ablauforganisation geläufig. Während die Aufbauorganisation das Unternehmen statisch strukturiert, indem sie das Unternehmen in Organisationseinheiten gliedert und diesen Verantwortungen und Kompetenzen zuordnet, organisiert die Ablauforganisation das Unternehmen dynamisch, indem sie vor allem die inhaltliche, zeitliche und räumliche Folge der Teilschritte regelt (Vahs u. Burmester 2005). Die heutige prozessorientierte Ausrichtung der Unternehmen bedeutet, dass die Aufbauorganisation hinter die Ablauforganisation zurücktritt. Die Aufbauorganisation hat primär eine unterstützende, dienende Funktion gegenüber der Ablauforganisation, die als Prozessorganisation Vorrang hat.

Abb. 9.3. Vorrang für die Prozess-(Ablauf-)Organisation

Der Innovationsprozess ist ein Kernprozess im Unternehmen. Er soll den Kunden schnell und effizient Mehrwert in Form von neuen Produkten oder neuen Geschäftmodellen liefern. Wie er zu gestalten ist, haben wir bereits in Kap. 4 gesehen. Im Innovationsprozess spielt das Innovationsteam als besondere Organisationsform eine herausragende Rolle, weshalb ich diesem Thema das ganze nächste Kap. 10 widme. Hier bleibt also zu diskutieren, wie die Aufbauorganisation des Unternehmens am besten das Innovationsteam und damit den Innovationsprozess unterstützt.

Für die Innovationsteams spielen zwei Organisationseinheiten im Unternehmen meist eine wichtige Rolle:

- Die zentrale Forschung: sie ist in den Unternehmen unterschiedlich stark ausgeprägt und hat grundsätzlich die Aufgabe, die technischen Mitglieder des Innovationsteams mit neuen Forschungen und Technologien zu versorgen. Im Falle von 3M erfüllten Anfang der 90er Jahre die Central Research Laboratories und die Sector Labs die Rolle der zentralen

Forschung. Sie stellten der F&E Organisation der 3M Business Units, den sogenannten Division Laboratories, und den Innovationsteams neue Forschungs- und Technologieerkenntnisse zur Verfügung. Ende der 90er Jahre hat 3M dann diese Organisationsstruktur überholt und Technical Centers eingeführt, die die Sectors Labs ersetzten und einige Funktionen der Central Research Labs übernahmen. Jedes Technical Center wurde verantwortlich für die Weiterentwicklung einer oder mehrerer Technologieplattformen. Gleichzeitig musste es neue Produktanwendungen für diese Technologien finden (Gundling 2000). Eine weitere Umorganisation erfolgte Ende 2003 (siehe nächsten Abschnitt).
- Eine zentrale Innovationsabteilung: auch sie ist in den Unternehmen unterschiedlich ausgeprägt. Eine ihrer Aufgaben ist es, die verschiedenen Innovationsprojekte des Unternehmens zu koordinieren und vor allem eine Prioritätensetzung für diese Projekte zu organisieren. Unter der Führung von McKnight richtete 3M dafür 1940 das New Products Development Department ein (3M Story 2002).

9.5 Zentral oder dezentral?

Eine grundlegende Frage der innovativen Organisation eines Unternehmens ist die, wie zentral bzw. wie dezentral Innovation organisiert werden soll. Zwei Gesichtspunkte stehen sich bei dieser Gestaltung der Aufbauorganisation gegenüber:

- Kosten- und Effizienzvorteile durch Größe und Spezialisierung: dies spricht für eine stärkere Zentralisierung des Innovationsmanagements und des F&E Managements. Eine Zentralisierung schafft die kritische Masse, um Skalenvorteile z. B. aus der Anschaffung teurer Labors und Spezialisierungsvorteile aus der Rekrutierung hoch spezialisierter Fachkräfte zu schöpfen. Zentralisiertes Innovationsmanagement tritt oft unter dem Titel „Centers of Innovation“, „Centers of Excellence“ oder „Chief Innovation Officer“ auf.
- Vorteile der Effektivität und besseren Marktausschöpfung: dies spricht für eine Delegation der Innovationsaufgabe in die dezentralen Business Units, die nach Produktgruppen oder Geographien organisiert sein können, und für eine Minimalausstattung der zentralen Innovationsorganisation. Die Nähe zum Markt und zu den Kunden und auch zu den einzelnen Produkten erlaubt einer dezentralen Innovationsorganisation in den Business Units grundsätzlich eine bessere und frühere Erkennung und vollständigere Ausschöpfung der sich ergebenden Marktchancen. Dabei

ist sicherzustellen, dass die Erkenntnisse der dezentralen Business Units schnell ins Gesamtunternehmen zurückkommuniziert werden, so dass die Unternehmensspitze und die anderen Business Units daraus lernen und darauf reagieren können.

Für die Idee der Dezentralisierung des Innovationsmanagements spricht natürlich auch die grundsätzliche Philosophie, dass Unternehmen nur wirklich dann eine innovative Unternehmenskultur entwickeln können, wenn Innovationen nicht nur die Verantwortung einer Spezialabteilung im Unternehmen, sondern die Verantwortung aller Mitarbeiter wird (Bullinger u. Engel 2006). Zu groß ist die Gefahr sonst, dass der Strom neuer Innovationen im Unternehmen zu schmal wird und die Geschäftsbereiche den unzureichenden Nachschub an neuen Innovationen aus der zentralen Innovationsabteilung als eine gelungene Ausrede für eine unbefriedigende Geschäftsentwicklung benutzen. Firmen wie 3M und Google haben deshalb ihr Innovationsmanagement breit in die Organisation delegiert. Sie verstehen, dass Innovation vom Gesetz der großen Zahl bestimmt wird (Peters u. Waterman 2004): ein Unternehmen benötigt wie ein Venture Capitalist sehr viele gute Ideen, um daraus einige wenige Big Ideas zu gewinnen, die den Markt umkrempeln. Bei 3M ist deshalb grundsätzlich jeder, egal ob er in einer technischen Abteilung arbeitet oder in einer nichttechnischen Funktion, aufgerufen, mit Innovationen zu 3Ms Unternehmenserfolg beizutragen (Gundling 2000).

Mit der dezentralen bzw. zentralen Organisation des Innovationsmanagements ist ganz eng die Frage nach der Dezentralisierung bzw. Zentralisierung der F&E Organisation verbunden. Eine US amerikanische Untersuchung aus dem Jahr 2000 (Larson 2000) stellt für amerikanische Unternehmen als vorherrschende Organisationsform die einer hybriden F&E Organisation fest, wie sie auch 3M hat: ein oder mehrere zentrale Forschungslabors ergänzen die F&E Abteilungen in den einzelnen Geschäftssparten. Dabei hat sich die Aufteilung der F&E Gelder immer mehr von den Zentrallabors zu den Spartenlabors hin verschoben. Geschätzte 75% des gesamten F&E Budgets der Unternehmen werden inzwischen von den Geschäftssparten budgetiert, während nur noch 25% des Gesamtbudgets den zentralen Forschungslabors zugeteilt werden. Zehn Jahre früher war das F&E Budget der untersuchten Unternehmen noch etwa gleichmäßig, also 50% zu 50% zwischen Zentrallabors und Spartenlabors aufgeteilt. Als einziges bekanntes Unternehmen mit einer völlig dezentralisierten F&E Organisation wird AlliedSignal genannt. Völlig zentralisierte F&E Organisationen gibt es in den meisten Pharmaunternehmen, aber auch Microsofts F&E Organisation ist sehr stark zentralisiert.

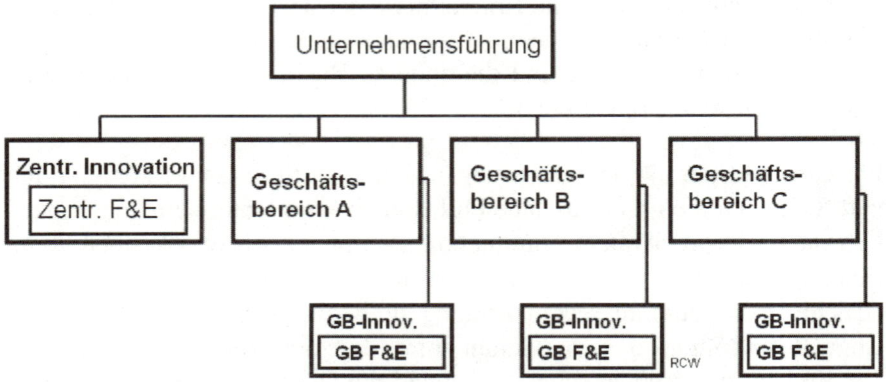

Abb. 9.4. Hybride Organisation von Innovationsmanagement und F&E

Interessant ist, dass 3M Ende 2003 seine F&E Organisation noch stärker dezentralisiert hat, um die 3M Technologien noch mehr an den Kunden auszurichten und die 3M Techniker noch näher ans Geschäft zu bringen. Von 3Ms insgesamt 6500 technischen Mitarbeitern wurden weitere 400 Mitarbeiter den Spartenlabors zugeordnet. Das Zentrallabor und die Technical Centers wurden in einem Corporate Research Lab verschmolzen, dem fortan nur noch 500 Mitarbeiter angehören (3M R&D 2003). Die Leiter der Spartenlabors, die bislang disziplinarisch dem Senior Vice President, Research & Development unterstellt waren, werden jetzt den Executive Vice Presidents, also den Geschäftsführern der einzelnen Geschäftssparten disziplinarisch unterstellt. Nur noch über eine sogenannte „Dotted Line" sind sie mit dem Senior Vice President, Research & Development zu Berichts-, Abstimmungs- und Koordinationszwecken verbunden (3M GS 2003).

9.6 Organisation für inkrementale vs. radikale Ideen

Ob die gesuchten Innovationen eher inkrementaler oder radikaler Natur sind, kann große Bedeutung für die Aufbauorganisation des Innovationsmanagements haben. Generell gilt, dass inkrementale Innovationsprojekte normalerweise wirkungsvoll im Rahmen der bestehenden Organisationsstruktur bewältigt werden können. Einzige Voraussetzung ist, dass die Organisation ein Mindestmaß an Einsicht in die Notwendigkeit von Innovationen hat. In diesem Fall werden z. B. von den einzelnen Funktionen Mitarbeiter temporär für die Arbeit in den einzelnen Innovationsteams abgestellt. Diese Mitarbeiter bleiben dann gewöhnlich mit ihrer Funktion verbunden und vor allem auch mit ihrer Geschäftssparte.

Werden aber radikale Innovationen gesucht und betrieben, stehen sich bei der Organisation des Innovationsmanagements zwei Gesichtspunkte gegenüber (Davila et al. 2006):

- Synergien: sie sprechen dafür, das Management der radikalen Innovationen weiterhin eng mit dem restlichen Unternehmen zu verzahnen, um dem Innovationsmanagement weiterhin uneingeschränkten Zugang zu den Ressourcen des Gesamtunternehmens zu ermöglichen und einen intensiven Gedankenaustausch mit der restlichen Organisation zu fördern.
- Kultur: hier kommt es darauf an, wie gut die Innovationskultur eines Innovationsteams bzw. eines jungen Geschäftsbereiches zu der Kultur des restlichen Unternehmens bzw. der bestehenden Geschäftssparten passt. Unternehmenskultur beinhaltet die Verhaltensnormen und die Wertvorstellungen, die von einer Gruppe von Menschen gemeinsam gehalten werden (Kotter 1996). Auf die Innovationskultur werde ich detailliert in Kap. 11 eingehen. Hier geht es beispielsweise um Fragen wie: passt die Informalität des radikalen Innovationsteams zur Formalität der Restorganisation? Führt eine unterschiedliche Einstellung zu Risiko und eine unterschiedliche Fehlertoleranz zu Konflikten? Ist der größere Freiraum, den radikales Innovationsmanagement benötigt und der sich in einem unterschiedlichen Umgang mit Arbeitszeit, Budgets und dergleichen ausdrückt, für den Rest der Organisation verständlich und akzeptabel?

Ist die Antwort zu diesen zuletzt gestellten Fragen negativ, d. h. die Kultur der radikalen Innovationsgruppe unterscheidet sich zu stark von der der restlichen Organisation, ist es angezeigt, das Innovationsmanagement der radikalen Projekte in eine autonome Organisationseinheit auszugliedern (Christensen u. Raynor 2003). Das war der Ansatz von vielen der damals als „Old Economy" bezeichneten Firmen, als sie um die Jahrtausendwende anfingen, ihr Geschäft auch ins Internet zu erweitern. Das war aber vor kurzem auch wieder die Vorgehensweise der Internetfirma Yahoo. Da Yahoo am Stammsitz Sunnyvale im Silicon Valley in der Zwischenzeit etwas schwerfällig geworden ist, hat es in „sicherer" Entfernung vom Hauptsitz, nämlich 60 km nördlich von San Francisco ein Team junger Entwickler zusammmengestellt, dass wie ein kleiner Start-up agieren und radikale Innovationen hervorbringen soll (FAZ 26.2.07).

Hat ein Unternehmen aber bereits wie 3M oder Google eine hervorragende Innovationskultur, die das gesamte Unternehmen durchdringt, so ist die Einrichtung einer neuen autonomen Organisationseinheit grundsätzlich nicht erforderlich. Interessant ist, dass eine Firma wie 3M dennoch dazu neigt, schon früh radikal neue Geschäftsideen in eigene Business Units zu verselbständigen, um den Unternehmergeist im Mitarbeiter wachzurufen (3M Story 2002). Und Google experimentiert mit sogenannten autonomen „skunkworks“ Operationen, um topinnovative Produkte zu entwickeln und die Zufriedenheit seiner unternehmerischsten Innovatoren zu bewahren (Delaney 2007).

9.7 Organisation des Ideensourcings

Eine wichtige Aufgabe der Innovationsorganisation ist die Organisation des Ideenflusses. Auch hier gilt wiederum, nur das Mindestmaß an unterstützender Struktur zu schaffen, damit die Teilnehmer des Ideen- und Lösungsaustausches Gestaltungsfreiheit behalten.

Das Ideensourcing, also die Beschaffung von Innovationsideen und Lösungen, hat zwei verschiedene Dimensionen:

- Offline oder online
- Intern oder extern

Offline und intern werden Ideen und Lösungen ausgetauscht, indem sich Mitarbeiter von Person zu Person bei verschiedenen Anlässen treffen, die von der Firma organisiert werden. 3Ms Technical Forum bzw. „Poster Sessions“ oder P&Gs „Poster Shows“ bzw. „Communities of Practice Meetings“ sind Beispiele dafür.

Organisatorische Lösungen, die sich online und intern sehr gut zum Ideensourcing eignen, sind Intranets im allgemeinen oder P&Gs InnovationNet im besonderen.

Offline und extern werden Ideen und Lösungen beschafft durch Organisationen wie P&Gs 60-Mann Connect+Develop Truppe. Diese P&G Mitarbeiter sind weltweit unterwegs, um persönliche Netzwerke zu knüpfen, über die P&G externe Ideen und Lösungen zufließen. Bereits früher, nämlich nach dem Zusammenbruch der ehemaligen Sowjetunion Anfang der 90er Jahre hatte bereits 3M ein systematisches externes Technologie-Transferprogramm aufzubauen begonnen. 3Ms Schlüssel-Insight war, dass ein Drittel der Forscher mit einem Doktortitel zu der Zeit in den Ländern der ehemaligen Sowjetunion lebten. Ende 1997 hatte 3M 28 aktive Projekte mit russischen Forschungsorganisationen (Gundling 2000).

Online und externe Organisationslösungen für die Beschaffung von Innovationsideen und -lösungen sind externe Plattformen wie Your Encore, NineSigma, InnoCentive und yet2.com, die von P&G und anderen bedeutsamen Unternehmen genutzt werden.

9.8 Fazit

- Für ein erfolgreiches Innovationsmanagement kommt aus auf die richtige Balance von Struktur und Chaos an. Zuviel Struktur macht die Unternehmung bürokratisch, unbeweglich und unfähig zum Wandel. Zuviel Freiheit führt zum Chaos und macht die Unternehmung nicht mehr steuerbar. Eine partielle Strukturierung, die den Mitarbeitern genügend Freiheit lässt, wird deshalb empfohlen.
- Prozessorientierung ist Trumpf. Die Prozess-(Ablauf-)Organisation hat Vorrang vor der Aufbauorganisation, die der Prozessorganisation dienen muss. Entsprechend hat die Aufbauorganisation den Innovationsprozess zu unterstützen und darf ihm nicht im Wege stehen.
- Bei der Entscheidung über den Grad der Zentralisierung bzw. Dezentralisierung des Innovationsmanagements stehen sich zwei Gesichtspunkte gegenüber: Kosten- und Effizienzvorteile durch Größe und Spezialisierung sprechen für eine Zentralisierung, Vorteile der Effektivität und besseren Marktausschöpfung für eine Dezentralisierung.
- Die in der Praxis vorherrschende Organisationsstruktur für das Innovationsmanagement und für F&E ist hybrid, d. h. eine zentrale Innovations- bzw. Forschungsabteilung wird ergänzt von dezentralen Innovations- und Entwickungsabteilungen in den Geschäftssparten bzw. von den Innovationsteams. Der Trend geht zu einer weiteren Dezentralisierung der F&E Gelder in die Geschäftssparten.
- Das Management radikaler Innovationsprojekte erfordert eine organisatorische Verselbständigung in einer autonomen Organisationseinheit, wenn die gewünschte Kultur des radikalen Innovationsbereiches nicht zur Kultur des restlichen Unternehmens passt. Inkrementale Innovationen können aber gewöhnlich gut innerhalb bestehender Organisationsstrukturen von Innovationsteams gemanagt werden.
- Das Sourcing von Innovationsideen und -lösungen kann offline oder online bzw. intern oder extern organisiert werden.
- Die 3M Fallstudie demonstriert, wie man genügend Freiheit gibt und doch die Kontrolle bewahrt. Die Praktizierung der 15%-Regel, die Selbstorganisation der Teams aus den verschiedenen Teilen der Organisation und die Genesis Grants sind drei Beispiele für große Freiheit. 3M schafft eine Mindeststruktur durch anspruchsvolle Ziele, deren Erreichung regelmäßig kontrolliert wird, durch Zentralorganisationen der verschiedenen Funktionen am Firmenhauptsitz, die Best Practices durchsetzen, durch Managementgremien zur Koordination und Prioritätensetzung, durch klare Berichtslinien, Leistungsanreize und eine Vielzahl von offiziellen Auszeichnungen und Anerkennungen.

- Die Connect + Develop Fallstudie von Procter & Gamble zeigt, wie externe Wissensbeschaffung organisiert werden kann. P&G nutzt zwei Ansätze: auf der einen Seite den direkten personalintensiven Aufbau eigener weltweiter offline-Netzwerke zur Beschaffung von Innovationsideen und Lösungen, und auf der anderen Seite die indirekte Beschaffung mittels der bereits aufgebauten online-Netzwerke der Internetdienstleister Your Encore, NineSigma, InnoCentive und yet2.com.

10 Innovationsteams

10.1 Das Sony Workstation Team

Zu Beginn der 80er Jahre steckt Sony in einer Verliererssträhne mit seinen Computerprodukten. Die Sony Computer kommen zu spät auf den Markt und sind deshalb bereits zum Zeitpunkt ihrer Markteinführung durch das Angebot der Konkurrenz überholt (Katzenbach 2000).

1985 bekommt Dr. Toshi Doi den Auftrag, diesen Negativtrend umzudrehen. Doi ist Ingenieur und Manager in der Entwicklung bei Sony und einer der wichtigsten Leute in Sonys CD-Entwicklung (Sommer 2000). Sein Auftrag ist es, eine neue Produktlinie von kleinen Sony Personal- und Mikrocomputern zu entwickeln und auf den Markt zu bringen. Man lässt Doi völlig freie Hand, jede beliebige Art von Computer zu entwickeln. Einzige Bedingung ist, dass die 32-Bit-Technologie eingesetzt wird. Der Industriestandard für PCs 1985 ist 16 Bit, und Sony will getreu seinem Motto: „Folge niemals anderen" (engl. „Never follow others") natürlich besser sein als die Konkurrenz.

Als erstes stellt Doi ein Team aus 11 Ingenieuren zusammen. Dois Motto ist: „Stell ein Team aus Mitarbeitern zusammen, die sich schwer ins Unternehmen einfügen (engl. company misfits), und gib ihm 100%ige Freiheit". Er gibt dem Team freie Hand, sich selbst die Traummaschine auszusuchen, die es bauen will. Alle Einzelheiten kann das Team selbst bestimmen.

Das Team beschließt zu Dois großer Verblüffung, statt einem Büro-Computer eine Workstation für Ingenieure zu entwickeln. Die Sony Unternehmensführung erfährt das zunächst nicht. Die Teammitglieder wollen letztlich genau die Maschine bauen, die sie selbst nutzen wollen. Die Begeisterung des Teams zeigt sich darin, dass es Nächte und Wochenenden in der Firma verbringt, um seinen Traum Realität werden zu lassen. Als im Herbst 1986 der Endtermin für das Projekt näher rückt, verwandelt sich das fensterlose Projektlabor in ein Biwak; denn die beschwerliche Hin- und Rückfahrt in die Innenstadt von Tokio würde die Teammitglieder zuviel Zeit kosten. Schreibtische und Stühle dienen als Übernachtungsmobiliar. Teamführer Masao Hori baut sich eine Hütte aus Umzugskartons.

In sechs Monaten schafft dieses Sony-Team, was normalerweise zwei Jahre dauert – eine marktfertige Workstation für Ingenieure. Innerhalb von einem Jahr nach seiner Einführung erreicht dieses neue Produkt einen Marktanteil von 20% am japanischen Workstation-Markt, eine bemerkenswerte Team-Leistung.

10.2 Das IBM-Sony-Toshiba „Cell Chip" Team

Als Microsoft im März 2000 bekannt gibt, dass es den Bau der Xbox Spielkonsole plant, weiß Sony, dass ab jetzt die Konkurrenz im Spielkonsolenmarkt eine völlig neue Qualität haben wird (James 2003). Sony hat gerade seine neue Playstation 2 auf den Markt gebracht, die in kurzer Zeit nach der Einführung Marktführer wird. Während Sony seine Playstation 2 auf einer proprietären Sony Chip Architektur aufgebaut hat, will Microsoft für seine Xbox Standard-Chips seines Partners Intel verwenden. Sony ist es klar, dass es die Kostendegression, die Intel aufgrund seiner Chip-Massenproduktion erreicht, nie alleine wird erzielen können.

Sony entscheidet sich deshalb, eine Allianz mit IBM und mit Toshiba einzugehen. Die drei Firmen haben die Vision, einen „Supercomputer auf einem Chip" (engl. Supercomputer-on-a-Chip) zu entwickeln, der dem zukünftigen Intel Chip deutlich überlegen sein soll. Der neue Chip der Dreier-Allianz, der den Kodenamen „Cell" erhält, soll nicht nur neuen Spielkonsolen als zentrale Schaltstelle dienen, sondern auch allen zukünftigen Breitband-Geräten wie z. B. interaktivem Fernsehen oder Video-Unterhaltung in Echtzeit. Es geht um nicht weniger als das elektronische Tor zum heimischen Multimediazentrum, um die Kontrolle des Wohnzimmers. Es wird spekuliert, dass der „Cell" Mikroprozessor 100mal leistungsstärker als Intels berühmter Pentium 4 Chip sein und sogar IBMs berühmten Schachcomputer Deep Blue schlagen soll.

Die Fähigkeiten der drei Partner ergänzen sich sehr gut. Sony hat tiefe Insights in den Nutzer elektronischer Geräte und insbesondere versteht Sony den Spielkonsolenmarkt, der ein Hauptmarkt für den Einsatz des neuen Chips ist, sehr gut. IBM hat hervorragende Fähigkeiten im Design hochleistungsfähiger Chips, und Toshiba, das bereits Sonys Partner bei der Entwicklung des Chips für die Playstation 2 gewesen ist, hat umfangreiche Fähigkeiten in der großskaligen Systemintegration von Verbraucherelektronik (Toshiba 2001). Die Vereinbarung sieht vor, dass jeder der drei Partner den neuen Chip für verschiedenste Verbraucheranwendungen produzieren kann. Für die Entwicklung, die fünf Jahre erfordern soll, stellen die drei Partner ein Budget von 400 Millionen $ zur Verfügung. Die Partnerschaft wird im März 2001 verkündet.

Zum Führer des „Cell Chip“ Design-Teams wird Jim Kahle ernannt, ein IBM Manager. Kahle besitzt umfangreiche Erfahrung im Chip-Design und hat schon als Projektmanager den PowerPC Prozessor für Apples G3 PowerBook Laptop verantwortet. Das gesamte „Cell Chip“ Designteam besteht aus 400 Ingenieuren, die Mehrzahl von IBM, aber auch mit starken Abordnungen von Sony und Toshiba. Das komplette Team wird an einem Ort, nämlich in IBMs Sony-Toshiba-IBM (STI) Design Centre in Austin, Texas stationiert. Jim Kahle ist für das Management aller internen Teamangelegenheiten zuständig. Er berichtet an Chekib Akrout, den Vice President Entwicklung für IBMs Mikroelektronik, der die Führungsspitzen von IBM, Sony und Toshiba informiert und damit Kahle den Rücken frei hält.

Dieses Chip-Design-Projekt ist insofern ungewöhnlich, als es noch keine detaillierten Spezifikationen gibt. Stattdessen geht es darum, eine von Grund auf neue Chip-Architektur zu entwickeln, die die Vision der drei Firmen umsetzt. Deshalb muss der erste Schritt die Einigung auf ein konzeptionelles Design des Chips sein, bevor das Design als solches begonnen wird. Dabei wird Kahle von IBM Research unterstützt.

Kahles größte Herausforderung ist die Koordination des Inputs und der Ideen der Teammitglieder und der verschiedenen Hierarchieebenen der drei Partner. Ganz unterschiedliche Firmen- und geographische Kulturen hat er zu managen. Er ist überzeugt: wenn es gelingt, die Risikobereitschaft der amerikanischen Ingenieure mit der Detailbesessenheit der japanischen Teammitglieder erfolgreich zu kombinieren, muss eine Spitzenleistung möglich sein.

„Ich habe versucht, ein Umfeld zu schaffen, das das Beste in jedem Teammitglied hervorbringt“, sagt Kahle.

Es dauert ein paar Monate, bis Kahle alle wesentlichen Parteien der drei Unternehmen auf ein bestimmtes konzeptionelles Design eingeschworen hat und die eigentliche Designarbeit beginnen kann.

Kahle macht seine Erwartungen den Teammitgliedern frühzeitig klar:

- Nur eine Design-Methode darf benutzt werden. Man entschließt sich, IBMs Design-Ketten-Methode zu verwenden, die sich in der Vergangenheit als erfolgreich erwiesen hat und die eine gewisse Disziplin in den Designprozess einführt.
- Die Ingenieure sollen nicht davon ausgehen, dass sie bereits mit dem ersten Design die optimale Lösung finden. Mindestens drei Designiterationen seien zu erwarten, um ans Optimum zu kommen. Mit dieser „Regel“ will Kahle mögliche „not-invented-here“ Reaktionen der Ingenieure unterbinden und Offenheit gegenüber den Ideen anderer Teammitglieder erzeugen. Für Ingenieure, die das nicht akzeptieren, sei kein Platz.

Kahle holt das „Cell Chip“ Team in täglichen Brainstorming Meetings zusammen, um die Designarchitektur zu diskutieren und die Ideen frei fließen zu lassen. Um sicherzustellen, dass das gesamte Projekt im Zeitplan bleibt, hält er mehrtägige Design Review Meetings mit dem Team vor den kritischen Milestone-Terminen des Projektplanes ab. Die Führungsspitzen der drei Firmen werden in vierteljährlichen Review Meetings über den Projektfortschritt informiert.

Für die tägliche Zusammenarbeit benutzt das „Cell Chip“ Team eine Vielzahl von modernen elektronischen Hilfsmitteln wie z. B. kollaborative Standard-Software für elektronische Entwurfsautomatisierung, Lotus Notes für e-mail bzw. Kollaboration und spezielle Tools, die IBM vorher eigens für das Designen von Chips entworfen hat.

Innerhalb von zwei Jahren nach Projektstart ist das „Cell Chip“ Team in der Phase der Produktionsplanung. Vier Jahre nach Projektstart, im Februar 2005 stellen die drei Partner der Öffentlichkeit den Prototypen vor und verkünden Details des neuen Mikroprozessors (IBM 2005). Es handelt sich um einen Multicore-Chip mit einem 64-Bit-Power-Prozessorkern und acht synergistischen Prozessorkernen. Er soll außergewöhnlich schnelle Echtzeitantworten ermöglichen, bis zu zehn Mal schneller als aktuelle PC-Prozessoren. Das deutsche IBM-Entwicklungszentrum in Böblingen ist in der Zwischenzeit mit 40 Ingenieuren zur Unterstützung des „Cell Chip“ Teams herangezogen worden. Es wird maßgeblich an der Entwicklung des Mikroprozessors beteiligt und trägt die Verantwortung für zentrale Funktionskerne im Prozessordesign (IBM 2007). Noch Ende 2005 beginnt die Pilotproduktion des „Cell“ Chips in IBMs hochmoderner 300mm-Chip-Wafer-Fabrik in East Fishkill im Staat New York (Knop 2005). East Fishkill ist die erste „Cell“ Fabrikationsstätte der drei Partner.

Sonys Spielkonsole Playstation 3, die im November 2006 in den USA und Japan auf den Markt kommt, ist das erste Elektronikgerät, in dem der „Cell“ Chip eingesetzt wird. Der neue Chip ist so leistungsstark, dass gemunkelt wird, er bereite den Sony Programmierern Kopfzerbrechen, weil sie keine richtigen Konzepte hätten, wie sie die Leistungsfähigkeit des Chips voll ausnutzen können (FAZ 16.3.06). Die Tatsache, dass sich die weltweite Einführung der Sony Playstation 3 um mindestens ein halbes Jahr verzögert, ist allerdings nicht auf den „Cell“ Mikroprozessor zurückzuführen, sondern auf technische Schwierigkeiten mit dem Kopierschutz für das neuartige DVD-Laufwerk der Playstation 3 (FAZ 7.9.06). Der „Cell“ Mikroprozessor selbst ist vom „Cell Chip“ Team rechtzeitig abgeliefert worden.

10.3 Wann ist ein Innovationsteam angesagt?

Ein Team ist eine besondere Form der Arbeitsgruppe und ein Hauptbaustein der Organisation des Innovationsmanagements. Arbeitsgruppen liefern unterschiedliche Leistung, je nachdem wie sie organisiert sind. Im Gegensatz zur hierarchischen Arbeitsgruppe, deren Mitglieder nur ihrem gemeinsamen Vorgesetzten gegenüber verantwortlich sind (sog. „Single-Leader Unit") ist ein Team dadurch gekennzeichnet, dass seine Mitglieder gemeinsam und einander verantwortlich sind (Katzenbach u. Smith 2003). Der Übergang von der hierarchischen Arbeitsgruppe zum Hochleistungs-Team (sog. „extra-ordinary team") ist graduell (Gemünden u. Högl. 2001). Auf dem Kontinuum dazwischen befinden sich andere Typen von Arbeitsgruppen.

Situationen, in denen der Einsatz eines Teams angezeigt ist, sind vor allem solche, in denen eine Extra-Leistung nötig ist, weil ein anspruchsvolles Ziel erreicht werden muß. Das ist typisch für Innovationsprojekte. Ein Team ist also ein Mittel und kein Selbstzweck. Es ist vornehmlich eine Form der disziplinierten Organisation zur Erreichung anspruchsvoller Leistungsziele, wie sie das Sony Workstation Team und das IBM-Sony-Toshiba „Cell Chip" Team aber auch zum Beispiel das Toyota Prius Team (Kap. 4) verfolgen. Teamdisziplin ist die Vorraussetzung für Teamerfolg. Teams sind nur an zweiter Stelle eine Organisation des sozialen Zusammenseins. Um ein erfolgreiches Team zu werden, müssen also die besondere Situation und die zu erbringende außerordentliche Leistung der primäre Motivator für die Teambildung sein, nicht der Wunsch per se, ein Team sein zu wollen. Der Leistungsdruck ist entscheidend, damit ein richtiges Team entsteht.

Neben den anspruchsvollen Zielen, die eine Extra-Leistung erfordern, schaffen folgende Situationen optimale Voraussetzungen für den Einsatz und Erfolg eines bereichsübergreifenden (engl. cross-functional) Teams:

- Zeitdruck
  - Notwendigkeit der Integration der Prozesse
  - Notwendigkeit der Simultanität der Prozesse
- Komplexität
  - Gesamtlösung erfordert enge Zusammenarbeit von Experten
- Kreativität
  - Bedarf an erhöhtem Ideenoutput
- Maximale Aktivierung der individuellen Potentiale
  - Mitglieder eines Teams öffnen sich einander
  - Lernen voneinander

- Bessere Entscheidungsqualität
  - Offenheit und Vertrautheit der Mitglieder eines Teams fördern konstruktive Kritik und Optimierung der Entscheidung
- Entscheidungsakzeptanz
  - Die Entscheidung des Teams stößt auf höhere Akzeptanz bei den einzelnen Unternehmensfunktionen, und die Umsetzung der Entscheidung wird damit erleichtert, wenn die einzelnen Fachbereiche über eigene Mitglieder im Team vertreten sind.

Gerade diese Kennzeichen sind charakteristisch für Innovationsprojekte. Deshalb überrascht auch nicht, dass der Einsatz bereichsübergreifender Teams hinlänglich als Hauptfaktor für den Erfolg von Innovationen nachgewiesen wurde (Cooper 1998, Lechler u. Gemünden 1998).

Aber Innovationsteams sind keine Selbstläufer. Eine Organisation als Team bedeutet vielmehr Chance, aber auch Risiko. Die Chance besteht darin, dass ein Team die Leistung einer hierarchischen Arbeitsgruppe (engl. Single-Leader Unit) übertrifft (im Falle sog. „Real Teams") bzw. sogar weit übertreffen kann (im Falle sog. „Extra-Ordinary Teams"). Auf der anderen Seite existiert das Risiko, dass ein Team in ein Pseudo-Team degeneriert, das eine schlechtere Leistung als eine hierarchische Arbeitsgruppe erbringt.

Graphisch stellt sich das wie in Abb. 10.1 dar: Es braucht Zeit (horizontale Achse), um aus einer Arbeitsgruppe ein erfolgreiches Team zu machen. In den Situationen, die für ein Team die richtigen Voraussetzungen schaffen, bringt ein wirkliches Team (engl. Real Team) schließlich eine höhere Leistung (vertikale Achse) als eine hierarchische Arbeitsgruppe (Single-Leader

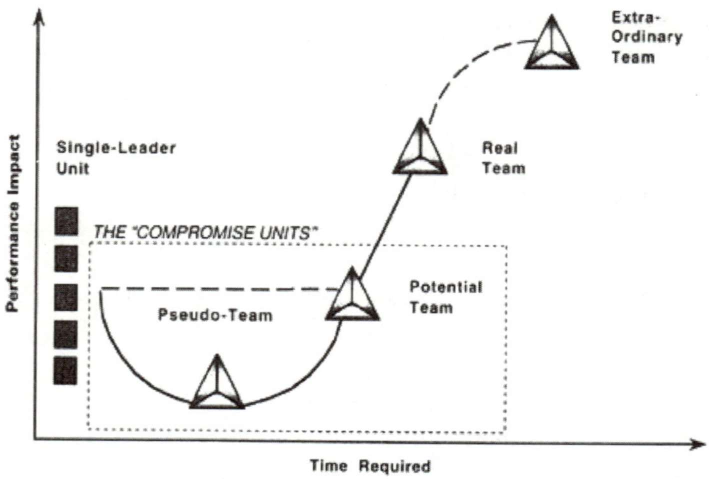

Abb. 10.1. Die Leistungskurve von Arbeitsgruppen und Teams (Katzenbach u. Smith 2003)

Unit). Doch ein Team, das in ein Pseudo-Team degeneriert oder den Status eines „potentielles Teams" nicht überwindet, erreicht nicht einmal die Leistung der hierarchischen Arbeitsgruppe. Darin besteht das Risiko der Teambildung. Ein Pseudo-Team ist eine Arbeitsgruppe, die sich „Team" nennt, aber nicht wirklich Leistungsziele verfolgt. Pseudo-Teams verschwenden Zeit, frustrieren ihre Mitglieder und ergehen sich im Zynismus. Ein „potentielles Team" ist ein Team mit Leistungsabsicht, das aber noch mehr Klarheit über die Ziele und mehr Disziplin benötigt.

Das Toyota Prius Team, das 3M Vikuiti Team, das Sony Workstation Team und das IBM-Sony-Toshiba „Cell Chip" Team sind wirkliche Teams (engl. real team), die eine überlegene Leistung erbringen. Sie erfüllen normalerweise alle sogenannten Team Basics, die ich im folgenden darstellen werde.

Außergewöhnliche Teams (engl. Extra-Ordinary Team) schließlich übertreffen alle Erwartungen. Über die Erfüllung der Team Basics hinaus sind die Mitglieder des außergewöhnlichen Teams am persönlichen Wachstum und Erfolg eines jeden Teammitglieds interessiert.

10.4 Optimales Team-Design

Optimales Team-Design hat entscheidenden Einfluss auf den Erfolg des Innovationsteams. Team-Design gestaltet das Team als Ganzes in seinen wesentlichen Merkmalen. Beim davon zu unterscheidenden Team-Building dagegen greifen teamexterne Personen wie z. B. Coaches oder Berater direkt in einen laufenden Teamprozess ein (Högl 2005).

Die Erfüllung der fünf sogenannten Team Basics führt zu einem optimalen Design des Innovationsteams (Katzenbach u. Smith 2003):

- Kleine Zahl von Mitgliedern:
  Optimal sind hier vier bis acht Teammitglieder. Ein Unternehmen wie Google hat eine ausgesprochene Präferenz für kleine Teams mit drei bis fünf Mitgliedern. Auch das 3M Vikuiti Team hat die optimale Größe.

  Ein großes Team wie das „Cell Chip" Team oder das Toyota Prius Team ist ein Warnzeichen, denn es resultiert in überproportional erhöhtem Kommunikations- und Koordinationsbedarf. In solchen Fällen wird ein Team typischerweise in ein Kernteam und in ein erweitertes Team bzw. in verschiedene Subteams aufgeteilt.

  Wünschenswert ist die räumliche Nähe (engl. co-location) der Teammitglieder, da das die Intensität der Interaktion erhöht. Mit der gemeinsamen Stationierung der Mitglieder des „Cell Chip" Teams in Austin wird dieser Anforderung Rechnung getragen. Ein Unternehmen wie Google platziert seine Mitarbeiter bewusst kompakt und in großer räumlicher Nähe zueinander trotz der modernen Mittel der elektronischen Kommunikation, die die Zusammenarbeit vereinfachen.

- Fähigkeiten der Teammitglieder ergänzen sich:
  Dazu gehören:
  - Technische/ funktionale Fähigkeiten
  - Fähigkeiten der Projektplanung und -steuerung
  - Fähigkeiten der Problemlösung und der Entscheidungsfindung
  - Interpersonelle Fähigkeiten (engl. people skills) wie Einfühlungsvermögen, effektive Kommunikation, Vertrauensbereitschaft, konstruktive Konfliktlösung usw., die möglichst alle Teammitglieder besitzen sollten.

  Im IBM-Sony-Toshiba „Cell Chip" Team ergänzen sich die Mitarbeiter des amerikanischen und der beiden japanischen Partner sehr gut aufgrund ihrer unterschiedlichen Fachkompetenzen und geographischen Kulturen.
- Verpflichtung auf eine gemeinsame Mission und dieselben Leistungsziele:
  Die Mission und die Ziele setzen sich manche Teams wie das 3M Vikuiti Team selbst. Oft kommen sie allerdings von außerhalb, nämlich vom übergeordneten Management, wie z. B. der Auftrag an Dow und das Sony Workstation Team, eine neue Produktlinie von kleinen Sony Personal- und Mikrocomputern auf der Basis der 32-Bit-Technologie zu entwickeln, oder die Vision der drei Partner Sony, IBM und Toshiba, dass das „Cell Chip" Team einen überlegenen Mikroprozessor für Breitbandanwendungen entwickeln soll. Wichtig ist, dass das Team die Mission und Leistungsziele ausdiskutiert, konkretisiert und sich zu eigen macht im Sinne von „Ownership". Die Leistungsziele, die das Team von außen erhält oder sich selbst setzt, müssen Outputziele und „smart" sein, d. h.
  - specific (konkretisiert)
  - measurable (messbar)
  - aggressive yet achievable (anspruchsvoll, aber erreichbar)
  - relevant and influencable (relevant und beeinflussbar)
  - time-bound (terminiert)
- Verpflichtung auf ein einheitliches Prozedere:
  Das umfasst typischerweise:
  - Teamarbeit
    Wie wird die Arbeit im Team aufgeteilt? Wer ist verantwortlich für was? Im 3M Vikuiti Team ist die Aufgabenteilung zwischen Ouderkirk, Jonza und Weber von Anfang an klar.

- o Administration & Logistik
  Mit welchem zeitlichen Vorlauf ist der Meetingkalender zu vereinbaren? Wie sind Meetings und Reisen vorzubereiten? Wie sind Meetings nachzubereiten?
- o Verhaltensregeln
  Das betrifft Regeln bezüglich Offenheit, Respekt, kritischem Hinterfragen, Konfliktlösung usw.
  Diese explizite Festlegung von Verhaltensregeln hat eine besondere Bedeutung in Teams mit multi-kultureller Zusammensetzung. Kahle vermittelt in seinem „Cell Chip" Team z. B. schon frühzeitig die Notwendigkeit zur Iteration der Lösungen und zur Offenheit gegenüber Ideen anderer Teammitglieder.
- o Entscheidungsfindung
  Wie werden Entscheidungen gefällt, so dass alle Teammitglieder dahinter stehen? Ist Einstimmigkeit nötig, oder reicht eine Mehrheit?
- o Fortschrittskontrolle
  Wie und mit welcher Häufigkeit misst das Team den Projektfortschritt an der Mission und den Leistungszielen? Wie und wie oft wird externes Feedback eingeholt? Wann sind Korrekturmaßnahmen einzuleiten?
  Das „Cell Chip" Team z. B. trifft sich in mehrtägigen Meetings vor den Milestone-Terminen, und der Projektfortschritt wird der Unternehmensführung der drei Partnerfirmen in vierteljährlichen Review Meetings vorgestellt.

- Gemeinsame und gegenseitige Verantwortung:
  Dazu gehört:
  - o Alle Teammitglieder haben das Recht, von den anderen deren individuelle Leistungsbeiträge zum Team einzufordern.
  - o Jedes Teammitglied hat das Recht, den Fortschritt der Teamarbeit an der Mission und den Leistungszielen zu messen.
  - o Alle Teammitglieder haben die gemeinsame Überzeugung, dass „nur das Team zusammen es schaffen kann".

Aus diesen fünf Team Basics folgt die Definition eines wirklichen Teams als eine kleine Anzahl von Menschen mit sich ergänzenden Fähigkeiten, die einem gemeinsamen Zweck, gemeinsamen Leistungszielen und derselben Vorgehensweise verpflichtet sind und sich dafür gemeinsam und gegenseitig verantwortlich machen (Katzenbach u. Smith 2003).

Wir haben bereits gesehen, dass ein Innovationsteam nicht in Isolation agiert, sondern eingebettet ist in ein organisatorisches Umfeld. Die Hauptakteure lassen sich wie folgt darstellen:

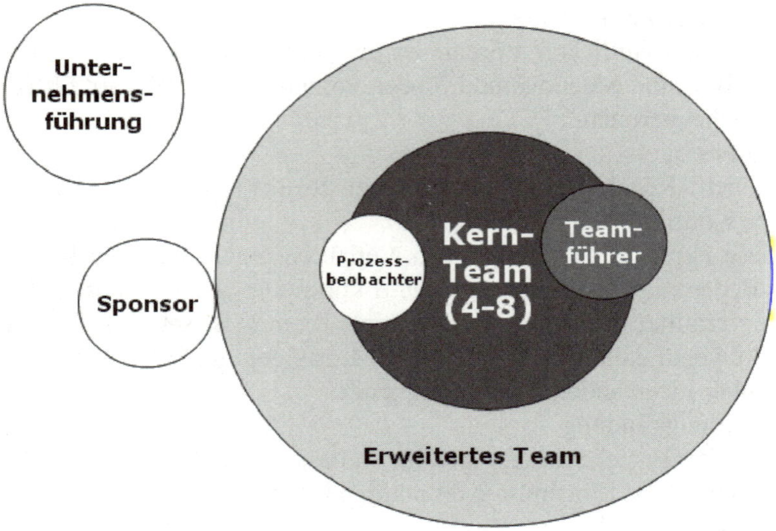

Abb. 10.2. Die Hauptakteure im organisatorischen Umfeld eines Innovationsteams

Im Mittelpunkt steht natürlich das Team aus optimalerweise 4–8 Mitgliedern. Dieses Team wird eventuell zu einem Kernteam und dann durch ein erweitertes Team ergänzt, wenn das Gesamtteam die optimale Größe deutlich überschreitet wie im Falle des „Cell Chip“ Teams. Angeführt wird das Team vom Teamführer, der bestimmte Qualifikationen mitbringen muss, wie wir gleich sehen werden. Hilfreich für die Teamarbeit kann ein neutraler, oft externer Prozessbeobachter sein, der nicht selbst zum Team gehört, der aber als Coach Ratschläge zur Verbesserung der Teamprozesse geben kann. Das Team wird von außen, aber noch im Unternehmen selbst von einem Sponsor unterstützt, der als Machtpromotor (Hauschildt 2004) dem Team hilft, Hindernisse aus dem Weg zu räumen und Widerstände gegen die Innovation zu überwinden. Und die Unternehmensführung ist schließlich der wichtigste Akteur, den das Innovationsteam überzeugen muss.

10.5 Der Führer des Innovationsteams

Innovationsteams brauchen einen Teamführer. Seine Aufgabe umfasst typischerweise die folgenden Bausteine:

- Management der Teamcharter:
  Als Moderator muss er die Klärung von Mission, Ziel und Vorgehensweise durch das Team erreichen.

- Fortschrittskontrolle:
  Als Controller stellt er sicher, dass das Team den Projektfortschritt kennt, und er setzt, wenn nötig, Korrekturmaßnahmen in Bewegung. Zu seiner Rolle gehört auch, dass er das Team im Sinne des „Challenging“ mit (neuen) Fakten konfrontiert.
- Management der Schnittstellen:
  Als Botschafter managt er die Außenbeziehungen des Teams zu Sponsor, anderen Unternehmensbereichen und der Unternehmensführung.
- Management des Teams und der Teammitglieder selbst:
  Als teaminterner Coach ist er für die Steigerung des Leistungspotentials des Teams durch z. B. die Organisation von Trainingsmaßnahmen und für die Schaffung von persönlichen Wachstumsmöglichkeiten für die einzelnen Teammitglieder verantwortlich.

Diese Aufgabe des Teamführers bedingt, dass Kandidaten für die Führung von Innovationsteams vor allem folgende wesentliche Qualifikationen mitbringen müssen:

- Tiefe Überzeugung vom Wert eines Teams:
  Das beinhaltet zunächst die tiefe Überzeugung, dass ein Team zur Erreichung der gesetzten Ziele erforderlich ist. Außerdem gehört dazu die Überzeugung, dass letztlich das gesamte Team und nicht nur der Teamleader die Kontrolle haben muss, damit sich das Team zur Höchstleistung entwickelt.
- Balance von Aktion und Geduld:
  Der Teamführer muss sehr ziel- und aktionsorientiert arbeiten, um die Erreichung der anspruchsvollen Teamziele sicherzustellen. Auf der anderen Seite muss er viel Einfühlungsvermögen für die individuellen Besonderheiten der Teammitglieder und Verständnis für sich ergebende Probleme und Barrieren haben, und er muss sich in Geduld und Zurückhaltung üben können. Im Falle des „Cell Chip“ Teams muss Kahle besondere Sensibilität gegenüber den unterschiedlichen Firmen- und geographischen Kulturen der Teammitglieder beweisen.
- Bereitschaft zur Arbeit:
  Ein Teamführer dirigiert nicht nur. Er muss bereit sein, immer wieder die Ärmel hoch zu krempeln und im Team selbst Arbeit zu übernehmen.

In außergewöhnlichen Teams (engl. Extra-Ordinary Team) als der höchsten Entwicklungsform von Teams teilen sich verschiedene Teammitglieder die Führungsverantwortung (der eine ist z. B. für die fachliche Führung, der andere für die sozialen Belange der Teammitglieder verantwortlich) bzw. die Führungsverantwortung rotiert unter den Teammitgliedern, so dass jedes Mitglied Führungsverantwortung trägt und spürt.

10.6 Natürliche Entwicklungsphasen

Neu gebildete Innovationsteams durchschreiten natürliche Entwicklungsphasen, die ihre Zeit brauchen und die interne Konflikte beinhalten können. Die Kenntnis dieser Entwicklungsphasen und das Verständnis, dass es sich dabei um einen natürlichen Prozess handelt, sind für den Teamführer und alle Teammitglieder sehr wichtig, um unnötige Frustrationen im Team zu vermeiden und die Motivation hoch zu halten.

Typischerweise werden folgende vier natürliche Entwicklungsphasen unterschieden, die sich in der englischen Sprache hervorragend reimen und damit erinnern lassen:

In der Forming-Phase als der ersten Phase lernen sich die Teammitglieder kennen und orientieren sich. Sie halten sich bedeckt und haben Angst, Probleme direkt anzusprechen. Die Mitglieder haben noch kein Vertrauen zueinander. Die Existenz von Konflikten wird verneint.

In der Storming-Phase geht es in der Tat stürmisch zu. Probleme werden personalisiert, und Schuldige werden gesucht. Es gibt viel Frustration und Spannung. Teammitglieder versuchen, sich von anderen zu differenzieren. Einzelne Mitglieder streben danach, das Team zu dominieren.

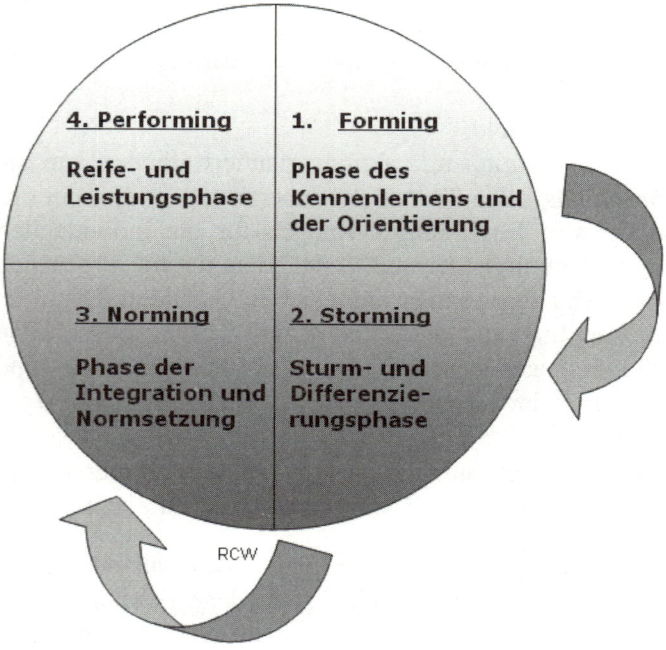

Abb. 10.3. Natürliche Entwicklungsphasen von Innovationsteams

In der Norming-Phase schreitet die Integration der Teammitglieder zu einem Team voran. Rollen und Ziele werden geklärt. Normen werden gesetzt, Regeln vereinbart. Es gibt offenen Feedback unter einander Dabei werden die Probleme angegangen, nicht die Kollegen. Die Fähigkeiten des Teams und der einzelnen Mitglieder werden fortentwickelt.

In der Performing-Phase reift das Team und erreicht volle Leistungsstärke. Eindeutige Ziele und klare Verantwortlichkeiten werden vereinbart. Die Teammitglieder verpflichten sich dem Team und stellen explizit das Eigeninteresse hinter das Teaminteresse zurück. Konflikte werden nicht vermieden, sondern sofort angesprochen, wenn sie auftauchen. Das Team beurteilt sich selbst.

10.7 Erfolgsfaktoren von Innovationsteams

Um ein Team aus dem Status eines potentiellen Teams auf das Niveau eines wirklichen Teams zu heben, haben sich folgende acht Maßnahmen bewährt:

- Die Dringlichkeit und Bedeutung der Mission ist dem Team klarzumachen.
- Die Teammitglieder sind auf der Basis von Fähigkeiten und Potential auszuwählen, weniger auf der Basis der Persönlichkeiten, und das Team ist interdisziplinär zusammenzustellen.
- Besondere Aufmerksamkeit ist dem ersten Teammeeting, dem sogenannten „Kick-Off Meeting", und den ersten Aktionen des Teams zu schenken, damit das Team auf der richtigen „Spur" beginnt.
- Klare Verhaltensregeln sind zu vereinbaren.
- Erste „kleine Erfolge" sollten schnell erreicht werden, um ein positives Momentum für das Team zu entwickeln.
- Das Team ist ständig mit neuen Fakten und „Realitäten" zu konfrontieren, um Groupthink zu verhindern. Groupthink kann gerade in Teams mit besonders großer Kohäsion zu einem gefährlichen Konsensus führen, egal was es koste. Dabei werden unbewusst Zweifel und die Erkundung von Alternativen unterdrückt und damit die Grundlage für Fehlentscheidungen gelegt (Janis 1982).
- Die Teammitglieder sollten viel Zeit zusammen verbringen, vor allem am Anfang, um Vertrauen zueinander aufzubauen. Die Co-Location der Teammitglieder nahe zueinander unterstützt dies wesentlich. Wenn diese Co-Location nicht auf Dauer möglich ist, so ist zumindest die Einrichtung eines dauerhaften Team-Raums wie Toyotas Obeya ratsam, in dem sich die Teammitglieder regelmäßig zu Meetings treffen.

- Positiver Feedback, Anerkennung und Belohnung gegenüber dem Team und den einzelnen Teammitgliedern bewirken Wunder. Hier hat der Teamführer eine wichtige Rolle zu spielen. Auf die motivierende Wirkung von Anerkennungen setzt ein Unternehmen wie 3M mit seinem ausgefeilten System diverser Auszeichnungen.

Wie die Mitglieder für das Innovationsteam bereitgestellt werden, kann einen erheblichen Einfluss auf die Entwicklung des Teams zu einem wirklichen Team haben. Zwei Haupt-Organisationsalternativen sind in der Praxis anzutreffen:

Wünschenswert aus der Sicht des Teams und des Teamleaders ist die Task Force oder das reine Projektmanagement (Vahs u. Burmester 2005). Hier stehen die Teammitglieder dem Innovationsteam mit ihrer Zeit 100%ig zur Verfügung. Der Teamleader ist für die Teammitglieder als „Vorgesetzter auf Zeit" 100%ig verantwortlich, sowohl disziplinarisch als auch fachlich. Chryslers Platform Teams, die von Iacocca und Lutz 1989 eingeführt wurden, sind ein Beispiel für solche Task Forces (Morgan u. Liker 2006).

In der Praxis sind aber solche Task Forces meist aus Gründen der Personalknappheit nicht möglich. In diesen Fällen greift man zum Matrix-Projektmanagement. Der Teamleader und sein Team sind weiterhin für den Innovationserfolg des Teams verantwortlich, der Teamführer ist aber auf die Leiter der Funktionen bzw. Geschäftssparten angewiesen, die die Teammitglieder zur Verfügung stellen. Diese bleiben nämlich gewöhnlich disziplinarisch weiterhin den Funktions- bzw. Spartenleitern unterstellt, und oft stehen sie dem Team nur mit einem Teil ihrer Arbeitszeit zur Verfügung. Das kann daran liegen, dass die Teammitglieder ihren normalen Job behalten und dadurch weiterhin in Anspruch genommen werden, aber auch daran, dass sie gleichzeitig an mehreren Innovationsprojekten mitarbeiten. Das Matrix-Projektmanagement ist Toyotas Art, Innovationsteams zu organisieren (Morgan u. Liker 2006). Dem Chefingenieur als Teamführer unterstehen disziplinarisch nur sechs bis zehn Mitarbeiter. Alle anderen Mitglieder seines Projektteams sind ihm von den Funktionen nur temporär fürs Projekt zur Verfügung gestellt und berichten nur indirekt über eine „dotted line" an ihn. Toyota sieht einen großen Vorteil dieser Organisationsform darin, dass die Teammitglieder in ihren Funktionen verankert bleiben und so ihr funktionales Expertenwissen im direkten Kontakt mit ihren funktionalen Kollegen weiterentwickeln können.

10.8 Berechtigte Erwartungen an die Unternehmensführung

Innovationsteams benötigen externe Unterstützung im Unternehmen, um ihre anspruchsvollen Ziele zu erreichen. Es ist bekannt, dass gerade die Unternehmensführung einen herausragenden Einfluss auf den Erfolg des Innovationsteams hat (Lechler u. Gemünden 1998). Deshalb ist es völlig legitim für das Team und seine Mitglieder, folgende Erwartungen an die Unternehmensführung zu stellen:

- Aufmerksamkeit und „ein Ohr" fürs Team:
  Wenn es die Unternehmensführung Ernst meint damit, dass Innovationen erste Priorität haben, kann das Innovationsteam vollste Aufmerksamkeit für seine Belange von der Unternehmensführung erwarten. Das bedeutet, dass die Unternehmensführung dem Team bei Bedarf kurzfristig für Meetings zur Verfügung steht und dem Team Hindernisse aus dem Weg räumt.
- Klare Aufgabenstellung:
  Wenn das Team nicht selbst sein Ziel und seine Aufgabe definieren kann, sondern wenn ihm eine Aufgabe gestellt wird, muss diese absolut klar sein, und sie sollte sich nach der Kommunikation an das Team nicht mehr ändern. Dabei muss die Aufgabe nicht im Detail spezifiziert sein, sondern kann durchaus den Charakter einer Vision haben wie im Falle des „Cell Chip" Teams.
- Zurverfügungstellung von genügenden Ressourcen:
  Das beinhaltet beispielsweise die Ausstattung des Innovationsteams mit Software für die elektronische Zusammenarbeit (engl. Groupware) oder die Bereitstellung von Training in Teambildung, Projektplanung, aber auch funktionales Training. Das größte Problem ist hier aber typischerweise die zeitliche Bereitstellung der Teammitglieder durch die entsendenden Funktionen oder Sparten (Cooper 2005). Auch wenn nur wenige Teams Mitglieder haben können, die sich wie in einer Task Force 100%ig dem Innovationsprojekt widmen können, sollte schon von vornherein darauf geachtet werden, dass dem Team ausreichende Personalressourcen zur Verfügung stehen und dass vor allem auch die diesbezüglichen Verabredungen von den entsendenden Funktionen und Sparten eingehalten werden.

- Freiraum fürs Team:
  Das kann mit der beste Beitrag der Unternehmensführung sein: dem Team Freiraum zu geben und ein Hereinregieren im Sinne eines Mikromanagements zu vermeiden. Für die Diskussionen mit dem Team stehen der Unternehmensführung Review Meetings zur Verfügung, die mit genügend Vorlauf terminiert werden sollten und eine klare Agenda und klare Erwartungen an die Präsentation des Teams enthalten sollten.
- Bereitstellung von Sponsor, Mentor, Coach:
  Diese Personen können die positive Entwicklung des Teams bzw. des Teamführers beschleunigen. Der Sponsor steht dem Team zur Verfügung, um Hindernisse aus dem Wege zu räumen. Ein Mentor (siehe Toyota und 3M) kann gerade der persönlichen Entwicklung des Teamführers sehr dienlich sein. Ein Coach als Prozessbeobachter kann die Teamprozesse verbessern helfen.
- Schnelle und klare Entscheidungen:
  Das betrifft alle Entscheidungen, die sich die Unternehmensführung vorbehält. Es bedingt, dass alle Gatekeeper, d. h. entscheidungsberechtigten Manager an den Gate-Meetings teilnehmen, um die Meetings entscheidungsfähig zu machen.
- Klare Kommunikation der Entscheidungsgründe:
  Die Entscheidungen der Gate-Meetings werden möglichst in Gegenwart des Innovationsteams und transparent gefällt, oder sie sind dem Team zumindest unmittelbar nach dem Meeting nachvollziehbar mitzuteilen.
- Sicherstellung von Kontinuität
  Das bedingt zunächst, dass das Team oder zumindest das Kernteam unverändert vom Anfang bis zum Ende des Innovationsprozesses zusammen bleibt, um das erworbene Wissen zu erhalten, aber auch um alle Teammitarbeiter in die Verantwortung für den Innovationserfolg voll einzubinden. Das heißt dann vor allem auch, dass derselbe Teamführer das Team vom Anfang bis zum Ende des Innovationsprozesses leitet, was für führende Firmen wie Toyota selbstverständlich ist.

10.9 Fazit

- Bereichsübergreifende Innovationsteams sind ein organisatorischer Hauptbaustein des Innovationsmanagements.
- Der Einsatz eines Teams ist nur angezeigt, wenn die richtigen Voraussetzungen vorliegen. Dazu gehören ein anspruchsvolles Ziel, Zeitdruck, Komplexität der Aufgabe, hohe Anforderungen an Kreativität, Ideenoutput, Aktivierung der individuellen Potentiale, Entscheidungsqualität und

Entscheidungsakzeptanz. Andernfalls kann eine konventionelle hierarchische Arbeitsgruppe, deren Mitglieder nur ihrem gemeinsamen Vorgesetzten gegenüber verantwortlich sind, durchaus leistungsfähiger sein.

- Ein Team ist gleichzeitig Chance, aber auch Risiko. Ein wirkliches Team (sog. „real team“) bringt eine höhere Leistung als eine hierarchische Arbeitsgruppe. Ein „Pseudo-Team“ oder ein „potentielles Team“ ist dagegen mit seiner Leistung einer hierarchischen Arbeitsgruppe unterlegen.
- Optimales Team-Design hat entscheidenden Einfluss auf den Erfolg des Innovationsteams. Fünf Team Basics müssen erfüllt sein: kleine Zahl von Mitgliedern, Fähigkeiten der Teammitglieder ergänzen sich, Verpflichtung auf eine gemeinsame Mission und dieselben Leistungsziele, Verpflichtung auf eine einheitliche Vorgehensweise und gemeinsame und gegenseitige Verantwortung.
- Der Führer eines Innovationsteams hat die Rollen eines Moderators, eines Controllers, eines Botschafters und eines Coaches auszufüllen. Die wichtigste Qualifikation, die er mitbringen muss, ist die tiefe Überzeugung vom Wert eines Teams.
- Innovationsteams durchlaufen die vier natürlichen Entwicklungsphasen des Forming, Storming, Norming und Performing.
- Um ein Team aus dem Status eines potentiellen Teams auf das Niveau eines wirklichen Teams zu heben, sollten mindestens acht Haupt-Erfolgsfaktoren erfüllt sein.
- Die Unternehmensführung hat einen herausragenden Einfluss auf den Erfolg des Innovationsteams. Deshalb ist es völlig legitim für das Innovationsteam und seine Mitglieder, bestimmte Erwartungen an die Unternehmensführung zu stellen.
- Die Fallstudie des Sony Workstation Teams zeigt ein wirkliches Team (sog. „real team“) in Aktion.
- Die Fallstudie des IBM-Sony-Toshiba „Cell Chip“ Teams illustriert dramatisch veränderte Umstände im Vergleich zum Sony Workstation Team. Das Team ist wesentlich größer, und es ist global zusammengesetzt aus Teammitgliedern, die die drei Partner einbringen. Die Anforderungen an den Teamführer steigen damit erheblich. Insbesondere muss er exzellente Kommunikationsfähigkeiten demonstrieren und die Unterschiede der verschiedenen Firmen- und geographischen Kulturen sensibel managen.

11 Softfaktor Unternehmenskultur

11.1 Der Fall des Marineoffiziers Sims

Ende des 19. Jahrhunderts, im Jahr 1898, ist die Treffsicherheit von Schiffskanonen der U.S. Navy lächerlich niedrig. Nach einer Studie der U.S. Navy treffen nur 1.3% der abgegebenen Schüsse (Morison 1966).

Auf der anderen Seite ist das gar nicht so schlecht im Vergleich zur Marine anderer Länder. Mit einer Schiffskanone zu schießen, die auf dem Deck eines in der See rollenden Kriegsschiffes fixiert ist, und damit ein anderes Schiff zu treffen, das sich bewegt, ist natürlich eine große Herausforderung. Im Vergleich zur Marine anderer Nationen ist die U.S. Navy der „Standard of Excellence" in der Treffsicherheit, und nicht zuletzt dank seiner Navy hat ja die USA vor kurzem den Spanisch-Amerikanischen Krieg gewonnen.

In der britischen Marine findet zur gleichen Zeit eine interessante Entwicklung statt: Admiral Percy Scott hat auf seinem Schiff, der H.M.S. Scylla, einen Kanonenführer beobachtet, der wesentlich öfter trifft als der Durchschnitt seiner Leute. Scott sieht dem Kanonenführer genauer zu und merkt, wie dieser unbewusst die rollende Bewegung seines Schiffes ausnutzt, um die Kanone ins Ziel zu führen. Auf diese Beobachtung hin lässt Admiral Scott die Schiffskanone auf eine leicht bewegliche Hebebühne setzen und ein Teleskop an der Kanone anbringen. Mit dieser neuen Technik steigt die Treffsicherheit von Scotts Schiff um sage und schreibe 3000%.

Scott ist seiner Natur nach ein Erfinder, aber kein Promoter. Er hat sein Schiff erheblich verbessert, hat aber kein Interesse daran, andere von seiner Innovation zu überzeugen. Als er später als Kommandant der H.M.S. Terrible im südchinesischen Meer unterwegs ist, kommt er mit der amerikanischen Navy in Kontakt. Er lernt einen jungen amerikanischen Marineoffizier, Leutnant Sims, kennen, der auf dem modernen Schlachtschiff Kentucky in der südchinesischen See Dienst tut. Sims ist ein gewissenhafter junger Offizier und sehr daran interessiert, die Treffsicherheit seiner Schiffskanonen zu verbessern. Scott erzählt ihm von seiner Innovation, und Sims ist Feuer und Flamme. Er sieht sofort das gewaltige Verbesserungspotential für die gesamte amerikanische Flotte.

Sims baut mit Scotts Hilfe die Kanonen auf seinem Schiff um. Er macht sich daran, umfangreiche Daten zur besseren Treffsicherheit der neuen Schiffskanonen zu sammeln. Er stellt die sorgfältig recherchierten Daten seiner praktischen Untersuchungen, sowohl von seinem eigenen Schiff als auch von Scotts H.M.S. Scylla und H.M.S. Terrible in dreizehn Berichten zusammen, die er an das Navigationsamt und an das Bureau of Ordnance, d. h. quasi die F&E-Abteilung der U.S. Navy schickt. Er erwartet eine schnelle und positive Antwort.

Doch nichts passiert. Sims ist enttäuscht. Weder das Navigationsamt noch das Bureau of Ordnance melden sich. Sie scheinen seinen Bericht einfach zu ignorieren oder tot zu schweigen.

Sims setzt sich daran, noch mehr Daten zu sammeln, und sendet weitere Berichte an das Bureau of Ordnance, aber jetzt auch an einen größeren Zirkel in Washington stationierter Militärs. Seiner Meinung nach muss jeder rational denkende Mensch die gewaltigen Vorteile der neuen Kanonentechnologie erkennen. Aber Sims wird noch immer ignoriert.

Sims eskaliert daraufhin seine Anstrengungen, und der Ton seiner Anschreiben wird schärfer. Er verschickt seine Berichte an einen immer weiteren Kreis von Empfängern.

Daraufhin kann Sims einfach nicht mehr ignoriert werden. Das Bureau of Ordnance fühlt sich gezwungen, auf Sims Behauptungen zu antworten. Es führt aus, warum seine Erfindung nicht funktionieren wird. Außerdem stellt es klar, dass die Treffsicherheit der U.S. Navy Spitze in der Welt und mindestens gleich gut wie die englische sei. Wenn es ein Problem gäbe, liege dies am Training der Kanonenführer, aber nicht an der Kanonentechnologie.

Sims gibt sich damit natürlich nicht zufrieden, und das Bureau of Ordnance sieht sich schließlich gezwungen, die neue Kanone zu testen. Der Test wird aber auf einer Plattform auf dem festen Land ausgeführt und nicht auf einem Schiff in rollender See. Wie unter diesen Umständen nicht anders zu erwarten, stellt das Bureau of Ordnance keinen Vorteil für die neue Technologie fest.

Diesem Test folgt eine Runde gegenseitiger Beschimpfungen zwischen Sims, der Navy und dem Bureau of Ordnance. Sims Offizierskarriere kommt damit langsam aber sicher zu einem Ende. Er hat die höchsten Autoritäten der U.S. Navy herausgefordert, hat deren Motive kritisch hinterfragt und ist einfach zu einem Ärgernis geworden. Er wird entlassen.

Sims aber gibt noch immer nicht auf und unternimmt einen bemerkenswerten Schritt: er dokumentiert den gesamten Fall und schickt ihn direkt an den Präsidenten der Vereinigten Staaten, Theodore Roosevelt. Erstaunlicherweise kommt Sims Bericht auf den Schreibtisch von Roosevelt, und der Präsident, der früher einmal selbst Marineminister gewesen ist, liest ihn und erkennt das ernorme Potential von Sims Erfindung. Roosevelt übergeht die gesamte Hierarchie der U.S. Navy, versetzt Sims nach Washington und befördert ihn zum Inspektor der Kanonenzielpraxis. Roosevelt befiehlt die Nutzung der neuen Kanonentechnologie in der gesamten amerikanischen Marine und beauftragt Sims sicherzustellen, dass sein Befehl umgesetzt wird.

11.2 Innovationskultur à la Google

Sheryl Sandberg ist auf dem Weg zu Larry Page, einem der beiden Gründer von Google (Lashinsky 2006). Sie ist 37 Jahre alt, kam 2001 zu Google und ist derzeit Vice President of Global Online Sales and Operations, eine von zehn Vice Presidents, die Google gegenwärtig hat. In dieser Position ist Sandberg für den Online-Vertrieb der Google Werbungs- und Verlagsprodukte verantwortlich.

Der Anlass für Sheryl Sandbergs Besuch bei Page ist ein Fehler, den sie vor kurzem gemacht hat und der Google mehrere Millionen gekostet hat. „Falsche Entscheidung, bin zu schnell gewesen, die Kontrollen fehlten, hab viel Geld verschwendet“, das ist es, was sie bereit ist, darüber zu sagen. Doch jetzt will sie Page im Detail über diesen Fehler informieren.

„Mein Gott, dieser Fehler geht mir wirklich nahe“, sagt sie zu Page, der ihre Entschuldigung annimmt. Und als sie dabei ist, Pages Büro zu verlassen, sagt er etwas, was sie überrascht: „Ich bin so froh, dass Du diesen Fehler gemacht hast“, erklärt er. „Denn ich will ein Unternehmen führen, in dem wir uns zu schnell bewegen und zu viel tun, und nicht zu vorsichtig sind und zu wenig machen. Wenn wir keine solchen Fehler machen, heißt das, dass wir nicht genug Risiken eingehen“.

Niniane Wang ist seit 2003 auch Googler, wie sich die Mitarbeiter von Google selbst nennen (Wang 2007). Davor hat sie für Microsoft im Games Bereich gearbeitet. Sie ist mittlerweile 27 Jahre alt und führt im Augenblick ein vertrauliches Projekt bei Google. Von 2004 bis 2005 hat sie als technische Leiterin das Gmail Ads Team geführt, das für die Werbung auf Googles e-mail System verantwortlich ist. Von 2003 bis 2004 war sie als Ingenieurin Mitglied im „Total Recall“ Projektteam, das 2004 in das Google Desktop Search Team umbenannt wurde. Innerhalb eines Jahres hat dieses Team Google Desktop Search entwickelt und als Beta Testversion der Öffentlichkeit zugänglich gemacht. Desktop Search ermöglicht dem PC-Nutzer, der bislang bereits mit der Google Suchmaschine das weltweite Netz durchsuchen konnte, dass er jetzt auch alle Dateien auf seinem PC schnell nach Schlagwörtern durchsuchen und finden kann. Diese Innovation war eigentlich überfällig. Google bietet also seit 2004 einen

Suchdienst für Windows PCs an, den Microsoft selbst bislang verschlafen hat. Inzwischen gibt es auch von Windows eine Suchfunktion; aber Google Desktop Search ist deutlich schneller als die Microsoft Suchfunktion. Niniane Wang hat für ihre erfolgreiche Google Desktop Search Arbeit einen Millionen-Dollar „Founders' Award" („Gründerpreis") erhalten, den Google seit 2005 an besondere erfolgreiche Mitarbeiter als Anreiz vergibt (Battelle 2005, Lashinsky 2007).

Willkommen bei Google, dem Gewinner der Auszeichnung „100 Best Companies to Work For 2007"! Diese Auszeichnung wird alljährlich von der Zeitschrift Fortune vergeben. Einer der Faktoren, der für Googles Wahl mitentscheidend war, ist die Diversität der Google Mitarbeiter. Google sieht seine Diversität als einen besonderen Wettbewerbsvorteil an. 31% der Mitarbeiter sind weiblich, 36% stammen von Minoritäten.

Die Erhaltung der besonderen Google Innovationskultur ist den beiden Gründern, Larry Page und Sergey Brin, und dem Vorstandsvorsitzenden, Eric Schmidt, ein Anliegen von überragender Bedeutung. Dafür haben sie mit Stacy Savides Sullivan, die gleichzeitig Personaldirektorin ist, jetzt sogar einen „Chief Culture Officer" ernannt (Mills 2007). Sullivans Mission klingt einfach, ist es aber in der Praxis nicht: Erhalt der einzigartigen Google Kultur und der Google Kernwerte trotz des enormen Wachstums des Unternehmens. Zu diesen Kernwerten gehört die Bereitschaft, Risiken einzugehen und dabei Fehler zu machen wie im Falle von Sheryl Sandberg, und der Wille, unternehmerisches Tun zu fördern wie im Falle von Niniane Wang. Unterstützt werden diese Kernwerte durch eine flache Organisation und wenig Hierarchie. Google will den Unternehmergeist einer kleinen Firma bewahren, auch wenn es inzwischen mehr als 13000 Mitarbeiter hat. Den möglichen Verlust von Innovation, Kreativität und Teamwork, die bislang Googles Unternehmenskultur prägen, sieht Google eindeutig als Risikofaktor (Google 2006).

Google versucht bewusst, ein gewisses geordnetes Chaos zu schaffen, um eine Bürokratisierung des Unternehmens zu verhindern. Dafür hat es Shona Brown eingestellt, ex-McKinsey Beraterin und Autorin des Buches „Competing on the Edge. Strategy as Structured Chaos" (siehe Kap. 9 und Literaturverzeichnis). Sie trägt den Titel Senior Vice President for Business Operations und führt ein Team von 25 internen strategischen Beratern. Browns Ansatz ist simpel, aber absolut unkonventionell: „Das Ziel der Firma ist, den Umfang an benötigtem Management genau zu bestimmen – und dann ein bisschen weniger einzusetzen" (Lashinsky 2006).

Eine Hauptherausforderung ist sicherzustellen, dass Googles neue Mitarbeiter nicht nur hervorragend qualifiziert sind, sondern dass sie auch zur speziellen Google Unternehmenskultur passen und diese deshalb weiter tragen können. Das ist umso wichtiger, weil Googles fortgesetztes Wachstum höchstwahrscheinlich die Einführung komplexerer Organisations- und Managementstrukturen nötig machen wird. Legendär sind die scheinbar endlosen Interviewrunden, die Stellenbewerber bei Google über sich ergehen lassen müssen, um eben den Google Managern die nötige Sicherheit hinsichtlich der kulturellen Passung der Kandidaten zu geben.

Google nennt als seine Mission, die „Information der Welt zu organisieren und sie allgemein verfügbar und nützlich zu machen" (Google 2006). Der wirksamste und letztlich auch profitabelste Weg zur Erreichung seiner Mission sei es, die Bedürfnisse der Kunden an die erste Stelle zu stellen. Ein Nutzererlebnis von hoher Qualität führe zu steigendem Traffic auf der Google Website und starker Mund-zu-Mund-Propaganda. Drei Grundsätze unterstreichen Googles Kundenorientierung (Google 2006):

- „Wir werden unser Bestes geben, um die relevantesten und nützlichsten Suchergebnisse zu liefern, die möglich sind, in Unabhängigkeit von irgendwelchen externen finanziellen Anreizen. Unsere Suchergebnisse werden objektiv sein, und wir werden keine Zahlungen dafür akzeptieren, dass wir Suchergebnisse aufnehmen oder sie in der Reihenfolge höher einstufen.
- Wir werden unser Bestes geben, um die relevanteste und nützlichste Werbung zu liefern. Werbung sollte keine ärgerliche Unterbrechung sein. Falls irgendein Element auf der Webseite unseres Suchdienstes durch Zahlung an uns beeinflusst ist, werden wir das für unsere Nutzer kenntlich machen.
- Wir werden niemals aufhören daran zu arbeiten, das Erlebnis unserer Nutzer, unsere Suchtechnologie und andere wichtige Gebiete unserer Informationsorganisation weiter zu verbessern".

Google fügt hinzu: „Wir haben nicht die Absicht, unseren Nutzerfokus wegen kurzfristiger kommerzieller Vorteile zu kompromittieren".

Auf seiner deutschen Website untermauert Google seine Unternehmensphilosophie mit folgenden zehn Kernaussagen (Google Info 2007):

„1. Der Nutzer steht an erster Stelle und alles Weitere ergibt sich von selbst.
2. Es ist das Beste, eine Sache wirklich, wirklich gut zu machen.
3. Schnell ist besser als langsam.
4. Die Demokratie im Internet funktioniert.
5. Nicht immer, wenn Sie eine Antwort brauchen, befinden Sie sich unbedingt gerade an Ihrem Schreibtisch.

6. Sie können Umsätze erzielen, ohne jemandem damit zu schaden.
7. Es gibt immer noch mehr Informationen.
8. Das Bedürfnis nach Informationen überschreitet alle Grenzen.
9. Sie können seriös sein, ohne einen Anzug zu tragen.
10. Toll ist einfach nicht gut genug."

Hinsichtlich der Produktentwicklung verfolgt Google eine spezielle Philosophie der iterativen Verbesserung, die an den iterativen Designansatz des IBM-Sony-Toshiba „Cell Chip" Teams erinnert (Google 2006). Danach strebt Google eine schnelle und kontinuierliche Innovation mit häufigen Releases von Produkten in einem frühen Stadium an, die Google dann mit jeder Iteration weiter zu verbessern versucht. Google stellt diese Innovationen der Öffentlichkeit bereits in einer frühen Entwicklungsstufe zur Verfügung, indem es sie in Google Labs, in Online-Testplätzen oder direkt auf Google.com einstellt und veröffentlicht. Falls die Nutzer diese neuen Produkte nützlich finden, verleiht Google ihnen einen offiziellen „beta" Status, um sie in einer breiteren Öffentlichkeit zusätzlich auszutesten. Nur wenn Google mit der Qualität und der Nützlichkeit des neuen Produktes vollauf zufrieden ist, entfernt es das „beta" Etikett und macht die Innovation zu einem Google Kernprodukt. Dieser Ansatz wird gelegentlich auch „Spaghetti Approach" genannt. Neue Ideen werden wie gekochte Nudeln an die Wand geworfen, d. h. dem Nutzer zur Erprobung überlassen. Dann wartet man, welche Spaghetti kleben bleiben bzw. vom Kunden akzeptiert werden, und welche Spaghetti abrutschen (Heuer 2007).

Über Googles Unternehmensphilosophie und -grundsätze kann sich ein neuer Mitarbeiter also schon vor seinem ersten Bewerbungsinterview sehr gut im Internet informieren und für sich überprüfen, ob er in die Kultur der Firma passen wird. Der neue Mitarbeiter sollte „Google-y" sein, wie die Google Mitarbeiter sagen, d. h. er sollte flexibel und anpassungsfähig sein, Titel und Hierarchie sollten für ihn nicht wichtig sein und er muss viel geschafft kriegen (Mills 2007).

Google ist bekannt für seine lockere Arbeitsatmosphäre und seinen zwanglosen Umgangston. In Googles Hauptquartier, dem sogenannten Googleplex in Mountain View, Kalifornien geht es so gelöst zu, als ob man auf einem Universitätscampus wäre. Große Gummibälle, Lavalampen und Spielzeug sind allgegenwärtig (Vise u. Malseed 2006). Neben hervorragenden Cafeterias, die die Googler jederzeit mit kostenlosen Mahlzeiten, Säften und Imbissen versorgen, gibt es ein reichliches Angebot von Sportaktivitäten, wiederum umsonst für die Mitarbeiter. Einen Friseur, eine Wäscherei, eine ärztliche und zahnärztliche Versorgung, eine Autowaschanlage und eine Kindertagesstätte gibt es vor Ort, damit die Googler zusammen bleiben können und nicht das Firmengelände verlassen müssen.

All das soll den Spaß an der Arbeit erhalten, eine kreative, spielerische Umgebung schaffen und den Mitarbeitern Jobs ermöglichen, die sie ausfüllen und zu ihrer persönlichen Weiterentwicklung beitragen. Google will so die besten Talente für sich gewinnen und halten. Zum Geist der kleinen Firma, der bewahrt werden soll, gehört, dass eine offene Kultur mit viel Interaktion, Informations- und Ideenaustausch unter den Mitarbeitern gefördert wird. Google ist überzeugt, dass Diskussionen und die Berücksichtigung diverser Gesichtspunkte ein wesentlicher Erfolgsfaktor für die Entwicklung überlegener Lösungen sind. Dass die Google Mitarbeiter in hoher Dichte nahe beieinander sitzen und meist in Großraumbüros arbeiten, soll zum schnellen und freien Kommunikationsfluss beitragen.

Neben Teamwork wird bei Google auch individuelles Denken und Kreativität erwartet. Allseits bekannt ist die 20%-Regel (Battelle 2005), die an 3Ms 15%-Regel erinnert: Googles Ingenieure sollen 20% ihrer Arbeitszeit oder einen Tag in der Woche mit Projekten verbringen, die sie interessieren und die nicht direkt mit ihren tagesaktuellen Aufgaben zu tun haben. Das kann im Extremfall sogar bis 30% der Arbeitszeit gehen (Google 2006). Die Kreativzeit kann auch so gebündelt werden, dass sich der Mitarbeiter einen Monat lang nur mit seinem persönlichen Projekt befasst (Vise u. Malseed 2006). Natürlich darf die Erledigung der eigentlichen Aufgaben nicht darunter leiden. Die 20%-Regel ermutigt die Entstehung von losen Arbeitsgruppen, die Abteilungsgrenzen überspringen (Heuser 2007). Damit wirkt sie wie ein Inkubator für Innovationen innerhalb eines großen Unternehmens. Sobald die Idee ein bisschen gereift ist, wird sie in einem größeren Rahmen anderen Google Kollegen vorgestellt. Positives Feedback führt dazu, dass die Projekte finanziert werden und zusätzliche Personalressourcen bekommen. Googles Beurteilungskriterium für die Projekte ist, ob sie wirklich Nutzer anziehen. Bezüglich der Monetarisierung der Innovationen macht man sich keine Sorgen. Grundsätzlich geht man davon aus, dass sich alle guten Innovationen, die viele Nutzer überzeugen, irgendwie später monetarisieren lassen (Mayer 2006). Mit der 20%-Regel vermeidet Google das Risiko, dass Googler nebenberuflich auf private Rechnung als Erfinder tätig werden und dass eine Idee entweder durch den Mangel an Mitteln scheitert oder so erfolgreich wird, dass sich der Google Mitarbeiter damit selbständig macht. Und wenn sich die Idee für Google auszahlt, kann der Google Mitarbeiter eben mit einer erheblichen zusätzlichen finanziellen Belohnung in Form von Google Aktien des „Founders' Award“ rechnen so wie Niniane Wang.

Einem technischen Google Mitarbeiter steht es frei, sich mehrere Gruppen herauszupicken, an denen er sich beteiligen will. Er muss sich also nicht nur auf ein Projekt konzentrieren, sondern kann seine Kreativzeit auf mehrere Projekte verteilen. Bei Google liebt man es, in kleinen Teams zu arbeiten, am besten nur mit drei bis fünf Leuten (Vise u. Malseed 2006). Das fördert die Schnelligkeit. Einige von Googles neuesten Services wie z. B. GMail, Google News, Orkut und AdSense sind aus diesen unabhängigen Projekten entsprungen (Google Jobs 2007). Etwa die Hälfte der Neuprodukteinführungen soll das Ergebnis der 20%-Regel sein (Mayer 2006). Im Augenblick gibt es etwa 300 persönliche Projekte, die in der Kreativzeit von Googlern aktiv verfolgt werden.

11.3 Was bedeutet Innovationskultur?

Jedes Unternehmen hat eine ihm eigene Unternehmenskultur. Die hier relevante Frage ist, ob diese Unternehmenskultur eine Innovationskultur ist, das heißt, ob sie Innovationen fördert oder eher behindert. Ich habe die beiden eben vorgestellten Fälle der U.S. Navy (aus dem Jahr 1898) und von Google natürlich bewusst gewählt, weil sie den eklatanten Kontrast zwischen einer innovationsfeindlichen und einer innovationsfördernden Unternehmenskultur verdeutlichen.

Der Begriff der Unternehmenskultur beinhaltet die Verhaltensnormen und die Wertvorstellungen, die von einer Gruppe von Menschen gemeinsam gehalten wird (Kotter 1996). Verhaltensnormen drücken sich in gemeinsamen Formen des Handelns aus, die sich dadurch verfestigen, dass neue Gruppenmitglieder über diese Normen informiert werden und für deren Einhaltung belohnt werden bzw. bei Nichteinhaltung sanktioniert werden. Gemeinsame Wertvorstellungen sind wichtige Ziele oder Einstellungen, die diese Gruppen gemeinsam halten und die deren Verhalten prägen. Eine Unternehmenskultur ist für Außenstehende nicht leicht zu ermitteln, da sie in hohem Maße informell und unterschwellig wirkt. Neben den deklarierten Verhaltensnormen und Wertvorstellungen helfen Symbole, Legenden, Helden und Rituale bei der Entzifferung und bei der Bestimmung der Innovationskultur (Vahs u. Burmester 2005).

Die „Innovationskultur" der U.S. Navy um die Wende vom 19. zum 20. Jahrhundert lässt sich aufgrund des Sims-Falles mit den Stichworten streng hierarchisches Denken, starre Zuständigkeiten, not-invented-here Syndrom, Unterdrückung von Kommunikation und Information, Abwehr herausfordernder Denkanstöße und Selbstgefälligkeit beschreiben. Dem steht Googles Innovationskultur diametral gegenüber: jeder ist unabhängig von seiner Hierarchieebene aufgefordert, zur Innovation beizutragen; die Organisation ist offen für eine freie Kommunikation und einen freien Fluss von Informationen und Ideen; intellektuelle Herausforderungen, die Bestehendes in Frage stellen, werden gewünscht und angenommen; die Organisation ist ständig bestrebt, noch besser zu werden usw.

11.4 Innovationsfördernde Verhaltensnormen, Werte, Aktionen

Um Innovationen zu fördern, braucht die Unternehmung Verhaltensnormen, Werte und Aktionen, die sowohl die Kreativität als auch die Umsetzung von Innovationen fördert (Tushman u. O'Reilly 2002). Anhand der Top-Innovatoren Google (Google 2006/ Google Info 2007), 3M (3M Story 2002, 3M Principles 2007) und P&G (P&G Values 2007) will ich das erläutern.

Kreativität wird typischerweise gefördert durch

- Propagierung der Verhaltensnormen:
  - Offene Kommunikation und Information
    Google (englische Übersetzung): „... Wir versuchen ständig, den Geist einer kleinen Firma zu erhalten, die die Interaktion und den Austausch von Ideen unter den Mitarbeitern fördert. Wir versuchen, die Unternehmenshierarchie zu minimieren, um eine sinnvolle Kommunikation unter den Mitarbeitern auf allen Ebenen und quer über alle Abteilungen zu erleichtern".
    3M (engl. Übers.): „Wir hoffen, dass ein freier Austausch von Daten und Ideen immer unsere Politik und unser Credo sein werden".
  - Hinterfragen des Bestehenden
    P&G (engl. Übers.): „Wir haben eine gesunde Unzufriedenheit mit dem Status Quo ... Wir stellen die Konventionen in Frage und erfinden die Art, wie wir Geschäfte machen, neu, um besser im Markt zu gewinnen."
  - Ständiges Lernen
    P&G (engl. Übers.): „Wir lernen sowohl von unseren Erfolgen als auch aus unseren Fehlern".
- Propagierung der Werte:
  - Verfolgung hochgesteckter Ziele
    Google: „Toll ist einfach nicht gut genug".
    P&G (engl. Übers.): „Wir inspirieren und befähigen Leute, hohe Erwartungen, Standards und anspruchsvolle Ziele zu erfüllen ... Wir sind entschlossen, bei den Dingen, auf die es ankommt, die Besten zu sein".
  - Ständige Verbesserung
    Google: „Gib dich nie mit dem Besten zufrieden".
    P&G (engl. Übers.): „Wir haben ein unwiderstehliches Verlangen, besser zu werden und im Markt zu gewinnen ... Wir streben an, in allen Bereichen, die für das Unternehmen strategische Bedeutung haben, die Besten zu sein".

- o Wertschätzung unterschiedlicher Ideen:
  Google (engl. Übers.): „Wir glauben, dass die Berücksichtigung diverser Sichtweisen von kritischer Bedeutung ist, um effektive Lösungen zu entwickeln".
  P&G (engl. Übers.): „Wir schätzen Unterschiede".
- o Offenheit gegenüber fremden Ideen
  3M (engl. Übers.): „Sei offen gegenüber Ideen aus unerwarteten Quellen".
  3M (engl. Übers.): „Lass nicht zu, dass Dich ein Ansatz oder eine Lösung blind macht für bessere Optionen".
  3M (engl. Übers.): „Gute Ideen können von außerhalb von 3M kommen; sei wachsam gegenüber toten Winkeln der ‚not-invented-here' Art".
  P&G (engl. Übers.): „Wir sind stolz auf die Ergebnisse, die aus der Anwendung der Ideen anderer resultieren".
- o Eigenintiative
  3M (engl. Übers.): „In dem Maße, wie unser Geschäft wächst, wird es zunehmend nötig, Verantwortung zu delegieren und die Frauen und Männer dazu zu ermutigen, dass sie selbst die Initiative ergreifen" (McKnight Prinzip).
  P&G (engl. Übers.): „Wir agieren wie Eigentümer, d. h. wir behandeln die Vermögensgegenstände unseres Unternehmens wie unsere eigenen, und bei unserem Handeln haben wir den langfristigen Erfolg der Firma im Sinn".
- o Selbstentfaltung und Weiterbildung
  P&G (engl. Übers.): „Wir glauben, dass alle Individuen unter Nutzung ihres vollen Potentials Beiträge liefern können und wollen … Wir glauben, es ist die Verantwortung eines jeden einzelnen, sich selbst und andere kontinuierlich weiterzuentwickeln".

- und durch Aktionen wie z. B.:
  - o Schaffung von Freiräumen für selbständiges kreatives Arbeiten:
    Google: 20% Regel: Google ermutigt seine Ingenieure, 20% ihrer Arbeitszeit für die Verfolgung eigener Ideen zu verwenden.
    3M: 15%-Regel: 3M gibt seinen Mitarbeitern in der Forschung & Entwicklung den Freiraum, 15% ihrer Arbeitszeit eigenen Ideen zu widmen.
  - o Qualifizierungsmaßnahmen
    3M/P&G: Job-Rotation: 3M und P&G Mitarbeiter gewinnen eine breitere Perspektive des Unternehmens durch regelmäßigen Job-Wechsel.

- o Bereitstellung von Ressourcen
  Google: Bereitstellung eines Arbeitsumfeldes, das die offene Diskussion und den offenen Kommunikationsfluss fördert.
  3M: Bereitstellung von Kommunikationsforen wie das Technical Forum und von einem Arbeitsumfeld, das die offene Diskussion und den offenen Kommunikationsfluss fördert.
- o Einbeziehung in Entscheidungen
  Google: Mitwirkung bei der Abstimmung über die Förderung von neuen Projekten.

Die *Umsetzung* neuer Ideen wird gefördert durch:

- Propagierung der Verhaltensnormen:
  - o Teamwork
    Google (engl. Übers.): „... Teamwork ist einer unserer Kernwerte".
    3M (engl. Übers.): „Arbeite früh und oft mit anderen zusammen".
    P&G (engl. Übers.): „Wir arbeiten mit Zuversicht und vertrauensvoll zusammen quer über alle Geschäftseinheiten, Funktionen, Kategorien und Geographien".
  - o Verzicht auf Perfektion bei Innovationen
    Google (engl..Übers.): „Unsere Kultur ermutigt zur Iteration von Ideen ..."
    3M (engl. Übers.): „Alles, was wert ist getan zu werden, ist es wert gemacht zu werden, bevor es perfektioniert ist".
  - o Risikoübernahme
    P&G (engl. Übers.): „Wir ermutigen zum Aktienbesitz und zu einem Verhalten wie Unternehmenseigner".
  - o Unterstützung
    3M (engl. Übers.): „Sei ein Mentor: Du wirst es nie bereuen".
    3M (engl. Übers.): „Noch nicht ausgereifte Ideen – selbst die besten – werden ohne Sponsoren und Champions sterben".
  - o Fehlertoleranz:
    3M: „Fehler werden gemacht werden. Aber wenn eine Person grundsätzlich richtig liegt, sind die Fehler, die er oder sie machen, in der langfristigen Sicht nicht so gravierend wie die Fehler, die das Management macht, falls es anfängt, den Verantwortlichen genau vorzuschreiben, wie sie ihren Job erledigen müssen". (McKnight Prinzip).
- Propagierung der Werte:
  - o Innovation
    Google (engl. Übers.): „Unsere Produktentwicklungsphilosophie beinhaltet eine schnelle und kontinuierliche Innovation ... Wir nehmen technologische Innovation sehr ernst".

3M: „Jede Idee, die entwickelt wurde, sollte die Chance haben, ihren Wert zu beweisen“.
P&G: „Innovation ist der Eckstein Unseres Erfolges … Wir messen großen, neuen Innovationen für die Verbraucher große Wichtigkeit bei“.
- o Schnelligkeit und Sense of Urgency
  Google: „Schnell ist besser als langsam“.
  3M (engl. Übers.): „Falls Du die Aufgabe heute erledigen kannst, warte nicht bis morgen“.
- und durch Aktionen wie z. B.:
  - o Bereitstellung von Ressourcen
    Google: 20%-Regel, Bereitstellung von finanziellen und personellen Ressourcen für Projekte, die überzeugen.
    3M: 15%-Regel, Bereitstellung von Mentoren, Sponsoren und Champions und von finanziellen (Grants) und personellen Ressourcen für Projekte, die überzeugen.
  - o Tolerierung von Fehlern
    Google: Siehe den Fall von Sheryl Sandberg.
    3M. Tolerierung von Fehlern ist tief in der 3M Kultur verwurzelt, Viele Beispiele.

Die deklarierten Verhaltensnormen und Werte erlauben es den engagierten Mitarbeitern, sich auf sie gegenüber dem Management in Konfliktsituationen zu berufen. Entscheidend sind natürlich die Aktionen, d. h. was das Management in solchen Situationen wirklich tut und wie es reagiert.

11.5 „Walk the talk“

Neben der deklarierten Innovationskultur ist also entscheidend, ob die Innovationskultur auch so gelebt wird. Die Aufforderung ans Management ist also: „Walk the talk“ („Tu was Du sagst“). Ob das passiert, zeigt sich jeden Tag im Unternehmen, und die Mitarbeiter beobachten es mit größtem Feingespür.

Bereits oben haben wir beispielhaft verschiedene Aktionen von Google, 3M und P&G gesehen wie die Schaffung von Freiräumen für selbständiges kreatives Arbeiten, Qualifizierungsmaßnahmen, die Bereitstellung von Ressourcen und die Tolerierung von Fehlern, mit denen das Management die Kreativität und die Umsetzung der Innovationen fördert. Jetzt geht es aber generell darum, ob die deklarierten Verhaltensnormen und Werte vom

Management in Konfliktsituationen tatsächlich gefördert, unterstützt und belohnt werden.

Interessant ist, dass Unternehmen wie 3M ihre Verhaltsnormen und Werte in der Öffentlichkeit vielleicht weniger exponieren als andere Unternehmen. Dafür ist 3Ms gelebte Innovationskultur eine der lebendigsten, wenn nicht die lebendigste. Und das ist, was zählt. 3Ms langjähriger Vorstandsvorsitzender William McKnight hat einige wenige Prinzipien bereits 1948 festgelegt. Diese Prinzipien gelten bis heute. Wer sich eingehender über 3Ms Innovationskultur informieren will, muss auf umfangreichere 3M Publikationen zurückgreifen wie „A Century of Innovation. The 3M Story“, die 2002 zum einhundertjährigen Bestehen des Unternehmens veröffentlicht wurde (3M Story 2002).

Es sind also letztlich die einzelnen Handlungen und die Rituale der Unternehmen, die zählen. Sie haben für die Mitarbeiter und die ganze Organisation symbolische Bedeutung, sie bilden Legenden, formen Helden. Toyotas Helden sind meist seine Chefingenieure, die wie Suzuki oder Uchiyamada wichtige neue Fahrzeuge wie den Lexus oder den Prius unter anspruchsvollsten Bedingungen erfolgreich in den Markt gebracht haben. Pages Aussage an Sandberg, dass er froh sei, dass sie den Fehler gemacht habe, wird immense symbolische Bedeutung für die gelebte Fehlertoleranz bei Google haben. Wangs Auszeichnung mit dem „Founders' Award“ ist eine mehr als symbolische Handlung, die die Wertschätzung unternehmerischer Eigeninitiative bei Google unterstreicht und Wang zu einer Heldin in der Google Organisation macht. 3Ms Historie ist gefüllt mit Heldengeschichten, von Dick Drew, der McKnight widersprach und damit den Anlass für die 15%-Regel gab, über Spencer Silver und Art Fry, die aus der Zufallserfindung der Post-it Notes einen Riesenerfolg machten, bis zu Ouderkirk, Jonza, Weber, Cobb und Wong, die mit der Vikuiti Mehr-Schicht-Folie ein ganz neues Geschäftsfeld eröffneten. Und als Procter & Gambles Vic Mills, der „Erfinder“ von Pampers im Alter von 101 Jahren 1997 stirbt, erklärt der P&G Pressesprecher: „Vic Mills ist im Verlauf der Jahre zum Symbol geworden für die Innovation, die heute aus P&G eine Unternehmung mit einem Umsatz von 35 Milliarden $ gemacht hat“ (Harrington 1997).

Helden werden gemacht durch Firmenveröffentlichungen, aber vor allem auch durch Firmen-Events. So kamen jedes Jahr im November zehntausende P&G Mitarbeiter inklusive 500 internationale Besucher im Colliseum von Cincinnati zusammen, um während der P&G Year-End Meetings die neuesten Erfolgsgeschichten direkt aus dem Munde der P&G „Helden“ zu hören.

11.6 Kulturkonflikt: Routine vs. Innovation

Einer der größten Widersprüche im Unternehmen ist der zwischen radikalen Innovationen auf der einen Seite und den Routineoperationen der Unternehmung auf der anderen. Mit diesem Widerspruch sehen sich länger etablierte Unternehmen konfrontiert, die seit langem sehr erfolgreich aufgestellte Geschäftsbereiche haben, die aber auch realisieren, dass sie radikale Innovationen brauchen, die das Unternehmen weiter entwickeln und Rückgänge in den bestehenden Geschäften ausgleichen. Die etablierten Geschäftsbereiche erfordern dabei meist andere Verhaltensnormen und Werte als die Innovationsteams, die radikale Innovationen hervorbringen sollen. Ein Kulturkonflikt droht. Dieser Kulturkonflikt kann auf vier Unterschiede zurückgeführt werden, die Abb. 11.1 zeigt (Sutton 2002):

Exploiting Old Ways: Organizing for Routine Work	Exploring New Ways: Organizing for Innovative Work
Drive out variance	Enhance variance
See old things in old ways	See old things in new ways
Replicate the past	Break from the past
Goal: Make money now	Goal: Make money later

Abb. 11.1. Kulturkonflikt zwischen Routine und Innovation (Sutton 2002)

Varianz: Unternehmen, die die Effizienz ihrer Operationen weiter perfektionieren wollen, sind gut beraten, die Varianz in ihren Prozessen zu reduzieren. Dem dienen Methoden wie Six Sigma. Wenn jedoch Erfindung und Innovation das Ziel sind, brauchen Organisationen mehr Varianz und Diversität in ihren Mitarbeitern und in dem, wie ihre Leute denken, was sie wissen und was sie tun (Hindo 2007-2). Fehler, die in Routinetätigkeiten ausgemerzt werden müssen, sind in innovativen Organisationen nötig und zu tolerieren. Neue Ideen, die in Routinetätigkeiten stören, sind geradezu das Lebenselixier für Innovationen.

Perspektive: Innovation betont den Paradigmenwechsel, regt dazu an, Bestehendes zu hinterfragen und in einem neuen Licht zu sehen. Routine dagegen will nicht durch Hinterfragen Verwirrung stiften.

Einstellung zur Vergangenheit: Routine baut auf der Vergangenheit auf und will Erreichtes und Erlerntes weiter perfektionieren. Innovation will aber bewusst mit der Vergangenheit brechen und mit einem „clean sheet approach“ ganz neu anfangen.

Zeithorizont: Routine will hier und heute Geld verdienen. Innovation will zunächst investieren und dann Geld verdienen.

Sowohl die Kultur der Routine als auch die der Innovation haben natürlich in einem Unternehmen ihre Berechtigung. Für etablierte Geschäftsbereiche ist es absolut legitim, eine weitere Perfektionierung ihrer Prozesse anzustreben, während radikale Innovationsteams alles hinterfragen wollen und sollen. Die Herausforderung für die Unternehmensführung besteht in der Organisation der Gesamtunternehmung, so dass beide Kulturen zu ihrem Recht kommen (Tushman u. O'Reilly 2002).

3M als das Unternehmen mit einer der wohl längsten Innovationstraditionen und mit der vielleicht am meisten bewunderten Innovationskultur hat in den letzten Jahren einen tiefen Einblick in diesen Konflikt zwischen Effizienz und Innovation geboten. Ende 2000 wurde James McNerney als erster Unternehmensexterner zum Vorstandsvorsitzenden von 3M ernannt. Von General Electric kommend, wo McNerney vorher gearbeitet hatte, brachte er unter anderem Methoden wie Six Sigma mit. Six Sigma ist eine nachgewiesenermaßen sehr erfolgreiche Methode, wenn es darum geht, die Fehlerrate von Prozessen zu verringern. Bei 3M hat McNerney aber Six Sigma Methoden, die auf viele Daten für die Analyse angewiesen sind, auch im Innovationsmanagement und vor allem auch in der Forschung anwenden lassen, um mehr Disziplin in 3Ms Innovationsprozess zu bringen. Eine Folge davon sei gewesen, so wird von Unternehmensinsidern kritisiert, dass inkrementale Innovationen, die sich leichter quantitativ planen lassen, zunehmend radikale Innovationen verdrängt hätten. McNerney ist inzwischen Vorstandsvorsitzender von Boeing. Sein Nachfolger bei 3M, George Buckley, meint heute: „Vielleicht ist einer der Fehler, die wir als Firma gemacht haben – es ist eine der Gefahren von Six Sigma –, dass wenn man Gleichheit höher bewertet als Kreativität, ich glaube, dass man dann das Herz und die Seele einer Firma wie 3M untergräbt" (Hindo 2007-1).

Bei der Lösung dieses Konfliktes zwischen Routine und Innovation stehen sich zwei Organisationsprinzipien gegenüber: Synergieüberlegungen sprechen dafür, die Routinebereiche und die innovativen Bereiche weiterhin zu verzahnen, damit kein neuer großer Gemeinkostenblock entsteht und damit beide Bereiche trotz ihrer Unterschiede intensiv miteinander kommunizieren und voneinander lernen können. Überlegungen der Wirksamkeit sprechen jedoch dafür, aufgrund der großen kulturellen Unterschiede beide Bereiche, vor allem wenn es um radikale Innovationen geht, von einander zu trennen. Die radikale Innovationseinheit wird dann gewöhnlich als ein völlig autonomer Geschäftsbereich geführt, der direkt an die oberste Führungsebene des Unternehmens berichtet und seine eigene Kultur haben kann (Christensen u. Raynor ME 2003).

11.7 Der neue Führertyp innovativer Unternehmen

Unternehmen, die eine Innovationskultur haben oder schaffen wollen, brauchen einen neuen Typus von Führer. Erfolgreiche Führer solcher Unternehmen vereinen die Qualitäten konventioneller Führer und sogenannter lateraler Führer (Sloane 2003). Sie wissen, wann sie auf Effizienz und Resultate achten und wann sie auf Visionen, Coaching und Inspiration setzen müssen.

Der konventionelle Führer fokussiert auf Aktionen, Resultate, Effizienz und Prozessverbesserung. Der laterale Führer konzentriert sich darauf, sein Team zu inspirieren, so dass es neue und bessere Wege findet. Der moderne Führer innovativer Unternehmen setzt beide Führungsstile ein.

Konventioneller Führer	Lateraler Führer
Dirigiert	Inspiriert
Benutzt konventionelle Methoden und ist bestrebt, die Effektivität und Effizienz zu verbessern	Entwickelt neue Methoden und ändert die Regeln und den Problemlösungsansatz
Glaubt, es am besten zu wissen (und oft ist es so)	Nutzt die vollen Fähigkeiten der anderen
Hat eine feste Meinung zum Zweck und zur Richtung	Hat eine Vision und nutzt sie, um andere zu inspirieren
Ist entscheidungsfreudig, oft ohne vorherige Konsultation	Holt Meinungen und Input anderer ein, bevor er entscheidet
Denkt logisch, analytisch, kritisch	Nutzt laterales Denken
Baut ein Team effektiver Manager auf, die Pläne umsetzen können	Baut ein Team kreativer Unternehmertypen auf
Aktions- und resultatorientiert	Ideen- und innovationsorientiert
Will keine andere Meinungen hören	Ermutigt andere Meinungen
Ist zahlenorientiert, analytisch	Ist ideenorientiert, intuitiv
Sieht Technologie als Mittel, um Dinge besser, schneller und billiger zu verrichten	Sieht Technologie als ein Mittel, um Dinge anders zu tun
Belohnt Leistung und Resultate	Belohnt Kreativität und Risiko
Setzt sich über Ideen und Initiativen hinweg, die er für fehlerhaft oder falsch hält	Ermutigt alle Initiativen und lässt oft Ideen und Anregungen umsetzen, obwohl er Zweifel hat
Sucht nach Ideen aus seiner eigenen Erfahrung	Sucht überall nach Ideen

Abb. 11.2. Der moderne Führer innovativer Unternehmen setzt sowohl den konventionellen als auch den lateralen Führungsstil ein (in Anlehnung an Sloane 2003)

3M hat für seine Manager ein „Leadership Competence Profile" entwickelt. Eine der dort geforderten zehn Führungseigenschaften betrifft die Förderung von Innovationen. Von der Führungskraft wird diesbezüglich folgendes Verhalten erwartet (Gundling 2000):

„Er schafft ein Klima, das die Kreativität des Individuums und der Organisation unterstützt, das die Mitarbeiter fordert, die Initiative außerhalb ihrer Komfortzone zu ergreifen, und das Rückschläge toleriert, um das Lernen des Individuums und der Organisation zu maximieren.

Er setzt sich für jene ein, die zumutbare und „informierte" Risiken eingehen zum Zwecke der Geschäftsentwicklung.

Er coacht und arbeitet mit Mitarbeitern zusammen, um ihre Ideen und Produkte voll zu entwickeln, sie zu dokumentieren, zu verkaufen und kaufmännisch zu verwerten".

11.8 Change Management hin zur Innovationskultur

Die Schaffung einer Innovationskultur in einem Unternehmen, das sie noch nicht hat, ist ein langfristiges Unterfangen, das viel Geduld und einen systematischen Ansatz erfordert. Ein solcher Change-Management-Ansatz ist der von Kotter in Abb. 11.3 (Kotter 1996).

Wichtig bei diesem Prozess ist, dass er in der Reihenfolge der Stufen durchlaufen wird und dass keine Stufe ausgelassen wird.

Am Anfang steht die Schaffung eines extremen Sense of Urgency. Dieses Gefühl der Dringlichkeit muss intensiv und in der Organisation breit verankert sein. Es ist wohl der kritischste Erfolgsfaktor für den Change Prozess. Am besten eignet sich für die Entwicklung des Gefühls der Dringlichkeit eine Krise, ob natürlich gegeben oder künstlich erzeugt. Im Falle von Whirlpool (Kap. 2) war die Krise, die die Notwendigkeit zur Stärkung der eigenen Innovationsfähigkeit offenbart hat, der Erfolg des Wettbewerbers Maytag und der sich zuspitzende Preis- und Gewinndruck.

Nach der Gewinnung von starken Koalitionspartnern für das Innovation Change Team ist eine Vision plus Strategie zu entwickeln und beide sind über alle möglichen Kommunikationskanäle immer wieder aufs Neue der Organisation zu kommunizieren. Whitwams Vision „Innovation from Everyone and Everywhere" ist in der Lage, die Herzen der Whirlpool Mitarbeiter zu gewinnen.

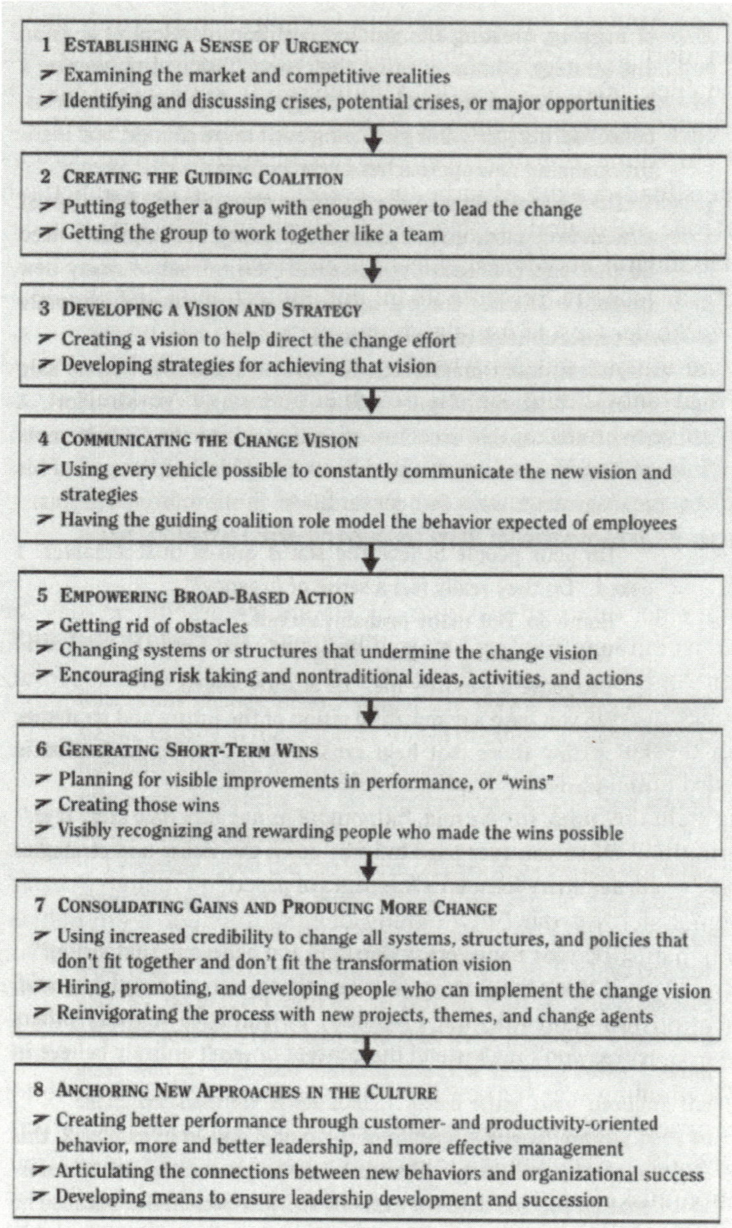

Abb. 11.3. Der Acht-Stufen-Prozess des Change Managements (Kotter 1996)

Im nächsten Schritt muss die Unternehmensführung dann die Initialzündung für den praktischen Aufbau des Innovationsmanagements, für die Entwicklung des Innovationsprozesses, für die Gründung von Innovationsteams und für breit angelegte Projektarbeit geben. Es geht um die Erzielung von kurzfristigen Erfolgen, die den Wandel zur innovativen Unternehmung in den Augen der breiten Organisation legitimieren. Die errungenen ersten Erfolge ermöglichen dann weitere Änderungen. Whitwams Seed Fonds für das Austesten neuer Ideen ist eine Inititalzündung für den Whirlpool Change Prozess (Kap. 2). Mit der Schaffung des Knowledge Management Systems I-Pipe nebst der „Innovation E-Space“ Website, mit der Zurverfügungstellung von I-Consultants und mit der Gründung der drei I-Teams und der regionalen I-Boards initiiert Whitwam wichtige Aktionen zur Schaffung einer Mindeststruktur auf Whirlpools Weg zum innovativen Unternehmen.

Wenn diese Phasen erfolgreich absolviert sind, wird die neue Art des Arbeitens langsam in die Unternehmenskultur einsinken. Aber die Unternehmensführung muss diese Veränderungen in der Unternehmenskultur fest verankern, indem sie den Mitarbeitern den Erfolgsbeitrag der Veränderungen und der Innovationen klar macht. Jene Mitarbeiter, die den Weg zur neuen Innovationskultur jetzt noch immer nicht mitgehen wollen, sind im Zweifel auszutauschen.

Der Weg zur neuen Innovationskultur dauert. Auf Phasen der Begeisterung und der Aufbruchstimmung mögen wie bei Whirlpool Zeiten der Frustration folgen, zum Beispiel wenn das teameigene Innovationsprojekt nicht mehr weiter gefördert wird. Erfahrene Manager begegnen solchen Situationen mit Kompromissbereitschaft. Sie unterstützen die Innovationsprojekte mit besonderen Mentoren und lassen sie weiterlaufen, so dass keine negativen Erlebnisse der Projektteams die wichtige Anfangsphase des Change Prozesses trüben. Wichtig ist aber, dass die Teams schon frühzeitig verstehen, dass jedes Innovationsprojekt einen Mehrwert liefern muss (Bullinger u. Engel 2006)

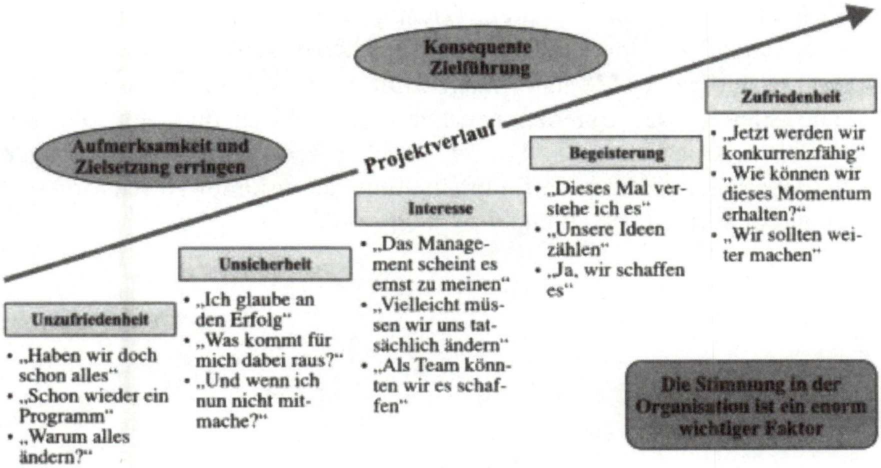

Abb. 11.4. Gemütszustände während des Change Prozesses (Bullinger u. Engel 2006)

11.9 Fazit

- Innovationskultur ist eine Unternehmenskultur, die Innovationen fördert und nicht behindert. Wie alle Unternehmenskulturen ist die Innovationskultur für Außenstehende nicht leicht zu ermitteln, da sie in hohem Maße informell und unterschwellig wirkt.
- Um Innovationen zu fördern, brauchen Unternehmen Verhaltensnormen, Werte und Aktionen, die sowohl die Kreativität als auch die Umsetzung der Ideen in Innovationen fördert. Die propagierten Werte und Verhaltensnormen und die tatsächlichen Aktionen von Google, 3M und P&G sind gute Beispiele.
- Entscheidend ist, ob die innovationsfördernden Verhaltensnormen und Werte tatsächlich gelebt werden. Das heißt, Worte müssen sich mit Taten decken: „Walk the talk!".
- Es besteht ein Kulturkonflikt im Unternehmen zwischen Routine und Innovation. Er zeigt sich besonders in der Einstellung des Managements zur Varianz, ihrer Perspektive, ihrer Einstellung zur Vergangenheit und in ihrem Zeithorizont. Dieser Kulturkonflikt kann erfordern, dass vor allem radikale Innovationsteams in autonomen Organisationseinheiten verselbständigt werden.
- Der moderne Führer innovativer Unternehmen setzt sowohl den konventionellen als auch den lateralen Führungsstil ein. Eine der von ihm verlangten Führungseigenschaften ist die Fähigkeit zur Förderung von Innovationen und zur Schaffung eines innovationsfreundlichen Klimas.
- Die Schaffung einer Innovationskultur in einem Unternehmen, das sie noch nicht hat, ist ein langfristiges Unterfangen. Sie verlangt viel Geduld und einen systematischen Ansatz. Ein solcher Change-Management-Ansatz umfasst mehrere Stufen. Wichtig ist, dass die Stufen in der richtigen Reihenfolge durchlaufen werden und keine Stufe ausgelassen wird.
- Die Fallstudien des Marienoffiziers Sims der U.S.Navy und von Google kontrastieren zwei Unternehmenskulturen, die sich diametral gegenüberstehen. Der Google Fall zeigt, welcher besonderer Anstrengungen und Überlegungen es bedarf, um eine Innovationskultur zu schaffen und vor allem auch zu bewahren.

12 Innovation im globalen Unternehmen

12.1 Procter globalisiert sich mit „Organisation 2005"

Im September 1998 kündigt Procter & Gambles Vorstandsvorsitzender, Durk Jager, eine der radikalsten Änderungen in P&Gs Management- und Geschäftsstruktur an. Die Reorganisation läuft unter dem Titel „Organisation 2005". Mit dieser Umorganisation will P&G die Chancen wahrnehmen und den Herausforderungen begegnen, die sich aus der Globalisierung ergeben. Insbesondere will Procter seine Größenvorteile ausspielen. Dazu gehört, verfügbare Technologien weltweit besser zu nutzen und größere Innovationen in den Markt zu bringen. P&Gs „Geschäftsvitalität" im allgemeinen und insbesondere seine „Innovationsvitalität" soll gestärkt werden (P&G 1999). P&G will schneller und agiler werden. Konkret wird eine Beschleunigung des jährlichen Umsatzwachstums auf 6–8% und eine Steigerung der Rate des Ertragswachstums angestrebt.

„Organisation 2005" bedeutet, dass P&Gs globales Geschäft von einer geographischen Organisationsstruktur auf eine produktbasierte weltweite Spartenorganisation umgestellt wird. P&G will „gleichzeitig groß und klein" sein nach dem Motto „Think global, act local", d. h. es will sowohl seine Skalenvorteile ausspielen als auch nahe am Markt bleiben. Procters weltweite Organisation soll auf vier Säulen ruhen:

- Global Business Units (GBUs): sie sind für die globale Führung der einzelnen Marken verantwortlich. Das beinhaltet die Bestimmung der weltweiten Markenpositionierung; das Management von Innovationen, die möglichst zeitgleich weltweit eingeführt werden sollen; die Entwicklung von Werbekampagnen, die weltweit denselben grundlegenden Verbrauchernutzen kommunizieren sollen, und die Festlegung der globalen Formel- bzw. Verpackungsspezifikationen für die Produktion.
- Market Development Organizations (MDOs): sie sind zuständig für die Entwicklung überlegener lokaler Insights in die Verbraucher, Shopper und Handelskunden. Die MDOs verantworten die exzellente lokale Umsetzung der weltweiten Initiativen. Dabei ist sich P&G bewusst, dass

dies durchaus bedeuten kann, dass sich die Umsetzungen von Region zu Region unterscheiden. Der Fokus der Arbeit der MBOs ist der sogenannte „First Moment of Truth“ (erster Augenblick der Wahrheit), d. h. wenn der Verbraucher das erste Mal mit dem P&G Produkt in Berührung kommt und sich entscheiden soll, ob er es ausprobiert. Nicht mehr zuständig sind die lokalen Organisationen für Produktinnovationen oder Markenwerbung, die jetzt alleine in die Verantwortung der GBUs fallen. So sollen Doppelarbeiten vermieden und schnellere Entscheidungen möglich werden. In den MBOs operieren spezialisierte Kunden- und Vertriebskanalteams.

- Global Business Services (GBS): sie unterstützen die GBUs und die MBOs mit „Back Office“ Dienstleistungen wie Finanz- und Rechnungswesen, Gehaltsabrechnung, Bestellabwicklung, Logistik und Informationstechnologie.
- Corporate Functions (CF): sie operieren wie interne Beraterteams, die auf Anforderung hin in den GBUs oder MDOs tätig werden. Die Mission der CFs ist sicherstellen, dass die Business Units über State-of-the-Art Wissen und Methoden verfügen.

Mittels seiner GBUs will P&G am weltweiten Markt wie kleinere fokussierte Unternehmen auftreten, auf der anderen Seite aber die Vermarktungsstärke und sonstigen Fähigkeiten eines Großunternehmens mit einem Umsatz von 50 Milliarden US $ ausnutzen. Das Motto heißt: „Teilen und Erobern“.

P&Gs globale F&E Organisation vor der Gillette Akquisition hat 22 Research Centers, die über 12 Länder verteilt sind. 7500 Wissenschaftlicher arbeiten dort. Davon haben 1250 einen Doktortitel. Damit ist P&Gs F&E Organisation größer als die naturwissenschaftlichen Fakultäten von Harvard, Stanford und MIT zusammen genommen (P&G R&D 2007).

P&G will weiterhin die Breite seiner Geschäftsfelder als Vorteil in die Waagschale werfen. Diese Breite versetzt Procter in die Lage, Technologien von Geschäften, die anscheinend nichts miteinander zu tun haben, in unerwarteter Weise zu verknüpfen (P&G 1999). Diese Verknüpfungen überlässt man nicht dem Zufall. Vielmehr gibt es dafür den Technology Council, der die F&E Leiter der verschiedenen Kategorien zusammenbringt, um die Technologien schneller von einem Geschäft zu einem anderen zu transferieren. Außerdem steht jetzt P&Gs technischer Community im Intranet die InnovationNet Website zur Verfügung, die den Austausch von Informationen und die Bildung von Verknüpfungen quer durch das Unternehmen erleichtert. Die Hauptzielgruppe von InnovationNet sind

18000 Innovatoren in F&E, Ingenieurwesen, Marktforschung, Einkauf und Patentabteilung (P&G 7-03).

Ab Juli 1999 wird die neue Organisationsstruktur wirksam. Insgesamt sind 15000 Mitarbeiter von der „Organisation 2005“ betroffen. Viele Standorte werden geschlossen, dafür andere neu aufgemacht bzw. erweitert. Die Services der GBS z. B. werden weltweit in drei Service Centres konsolidiert: in San José, Costa Rica, Newcastle, UK und Manila, Philippinen.

Fünf weltweite GBUs werden gebildet, die folgende Kategorien umfassen:

- Fabric and Home Care: Laundry Care, Dish Care, Fabric Condtioner und Hard Surface Cleaners
- Paper: Tissues & Towels, Feminine Care und Baby Care
- Beauty Care: Cosmetics, Hair Care, Deodorants, Fragrances und Other Beauty Products
- Health Care: Personal Health Care, Oral Care, Prescription Drugs und Pet Health & Nutrition
- Food and Beverage: Coffee, Snacks, Commercial Services, Juice, Peanut Butter und Shortening & Oil.

Die GBUs werden von Presidents geleitet, denen wiederum für die weltweite Führung der einzelnen Kategorien Vice Presidents bzw. General Manager unterstellt sind. Die Leiter der GBUs und der weltweiten Kategorien werden an verschiedenen Standorten weltweit stationiert. In Europa wird Genf dramatisch ausgebaut, um mehrere globale Managementteams aufzunehmen.

Die weltweite Market Development Organization wird ebenfalls von einem President geführt. Ihm unterstehen sieben Vice Presidents, die für folgende regionale MDOs verantwortlich sind:

- North America
- Latin America
- Western Europe
- Central & Eastern Europe, Middle East, Africa & General Export
- Northeast Asia
- Greater China
- ASEAN, Australasia & India.

An diese Vice Presidents wiederum berichten die General Manager der einzelnen Länder.

Sowohl die Leiter der GBUs und der weltweiten Kategorien als auch der Leiter der weltweiten MDO und der regionalen MDOs werden an Gewinn- und Umsatzzielen gemessen.

Die „Organisation 2005" schafft zunächst große Unruhe und Unsicherheit in der Procter Organisation. Nach ein paar Jahren hat sie sich aber scheinbar bestens eingespielt. Eine Innovation, deren weltweite Einführung in der Vergangenheit drei Jahre oder länger gedauert hat, kann heute in 18 Monaten weltweit ausgerollt werden (P&G 2003). P&Gs neuer Vorstandsvorsitzender, A.G. Lafley, berichtet, dass die Erfolgsrate der Innovationen steige (P&G 2004). Und die Fabric and Home Care GBU teilt sogar mit, sie habe die Erfolgsrate von Neuprodukteinführungen und ebenso das zukünftige Wertpotential ihrer Innovationspipeline verdoppelt.

Im Juli 2004 verändert P&G noch einmal die Managementstruktur, aber die grundsätzliche Geschäftsstruktur, wie sie die „Organisation 2005" vorsah, bleibt unverändert. Drei große GBUs werden gebildet, die jetzt jeweils von einem Vice Chairman geleitet werden:

- Global Beauty Care
- Global Household Care
- Global Health, Baby and Family Care.

Die MBO wird umbenannt in Global Operations und wird jetzt auch einem Vice Chairman unterstellt.

Ein Jahr später kann Lafley berichten, dass in 2005 mehr als 80% der Produktinitiativen erfolgreich den Shareholder Value gesteigert haben. Das sei eine Verbesserung von 25% innerhalb der letzten drei Jahre (P&G 2005). Alle GBUs und MDOs haben 2005 die Verkaufsmenge gesteigert.

Im Geschäftsjahr 2006 akquiriert P&G Gillette, was zu einer neuerlichen Änderung der Managementstruktur führt (P&G 2006). Die drei GBUs heißen jetzt und umfassen:

- Beauty and Health Care:
  - Beauty Care mit 9 Kategorien und 15 Weltmarken
  - Health Care mit 3 Kategorien und 12 Weltmarken
- Household Care
  - Fabric and Home Care mit 5 Kategorien und 15 Weltmarken
  - Baby and Family Care mit 5 Kategorien und 8 Weltmarken
  - Pet Health, Snacks and Coffee mit 3 Kategorien und 5 Weltmarken
- Gillette GBU
  - Blades and Razors mit 2 Kategorien und 7 Weltmarken
  - Duracell and Braun mit 3 Kategorien und 5 Weltmarken.

P&Gs Vorstandsvorsitzender Lafley berichtet, dass P&G im Zeitraum 2001–2006 ein organisches Umsatzwachstum von durchschnittlich 6% pro Jahr erreicht hat und dass die Verkaufsmenge wie folgt gewachsen ist:

- P&Gs anfänglich siebzehn Weltmarken, die jeweils einen Umsatz von mindestens einer Milliarde US $ haben, haben durchschnittlich um 7% pro Jahr zugelegt.
- P&Gs sechzehn größte Länder um durchschnittlich 8% pro Jahr.
- P&Gs Umsatz mit den zehn größten Einzelhandelskunden durchschnittlich um 8% pro Jahr.

Als Haupterfolgsfaktoren nennt Lafley die Fähigkeit der neuen P&G Organisation, zusammen zu arbeiten, schnell von einander zu lernen und schnell Erfolgsmodelle von einem Geschäft auf die anderen zu übertragen.

12.2 SAP verteilt sein Innovationsmanagement über den Globus

Am 18. April 2002 gibt SAP per Presseerklärung bekannt, dass Shai Agassi in SAPs Vorstand berufen und dort für den neuen Geschäftsbereich der kollaborativen Softwarelösungen zuständig sein wird (SAP 18.4.02). Agassi ist im April 2001 zu SAP gestoßen, als SAP Agassis Softwarefirma Top Tier Software für 400 Millionen US $ gekauft hat (Agassi 2003). Agassi, gebürtiger Israeli, wohnt seit 1996 in Las Gatos in Kalifornien. Sein Büro ist in Palo Alto im Silicon Valley. Das behält er auch als seinen Hauptsitz nach seiner Ernennung zum SAP Vorstand bei, obwohl er sich 29 Wochen im Jahr nicht in Palo Alto aufhält. In SAPs deutscher Unternehmenszentrale in Walldorf bei Heidelberg lässt er ein zweites Büro für sich einrichten. Ein wichtiger Teil von SAPs Technologiestrategie wird mit Agassis Ernennung also nicht mehr aus Walldorf geplant, was für SAP so etwas wie eine Revolution darstellt. „SAP ist wahrscheinlich das globalisierteste Unternehmen, das Sie sich vorstellen können“, sagt Agassi in einem späteren Interview (Agassi 2006).

SAP wurde 1972 von Dietmar Hopp, Hans-Werner Hector, Hasso Plattner, Klaus Tschira und Claus Wellenreuther gegründet. Alle fünf sind ex-IBM Mitarbeiter. Ihre Vision ist die Entwicklung von standardisierter Anwendungssoftware für die Echtzeitverarbeitung (SAP History). Damit treffen sie eine echte Marktlücke. In den 80er Jahren sind schon 50 der 100 größten deutschen Industrieunternehmen SAP Kunden. Heute hat SAP mehr als 38000 Kunden weltweit, etwa 40000 Mitarbeiter und einen Umsatz von 9,4 Milliarden €.

Bereits in den 90er Jahren erkennen SAPs Co-Vorstandsvorsitzende, Hasso Plattner und Dietmar Hopp, dass sie die Globalisierung aktiv nutzen müssen, und sie setzen SAPs Globalisierung in forschen Schritten um. Zwar bleibt SAPs Ergebnisverantwortung regional organisiert in den drei großen Regionen EMEA (Europe, Middle East, Africa), Americas und Asia Pacific Japan. Aber anders als zum Beispiel Microsoft, das die Softwarestrategie weiterhin alleine im Hauptquartier in Redmond, Washington bestimmt, geht SAP daran, Steuerungsfunktionen und das Management von Entwicklungsaufgaben geographisch zu dezentralisieren. Die Ernennung von Agassi zum Vorstand im Jahre 2002 ist ein erster Meilenstein auf dem Weg. Die Erweiterung von Agassis Vorstandsverantwortung auf die gesamte Produktentwicklung, Technologie, Industrielösungen und das Produkt- und Industriemarketing im Jahre 2005 ist der nächste Meilenstein (SAP 1.3.05). Damit verliert SAPs Unternehmenszentrale in Walldorf weiter an Einfluss, auch wenn sie natürlich der bedeutsamste SAP Standort bleibt. SAP hat inzwischen acht Research Centers außerhalb Deutschlands: in Australien, Kanada, China, Frankreich, Nordirland, Südafrika, Schweiz und den USA. Außerdem platziert SAP acht Development Labs, die für die Entwicklung und Anpassung von Software zuständig sind, ins Ausland, und zwar nach Bulgarien, Kanada, China, Frankreich, Ungarn, Indien, Israel und die USA (SAP 2006). Das hat zumindest vier wesentliche Vorteile für SAP:

- Horchposten vor Ort: „Wir müssen an verschiedenen Plätzen sein, um Signale früher zu bekommen", wie SAPs jetziger Vorstandsvorsitzender Henning Kagermann sagt (Dvorak u. Abboud 2007).
- SAP ist so näher an den Kunden und kann damit die Software besser auf die Kunden hin maßschneidern.
- Das Netz an externen „Co-Innovation" Softwarepartnern, das SAP spannt, wird so noch größer, da neue lokale Partner leichter dazu gewonnen werden können.
- Viele der neuen Standorte wie Bulgarien, China, Ungarn und Indien sind Niedriglohnstandorte, die Kosten sparen. Dabei hat SAP wie viele globale Unternehmen festgestellt, dass „Intelligenz gleich verteilt ist in der Welt. Man findet Genies nicht nur in einem geographischen Ort. Innovation ist in der ganzen Welt gleich verteilt. Leidenschaft und Antriebsstärke sind gleich verteilt in der ganzen Welt" (Agassi 2006).

Bangalore in Indien ist ein Beispiel. Es ist mit 3000 Mitarbeitern zum zweitgrößten Entwicklungsstandort nach Walldorf aufgestiegen (Müller 2007). Bangalore ist jetzt zuständig für die weltweite Entwicklung von mobilen Anwendungen und branchenspezifischer Software für die Finanz- und Ölindustrie. Daneben ist in Bangalore ein Team stationiert, das für die schlüsselfertige Entwicklung eines Teils der neuen Mittelstandssoftware, die SAP auf den Markt bringt, verantwortlich zeichnet, nämlich für die Benutzeroberfläche. Das Team besteht aus Indern, Chinesen und Deutschen und wird von Clas Neumann, einem deutschen SAP Manager, geführt.

Mit dem Ausbau der ausländischen Niederlassungen ist der Anteil der ausländischen Mitarbeiter inzwischen auf die Hälfte der weltweiten SAP Personalstärke gewachsen. In Management Meetings mit internationaler Beteiligung ist Englisch heute Pflicht (Dvorak u. Abboud 2007). Sensibilität für die fremden Kulturen ist zunehmend gefragt. Im Jahr 2006 nehmen 2600 SAP Manager, die globale Teams führen, an interkulturellen Trainings teil (SAP 2006). Neumann hat gelernt, dass „Inder schätzen, wenn man oft nach dem Stand ihrer Arbeit fragt", da das für sie Wichtigkeit dokumentiert. Deutsche würden dagegen gerne alleine gelassen werden (Müller 2007). Amerikaner sagen möglicherweise „excellent", wenn ein Deutscher dazu „gut" sagen würde.

Trotz aller Bemühungen von Seiten des Unternehmens lassen sich kulturelle Konflikte nicht vermeiden. Seit der Ernennung von Agassi zum Vorstand mit Zuständigkeit für Technologiestrategie befürchten viele deutsche Mitarbeiter in Walldorf einen „Durchmarsch der Amerikaner" (Nonnast 2006). Sie beklagen den zunehmenden Einzug amerikanischer Unternehmenskultur und dass das einst gute Betriebsklima immer frostiger werde. Dennoch bleibt SAP auch 2006 „Deutschlands bester Arbeitgeber" unter den teilnehmenden Unternehmen mit mehr als 5000 Mitarbeitern. Das ist das Ergebnis einer Umfrage der Zeitschrift Capital, die diese unter Mitarbeitern der teilnehmenden Unternehmen durchführt.

Bei Agassi, dem SAPs Aufsichtsrat konkret in Aussicht stellt, dass er in ein paar Jahren Co-Vorstandsvorsitzender neben Henning Kagermann werden wird, zeigen jedoch die kulturellen Friktionen mit der deutschen Unternehmenskultur in Walldorf und mit den deutschen Vorstandskollegen Spuren (Dvorak u. Abboud 2007). Am 28. März 2007 teilt SAP mit, dass Agassi SAP im gegenseitigen Einvernehmen verlasse (SAP 28.3.07).

12.3 Globale Organisationsalternativen fürs Innovationsmanagement

Wie globale Unternehmen ihr Innovationsmanagement organisieren, wird sehr stark von der Entscheidung beeinflusst, wie sie ihr allgemeines Geschäft weltweit organisieren.

Arthur D. Little hat in einer Studie globaler Unternehmen, in der der Anteil deutscher Firmen überwiegt, festgestellt, dass die Markt- und Kundennähe die dominante organisatorische Zielsetzung ist. 55% der untersuchten Unternehmen nennen Markt- und Kundennähe als ihr vorherrschendes Organisationsmotiv. Das Ziel der Effizienz- und Synergierealisierung steht mit 30% dahinter zurück. Die größte Herausforderung für Unternehmen, die aus Effizienzgründen zentralisieren wollen, ist die Sicherstellung einer starken und flexiblen Präsenz vor Ort entsprechend dem Motto „Think global, act local."

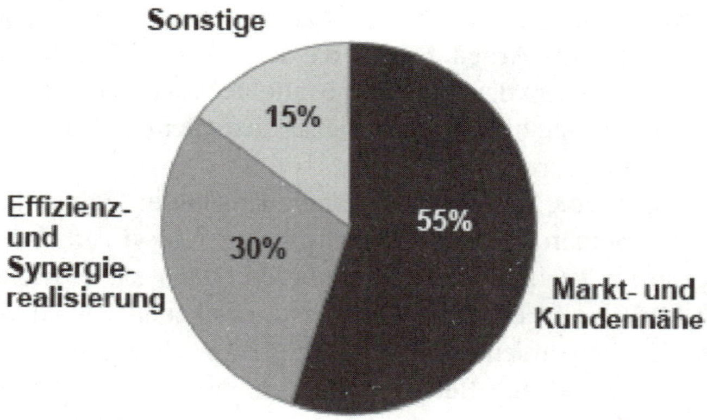

Abb. 12.1. Organisatorische Zielsetzung globaler Unternehmen (Arthur D. Little 2004)

Typischerweise gibt es Dezentralisierungstendenzen in Wachstumsphasen; denn eine Dezentralisierung ermöglicht meist eine bessere Marktausschöpfung. Umorganisationen in Richtung erhöhter Zentralisierung zeichnen dagegen Konsolidierungsphasen von Unternehmen aus (Arthur D. Little 2004). Zwischen den flexiblen Strukturen der Dezentralisierung und den festen Strukturen der Zentralisierung besteht so ein dauerhaftes Spannungsfeld:

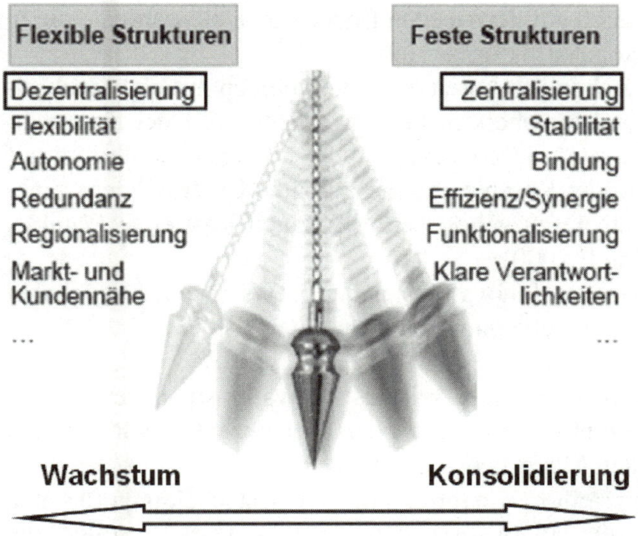

Abb. 12.2. Spannungsfeld zwischen den flexiblen Strukturen der Dezentralisierung und den festen Strukturen der Zentralisierung (Arthur D. Little 2004, leicht angepasst)

Um ihre Ziele zu erreichen, stellt sich die Mehrzahl der globalen Unternehmen divisional auf. Mit divisionaler Organisation ist hier eine Spartenorganisation auf der obersten Führungsebene gemeint, die sich nach Produktgruppen oder Kundengruppen ausrichtet. 61% der befragten Unternehmen haben ihr weltweites Geschäft so strukturiert:

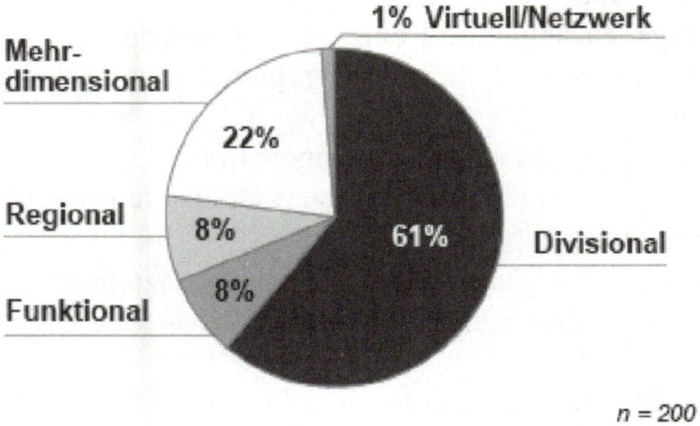

Abb. 12.3. Organisationsausrichtung globaler Unternehmen (Arthur D. Little 2004)

Eine regionale Organisation, die das weltweite Geschäft also nach Regionen gliedert, oder eine funktionale Organisation, die das globale Geschäft nach Funktionen gliedert, sind auf der ersten Führungsebene nur jeweils mit 8% anzutreffen. Allerdings findet sich eine regionale bzw. funktionale

Strukturierung gewöhnlich auf der zweiten Ebene von Unternehmen, die in der ersten Ebene divisional strukturiert sind.

Bedeutsam ist inzwischen der Anteil der Unternehmen mit einer mehrdimensionalen Struktur auf der obersten Führungsebene. 22% der Unternehmen gliedern ihr weltweites Geschäft nach mehr als einem Kriterium auf der obersten Ebene, um der Komplexität der globalen Unternehmenssteuerung gerecht zu werden. Dazu gehört seit 1999 auch Procter & Gamble, aber auch 3M (Gundling E 2000).

Für die Organisation des Innovationsmanagements in einem globalen Unternehmen sind zwei Entscheidungspaare zu unterscheiden:

- Zentrale vs. dezentrale Steuerung: soll das Innovationsmanagement aus einer Unternehmenszentrale gesteuert oder eher dezentral vor Ort und damit nahe am lokalen Markt gemanagt werden?
- Konzentrierte vs. verteilte Standorte: falls die Entscheidung für eine zentrale Steuerung des Innovationsmanagements ausfällt, sollen die Standorte der Steuerungszentralen an einem Ort bzw. in einem Land platziert oder über die Welt verteilt werden?

Ein Unternehmen mit einer weltweiten divisionalen Produktspartenorganisation wird meist dahin neigen, auch das Innovationsmanagement zu zentralisieren. Dabei hat es zu entscheiden, wie es trotzdem die Innovationskraft der Mitarbeiter in den lokalen Organisationseinheiten nutzen und damit auch diese Mitarbeiter in den Innovationsprozess einbinden kann.

Unternehmen mit einer regionalen Organisation auf der obersten Unternehmensebene werden dagegen tendenziell eher das Innovationsmanagement dezentralisieren, um den Besonderheiten der regionalen und lokalen Kunden gerecht zu werden.

Für F&E als einen wichtigen Teilbereich des Innovationsmanagements gilt, dass die Forschung insgesamt stärker zentralisiert ist als die Entwicklung (Gassmann u. Keupp 2005).

Organisationen allgemein und so auch das Innovationsmanagement sind historisch gewachsen. Typische Entwicklungsphasen sind:

- Dezentralisierung des Innovationsmanagements in die lokalen Geschäftseinheiten mit zunehmender Internationalisierung der Geschäfte (bis etwa 1985)
- Koordination des regionalen Innovationsmanagements über sogenannte Lead Countries. Zum Lead Country in der Region Europa wurde zum Beispiel bei Procter & Gamble das Land ernannt, das in der betreffenden Produktkategorie besonders stark war (80er Jahre).

- Führung des regionalen Innovationsmanagements über so genannte Centres of Excellence oder Centres of Innovation (ab 90er Jahre). Der Grad, mit dem die lokalen Tochtergesellschaften noch in den Innovationsprozess involviert sind, kann unterschiedlich ausgestaltet werden. Das Innovationsmanagement der regionalen Centres of Excellence oder Centres of Innovation wird typischerweise vom regionalen Hauptsitz aus koordiniert. Zusätzlich gibt es meist eine Schnittstelle zu einer zentralen Koordinierungsstelle im Hauptsitz des Unternehmens.
- Globales Innovationsmanagement aus einer Unternehmenszentrale (ab der Jahrtausendwende). Der Grad, mit dem die regionalen und lokalen Organisationen noch in den Innovationsprozess involviert sind, kann wiederum unterschiedlich ausgestaltet werden.

Aus der Kombination der unterschiedlichen Zentralisierungsgrade und der unterschiedlichen Platzierung der Innovationsstandorte ergibt sich eine reiche Vielfalt an Organisationsalternativen.

Es gibt zwei Hauptalternativen für ein global zentralisiertes Innovationsmanagement. In der ersten Variante wird das Innovationsmanagement für alle Divisionen aus Innovationszentralen gesteuert, die alle im Land der Muttergesellschaft liegen:

Abb. 12.4. Globales Innovationsmanagement aus einem Land

Die zweite Variante besteht aus verschiedenen Innovationszentralen in verschiedenen Kontinenten, aus denen jeweils das Innovationsmanagement einer bestimmten Division weltweit gesteuert wird. Dies ist das Procter Modell und teilweise auch das SAP Modell. Diese Organisationsalternative hat den Vorteil, dass alle Regionen noch in das Innovationsmanagement des Unternehmens involviert sind, auch wenn die Verantwortung der regional platzierten Innovationszentralen über die betreffende Region hinausgeht

Abb. 12.5. Globales Innovationsmanagement aus Innovationszentralen in verschiedenen Kontinenten/Ländern

und weltweit gilt. Das bietet einige wichtige Vorteile gegenüber der vollständig zentralisierten Variante:

- Die Mitarbeiter der betreffenden Regionen „fühlen" eine wesentlich höhere Bedeutung.
- Es gibt interessante Karrieremöglichkeiten in der Region, ohne dass die betreffenden Manager alle an den Hauptsitz der Muttergesellschaft transferiert werden müssen.
- Innovationszentren für einzelne Produktsparten können in die Länder platziert werden, in denen die lokale Geschäftssparte des Unternehmens besondere Stärken hat. Diese Stärken können dann von diesem Standort aus in das weltweite Innovationsmanagement dieser Sparte einfließen.
- Standorte können dorthin platziert werden, wo es einen besonders großen Talentpool, zum Beispiel von Ingenieuren und Forschern (Indien, China) gibt, der meist auch noch wesentlich weniger kostet.
- Innovationszentralen für Produktsparten können in den Ländern stationiert werden, in denen sich die lokale Geschäftssparte mit einer besonders starken Konkurrenz auseinandersetzen muss.

Dieses letzte Argument beleuchtet einen strategischen Vorteil eines Innovationsstandortes in Ländern wie China oder Indien. Um in diesen Ländern mit ihrem niedrigen Pro-Kopf-Einkommen erfolgreich zu sein, müssen Unternehmen aus dem Westen lernen, ihre Produkte und Geschäftsmodelle neu zu konzipieren und auf eine wesentlich niedrigere Kostenbasis zu stellen (Prahalad 2006). Jene Unternehmen, die dabei erfolgreich sind, schaffen sich damit beste Voraussetzungen für die Eroberung anderer Märkte mit niedrigem Pro-Kopf-Einkommen in Asien, Afrika oder Lateinamerika (Brown u. Hagel 2005). General Electric zum Beispiel sieht das enorme

Potential dieses Ansatzes. GEs Gesundheitssparte lässt Magnetresonanztomographen, die normalerweise Millionen kosten, für einen Zielpreis von einer halben Million US $ in ihrem Forschungszentrum in Shanghai entwickeln mit der Option, diese Geräte später in andere Länder zu exportieren. Dasselbe gilt für GEs Computer-Tomographie (CT) Scanner (Immelt 2006).

Globale Unternehmen, die ihr Innovationsmanagement weiterhin dezentral betreiben, können zumindest aus den folgenden vier Organisationsalternativen auswählen:

- Regionale Innovationszentren jeweils nur am regionalen Hauptsitz.

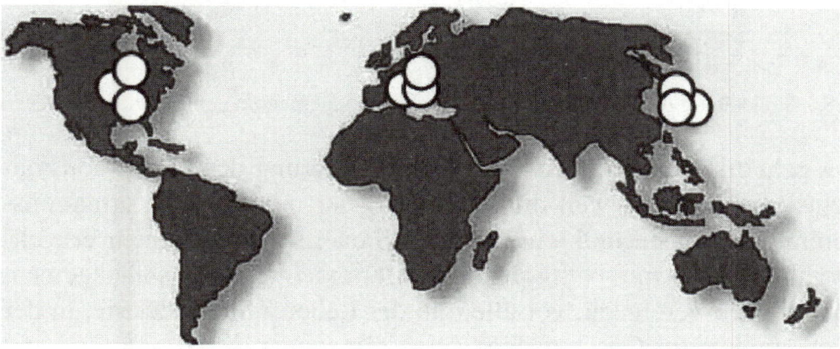

Abb. 12.6. Regionale Innovationszentren nur am regionalen Hauptsitz

- Regionale Innovationszentren in verschiedenen Ländern der Region mit jeweils regionaler Führungsverantwortung. Solche regionalen Innovationszentren hat zum Beispiel 3M in den 90er Jahren in Europa als Teil seiner „European Business Centres" Reorganisation eingeführt (Gundling 2000).
- Verschiedene Lead Countries in der Region mit regionaler Koordinationsverantwortung.

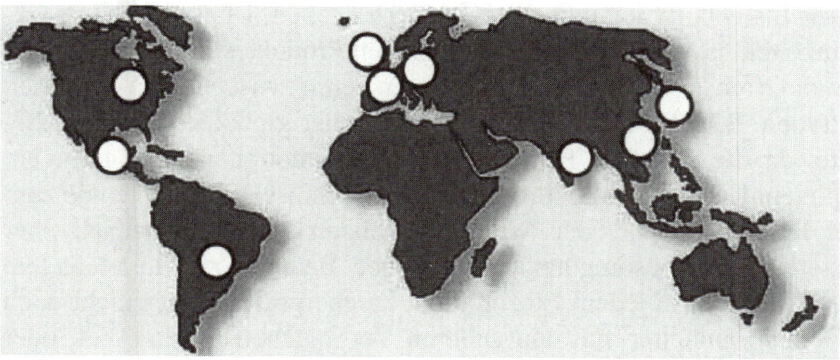

Abb. 12.7. Regionales Innovationsmanagement aus Innovationszentren in verschiedenen Ländern oder aus Lead Countries

- Vollständig dezentralisiertes Innovationsmanagement in den einzelnen Ländern mit Zuständigkeit nur für das einzelne Land.

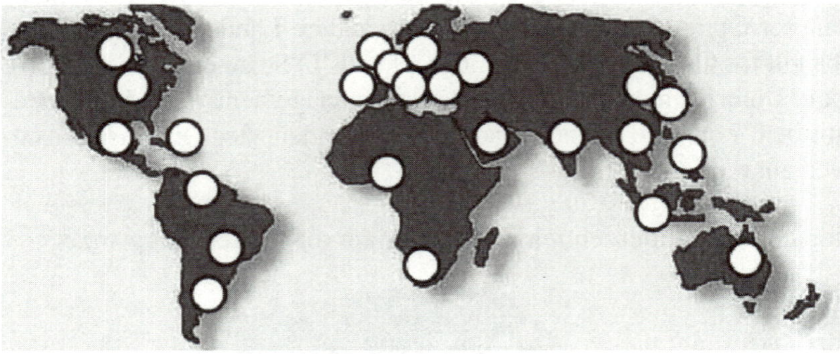

Abb. 12.8. Vollständig dezentralisiertes Innovationsmanagement in den einzelnen Ländern

Der Zug geht zunehmend in Richtung Zentralisierung des Innovationsmanagements, nicht zuletzt weil die Hilfsmittel der modernen Informations- und Kommunikationstechnik eine zentrale Steuerung immer mehr erleichtern. Organisationen mit völlig dezentralisiertem Innovationsmanagement gibt es aber noch vereinzelt, vor allem in der Lebensmittelindustrie, in der sich noch immer die Geschmäcker der Verbraucher von Land zu Land unterscheiden. Das bringt uns zur Frage, inwieweit die Produkte oder Dienstleistungen des globalen Unternehmens eine Zentralisierung des Innovationsmanagements begünstigen.

12.4 Alternative Produktentwicklungsansätze

Die Frage ist, wie globalisierbar ist das Produkt oder die Dienstleistung des Unternehmens. Dahinter steckt die Überlegung, in welchem Maß sich die Consumer Insights in den einzelnen Ländern decken. Überwiegen die Gemeinsamkeiten, ist das Angebot eines globalen Produktes natürlich vielversprechend. Offensichtlich ist hier zu differenzieren zwischen den einzelnen Produkttypen. B2B-Produkte sind tendenziell eher globalisierbar als B2C-Produkte, da die Historie, Erinnerungen und Emotionen eine geringere Rolle spielen. Unter den B2C-Produkten sind technische Produkte wie zum Beispiel Digitalkameras oder MP3 Musikabspielgeräte tendenziell eher globalisierbar als Konsumgüter des täglichen Bedarfs oder insbesondere Lebensmittel. Aber in jedem Einzelfall ist zu überprüfen, ob es nicht doch große Gemeinsamkeiten mit den anderen Verbrauchern in der Welt oder zumindest mit den Verbrauchern in anderen großen Ländern dieser Welt gibt. Diese Gruppen von Ländern mit deckungsgleichen Consumer Insights werden auch Cluster genannt. Nach meiner Erfahrung ergeben sich oft überraschende Gemeinsamkeiten, die die Vorurteile über die Einmaligkeit der eigenen lokalen Verbraucher widerlegen. Im Lufterfrischergeschäft von SC Johnson haben wir zum Beispiel große Ähnlichkeiten in der Einstellung und dem Verhalten deutscher Verbraucher mit bestimmten asiatischen Verbrauchern, insbesondere mit den Japanern festgestellt.

Ist ein Produkt globalisierbar, liegt der Produktentwicklungsansatz nahe: aus Gründen der Effizienz und Schnelligkeit wird hier von vorneherein ein globales „Welt-Produkt" ohne regionale Varianten entwickelt. Das ist weitgehend der Ansatz von Procter heute.

Anders sieht es bei jenen Produkten aus, die sich nicht für eine vollständige Globalisierung eignen. Hier gibt es zwei alternative Produktentwicklungsansätze:

- Rein lokal: das Produkt wird von der lokalen Geschäftseinheit auf die Bedürfnisse des lokalen Marktes hin maßgeschneidert. Sollten andere Länder auch an der Innovation interessiert sein, wird das Produkt dann später an die Bedürfnisse der anderen Länder angepasst.
- Glocal (gebildet aus „*glo*bal" und „lo*cal*"): Entwicklung eines *glo*balen Produktes mit mehreren lo*kal*en bzw. regionalen Varianten. Hier werden von vornherein die Vorteile der globalen Kostendegression in der Entwicklung, Produktion usw. in einem modularen Ansatz kombiniert mit der Anpassung an die lokalen bzw. regionalen Bedürfnisse.

Dass der internationale Produktentwicklungsansatz, entweder global oder glocal, der von vornherein die Bedürfnisse aller Länder berücksichtigt, den lokalen Produktentwicklungsansatz schlägt, hat Cooper bewiesen (Cooper 1998):

	Domestic Product Design	International Product Design Global or Glocal
World Target Market	Too few case examples	84,9 % successful
Nearest Neighbour (Regional) Target Market	45,5 % successful	78,1 % successful
Domestic Target Market	43,1 % successful	61,5 % successful

Abb. 12.9. Erfolgsraten unterschiedlicher Produktentwicklungsansätze (Cooper 1998, Darstellung vereinfacht)

Er hat die Erfolgsrate des lokalen Produktentwicklungsansatzes mit der des internationalen Produktentwicklungsansatzes (entweder global oder glocal) für drei Zielmärkte verglichen: den Weltmarkt, den regionalen Markt und den lokalen heimischen Markt. Der internationale Produktentwicklungsansatz erweist sich bei der Eroberung des Weltmarktes in 84.9% der Fälle als erfolgreich, bei der Eroberung der regionalen Märkte immerhin noch in 78.1% der Fälle. Der lokale Ansatz liefert dagegen in den regionalen Märkten nur eine Erfolgsrate von 45.5%. Und in den lokalen Märkten? Entgegen aller Erwartungen ist der internationale Ansatz selbst für den lokalen Markt der erfolgversprechendere Produktentwicklungsansatz: 61.5% gegen 43.1%! Cooper erklärt das damit, dass wenn ein Unternehmen sich die weltbesten Konkurrenten zum Benchmark nimmt und nicht nur die besten lokalen Wettbewerber, automatisch die Anforderungen an das Innovationsprojekt steigen und die Leistung des Innovationsteams mit dem höheren Anspruch wächst.

Die Bedürfnisse möglichst aller Länder sind also von Anfang an einzuholen und in der Produktspezifikation zu berücksichtigen. Das erfordert zunächst zusätzlichen Zeitaufwand, selbst wenn diese Informationen natürlich simultan von den Ländern erhoben werden. Aber dieser Zeitaufwand wird im Sinne des „speed-to-market" kompensiert durch nachfolgende Verbesserungen im Innovationsprozess:

- International besetzte Top-Innovationsteams mit sehr guter Kommunikationsverbindung in die einzelnen Länder
- Parallele Prozesse wie z. B. simultane Konzept- oder Konzept-Produkt-Tests in den einzelnen Ländern
- Transparenz hinsichtlich der Action Standards der einzelnen Länder und deren Berücksichtigung in einem internationalen Stage-Gate-Prozess
- Gate Meetings mit Teilnahme der betroffenen Länder.

Der neue Camry, der von Toyota weltweit zeitgleich im Januar 2006 eingeführt wurde, ist ein gutes Beispiel für ein global konzipiertes und implementiertes Weltauto. Bezeichnend ist Toyotas Motto für seine Weltautos: „Global best, local best". Während des gesamten Innovationsprozesses des Camry haben sich die betroffenen Länder und Funktionen ständig weltweit abgestimmt, elektronisch und in weltweiten Meetings (Toyota 2006). Auch 3M benutzt neben seinen lokalen Innovationsteams im Zusammenhang mit seinem Pacing Plus Programm zunehmend auch globale Teams, um Weltprodukte für die globale Vermarktung zu entwickeln (Gundling 2000).

Falls die Regionen bzw. einzelnen Länder wegen der eigenen GuV-Verantwortung frei in ihrer Entscheidung sind, ob sie die von der Innovationszentrale entwickelte Innovation in ihrem Territorium einführen oder nicht, müssen klare Regeln gelten für die Verpflichtung und die Berechtigung der einzelnen Regionen bzw. Länder. Das bekundete Interesse der einzelnen Territorien an der Einführung der Innovation muss mit einem harten finanziellen Commitment zur anteiligen Übernahme der Entwicklungs- und Ramp-up-Kosten unterlegt werden. Für die Zuordnung der zentralen Entwicklungs- und Produktionskapazität an die Länder muss „First come, first serve!“ gelten. Damit wird eine Ländertaktik des möglichst späten Commitments verhindert.

12.5 Globale Innovationsprozesse

Im vierten Kapitel haben wir uns mit dem Innovationsprozess als einem zumindest aus sechs Phasen bestehenden Prozess beschäftigt. Im globalen Unternehmen stellt sich die Frage, wie die einzelnen Geschäftseinheiten des Unternehmens in den Prozess eingebunden werden, oder ob der Prozess jetzt ausschließlich von der Innovationszentrale gesteuert wird und ohne die Teilnahme anderer Geschäftseinheiten abläuft. Aus Gründen der vereinfachten Erläuterung komprimiere ich jetzt die Darstellung des Innovationsprozesses auf die vier Phasen Ideengenerierung, Business Case, Entwicklung und Markteinführung.

Selbst in einem zentral gesteuerten globalen Innovationsprozess verstehen es die „aufgeklärten“ Unternehmen, die regionalen und lokalen Geschäftseinheiten in den Innovationsprozess einzubinden. Erstens wird das Know-How und die Kreativität dieser Geschäftseinheiten zur Entwicklung besserer Innovationsprojekte genutzt. Außerdem fördert die Partizipation dieser Geschäftseinheiten die Motivation und das Engagement. Und das ist wichtig, da letztlich die Innovationen in den lokalen Märkten eingeführt werden müssen („every business is local!“), die Innovationszentralen also bei der Markteinführung auf die lokalen Geschäftseinheiten angewiesen sind.

In einem zentral gesteuerten Innovationsmanagement sieht der Innovationsprozess gewöhnlich wie folgt aus:

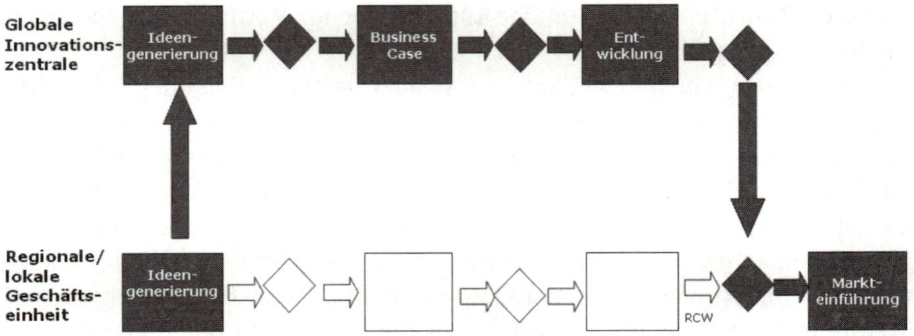

Abb. 12.10. Globaler Innovationsprozess mit zentraler Steuerung

Statt auf der unteren Ebene der regionalen bzw. lokalen Geschäftseinheit nimmt jetzt der Innovationsprozess den schwarz markierten Verlauf. Die regionalen bzw. lokalen Geschäftseinheiten werden in der Phase der Ideengenerierung zur Beisteuerung von Innovationsideen und Consumer Insights herangezogen. Danach werden aber der Business Case und die Entwicklung alleine von der Innovationszentrale gemanagt, wobei diese sinnvollerweise auch in diesen Phasen immer wieder den Input bestimmter Bereiche der regionalen bzw. lokalen Organisationen wie z. B. der Marktforschungsabteilungen heranzieht. In der Phase der Markteinführung kommen natürlich wieder die lokalen Geschäftseinheiten voll ins Spiel.

Für den Fall, dass das Innovationsmanagement in die Regionen delegiert wird, dort aber regionale Innovationszentren für die Innovationssteuerung zuständig sind, veranschaulicht Abb. 12.11 die mögliche Zusammenarbeit zwischen regionalen Innovationszentren und lokalen Geschäftseinheiten.

Je nachdem wie stark die lokalen Organisationen in den regionalen Innovationsprozess involviert sind, gibt es verschiedene Modelle für die Verteilung der Verantwortung für die einzelnen Innovationsphasen zwischen regionaler Innovationszentrale und lokaler Geschäftseinheit. In dem Falle, in dem nur einige wenige Länder an einer Innovation interessiert sind und diese Innovation nur in diesen Ländern eingeführt werden soll, kann zum Beispiel die regionale Innovationszentrale die Phasen der konkreten Ideengenerierung und der Entwicklung des Business Case an eines der interessierten Länder wie folgt delegieren:

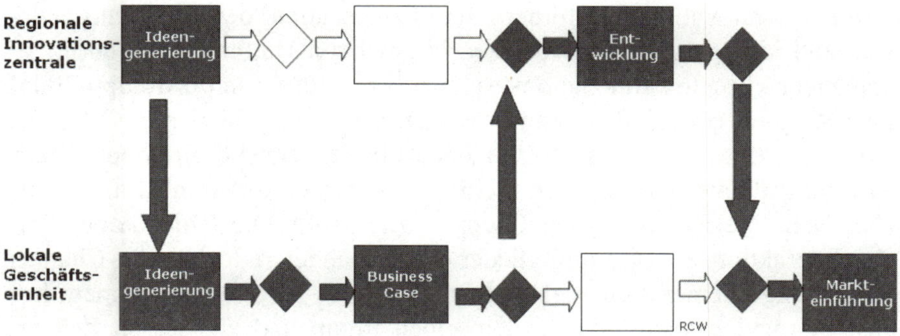

Abb. 12.11. Regionaler Innovationsprozess mit verteilter Verantwortung

12.6 Globale Innovationsteams

Globale Unternehmen haben den Vorteil, dass sie aus ihrem reichen weltweiten Fundus an Mitarbeitern die besten und passendsten in globalen Innovationsteams zusammenbringen können. Neben der besonderen Qualifikation dieser Teammitglieder zeichnet sie oft eine große Diversität in Erfahrung, Ausbildung und Kultur aus, die das Team in die Lage versetzen, eine überlegene globale Lösung zu entwickeln.

Diesen Vorteilen globaler Teams stehen zwei Herausforderungen gegenüber:

- Fehlende räumliche Nähe: in vielen Fällen ist es nicht möglich, alle Teammitglieder an einem Ort räumlich zusammen zu stationieren, zum Beispiel wenn die Teammitglieder neben ihrer Arbeit im Innovationsteam noch andere Aufgaben vor Ort erfüllen müssen. Das IBM-Sony-Toshiba „Cell Chip“ Team mit seinem gemeinsamen Standort in Austin ist hier eher die Ausnahme.
- Kulturunterschiede: globale Teams unterliegen einem erhöhten Risiko des Missverständnisses aufgrund der unterschiedlichen Kultur ihrer Mitglieder.

Radikale Innovationen erfordern die Co-Location der Teammitglieder, während inkrementale Innovationen in gewissen Umfang den Einsatz sogenannter virtueller Innovationsteams zulässt (Gassmann u. Keupp 2005). Die Mitglieder virtueller Teams operieren von verschiedenen Orten aus und meist über verschiedene Zeitzonen hinweg. Solche virtuellen Teams sind für radikale Innovationen nicht geeignet, weil ihr Mangel an räumlicher Nähe die Kreativität der Gruppe einschränkt. Die fehlende persönliche Interaktion der Teammitglieder untereinander reduziert die Chancen für zufällige gemeinsame Erkenntnisse aus dem besonderen Moment heraus. Innovationsteams, die in demselben Raum und zur selben Zeit zusammenarbeiten, entwickeln gewöhnlich Insights und kreative Lösungen, die in virtuellen Teams nicht entstehen (Katzenbach u. Smith 2001). Das hatten IBM, Sony und Toshiba erkannt, als sie ihr „Cell Chip" Team an einem Standort, nämlich in Austin stationierten.

Aber auch das Management von inkrementalen Innovationen mit Hilfe von virtuellen Teams verlangt eine äußerst überlegte Herangehensweise. Dass überhaupt virtuelle Teams zum Einsatz gelangen, ist den Möglichkeiten der modernen Informations- und Kommunikationstechnologie zu verdanken. Virtuelle Teams werden durch so genannte Groupware unterstützt. Das umfasst zunächst Hardware wie Intranet, Internet, Videokonferenz und Telekonferenz. Dazu gehört aber auch Software wie e-mail, Threaded Discussion Software, Document Management Software und Project Management Software und seit neuestem auch sogenannte soziale Networking-Software wie z. B. Wikis. Der Name Wiki kommt aus dem hawaiianischen und bedeutet so viel wie „schnell". Der bekannteste öffentlich zugängliche Wiki ist Wikipedia. Unternehmensinterne Wikis sind kollaborative Websites im Intranet, die von den Nutzungsberechtigten nicht nur gelesen, sondern auch online redigiert werden können. Sie sind Content Management Systeme, die sich besonders gut für Innovationsteams eignen, die z. B. den Fortschritt ihres Innovationsprojektes für alle Mitglieder ständig lesbar und aktualisiert halten wollen. Firmen wie IBM und Intel nutzen unternehmensinterne Wikis für solche Zwecke (Bulkeley 2007, Vara 2007). Wiki-Software ist kostengünstig und leicht zu installieren. Innovationsteams können sie deshalb schnell zum Einsatz bringen, ohne dass die Unterstützung der IT Abteilung nötig ist.

Virtuelle Teams müssen sich extrem sorgfältig managen, um den Status eines „Real Teams" zu erreichen (siehe Kap. 10). Dazu gehört zunächst der überlegte Umgang mit der Groupware und seinen Risiken (Katzenbach u. Smith 2001):

- Erweiterter Zugang: Groupware als elektronisches Medium erleichtert nämlich den Zugang anderer Mitarbeiter zu den team-internen Diskussionen und den Teaminformationen. Das erhöht das Risiko, dass das Team unkontrolliert wächst und damit die Schlagkraft ihrer Kompaktheit verliert. Die kleine Zahl von Mitgliedern ist, wie wir wissen, ein kritisches Element des optimalen Team-Designs. Außerdem wächst die Gefahr, dass die Vertraulichkeit der team-internen Diskussionen geschädigt wird mit den Folgen reduzierten Vertrauens der Teammitglieder untereinander und der Zurückhaltung einzelner Teammitglieder bei zukünftigen Diskussionen.
- Asynchrone Teilnahme: Groupware ermöglicht das zeitversetzte Zusammenarbeiten, was vor allem bei virtuellen Teams mit Mitgliedern aus verschiedenen Zeitzonen ein großer Vorteil ist. Die Alternative wären sonst häufige Reisen zu einem Treffpunkt oder Telefon- oder Videokonferenzen zu „unmöglichen Zeiten", nämlich zum Beispiel um 22 Uhr abends in Tokio und 6 Uhr morgens im Silicon Valley, wenn das Innovationsteam Mitglieder aus Japan und den USA umfasst. Aber Groupware lässt das kreative Potential einer Gruppe oft ungenutzt. Es führt auch leicht dazu, dass, was als Teamarbeit begann, in eine Abfolge individueller Arbeitsbeiträge degeneriert. Da die Vertraulichkeit und der gegenseitige Erwartungsdruck einer Diskussion über ein elektronisches Medium einfach nicht so hoch ist wie die eines „face-to-face" Meetings, leidet darunter das gegenseitige Commitment und vor allem auch das gegenseitige „Challenging".
- Körperlose Kommunikation: Groupware ist weitgehend körperlos, d. h. Körpersprache, Gesichtsausdruck und Tonalität kommen in dieser überwiegend schriftlichen Kommunikation meist nicht zum Ausdruck. Das gilt selbst für Videokonferenzen, da auch dort aufgrund der vorherrschenden, noch ungenügenden Technologie Körpersprache und Gesichtsausdruck nicht gut wahrzunehmen sind. Das Risiko daraus sind gefährliche Missverständnisse und dysfunktionale Reaktionen.

Um diesen Risiken zu begegnen und das Potential virtueller Teams maximal zu nutzen, sollten folgende Maßnahmen ergriffen werden:

- Ausreichende Anzahl von „face-to-face" Meetings: das ist ganz besonders wichtig am Beginn des Team-Buildings, nämlich in der Forming-, Storming- und Norming-Phase (siehe Kap. 10). Hier bauen die Teammitglieder Vertrauen zueinander und gegenseitigen Respekt auf und beginnen, sich zu verstehen. Das kann nur wirklich erfolgreich passieren im direkten persönlichen Kontakt aller Teammitglieder. Aber auch später, wenn im Team Probleme auftauchen oder das Projekt aus sachlichen

Gründen zum Stoppen kommt, sind „face-to-face" Meetings normalerweise die produktivste Methode, um die Probleme nachhaltig zu lösen.

- Aktive Kontrolle der Teamgröße: die Größe des Kernteams und die einzelnen Mitglieder sind schon ganz am Anfang verbindlich zu bestimmen. Auch sollte schon hier festgelegt werden, unter welchen Voraussetzungen das Team um einzelne ad-hoc Mitglieder erweitert werden kann.
- Teamentscheidung zur Groupware: das Team sollte sich ebenfalls früh darauf verständigen, welche Funktionalitäten der Groupware benutzt werden, und welche nicht. Denn die volle Produktivität der Groupware fließt nur aus einer regen Benutzung durch alle Teammitglieder. Das bedingt, dass alle Mitglieder die betreffenden vereinbarten Funktionalitäten beherrschen müssen. Außerdem ist zu vereinbaren, wer welchen Zugang zu den elektronischen Informationen hat, insbesondere welchen beschränkten Zugang ad-hoc Mitglieder bekommen dürfen.
- Vereinbarung einer „Netiquette": hier geht es um Verhaltensnormen im Umgang mit Groupware, insbesondere auch mit e-mail. Dazu gehört zum Beispiel die Bestimmung des e-mail Verteilers (immer alle Teammitglieder oder nur die einzelnen unmittelbar betroffenen?), der maximalen Reaktionszeit für Antworten oder Input (sofort oder spätestens innerhalb von x Tagen?), der Verwendung von Kritik (welche Art und Ausdrucksweise der Kritik ist zulässig?) usw.

Neben den besonderen Herausforderungen der fehlenden räumlichen Nähe, die sich bei virtuellen Innovationsteams ergeben, gilt es in jedem global zusammengesetzten Innovationsteam, die kulturellen Unterschiede der Teammitglieder gewinnbringend zu managen. Das hat sich bei SAP als eine besondere Herausforderung herausgestellt, wie wir gesehen haben, aber nicht nur bei SAP. Die kulturellen Unterschiede sollten als Stärken im Team eingesetzt werden und das Team-Result verbessern, und sie sollten nicht den Teamfortschritt behindern. Dieses Thema kann hier nur angerissen werden.

Zwischen den verschiedenen geographischen Kulturen dieser Welt gibt es beispielsweise im Geschäftsleben Unterschiede hinsichtlich des Wertes, der dem Aufbau persönlicher Beziehungen, der Entwicklung einer Vision, der Formulierung einer Strategie und der schnellen aktionsorientierten Umsetzung beigemessen wird. Je nach Kultur wird diesen Punkten eine große, mittelgroße oder nur schwache Bedeutung beigemessen. Wenn die Teammitglieder entsprechend ihrem kulturellen Hintergrund für diese Aufgaben gezielt eingesetzt werden, wird das Resultat des globalen Innovationsteams noch besser ausfallen:

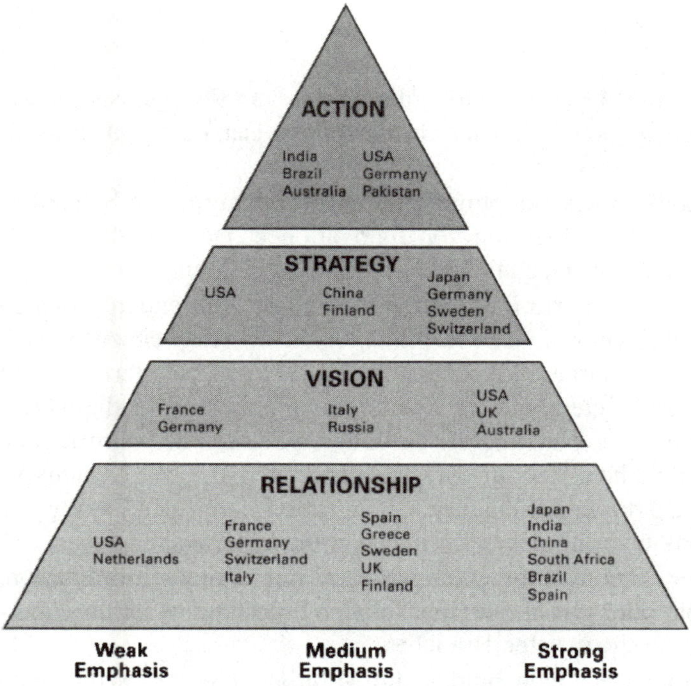

Abb. 12.12. Globale Resultat-Pyramide (Zweifel 2003)

Dem Aufbau persönlicher Beziehungen messen vor allem die asiatischen Kulturen wie z. B. Japan, Indien, China und die der südlichen Hemisphäre größte Bedeutung bei. Mitarbeiter aus diesen Kulturen dürften deshalb in diesen Bereichen besondere Stärken besitzen. Die Bildung von Visionen wird dagegen vor allem im anglo-sächsischen Raum (USA, UK, Australien) groß geschrieben. Die Strategieformulierung wird sehr stark in Ländern wie Japan, Deutschland, Schweden und der Schweiz gepflegt, während die Amerikaner sehr aktionsorientiert sind.

Globale Teams, die aus Mitgliedern verschiedener Kulturen divers zusammengesetzt sind, entwickeln oft eine eigene Teamkultur, die die Dominanz der Kultur einer einzelnen Geographie ausschließt. Falls das globale Team Teil eines Unternehmens mit einer über Jahrzehnte oder Jahrhunderte entwickelten, starken Firmenkultur ist wie z. B. der von 3M oder Procter & Gamble, wird diese Firmenkultur die geographischen Kulturen der Teammitglieder im Laufe der Zeit zunehmend überlagern.

12.7 Fazit

- Die Globalisierung der Wirtschaft gibt Anlass zur Reorganisation des Innovationsmanagements globaler Unternehmen. Der Zug geht in Richtung erhöhter Zentralisierung.
- Erhöhte Effizienz ist ein Hauptmotiv dafür, oft auch größere Schnelligkeit beim weltweiten Ausrollen von Innovationen. Dem steht die Notwendigkeit gegenüber, nahe am lokalen Markt zu bleiben.
- Die Standorte ihrer Innovationszentren streuen die führenden globalen Unternehmen über verschiedene Kontinente. Davon versprechen sie sich unter anderem eine stärkere Identifikation der regionalen Mitarbeiter mit dem Unternehmen, interessantere Karrieremöglichkeiten für die Mitarbeiter der Region, eine Nutzung der besonderen Stärken der betreffenden Region, eine einfachere Rekrutierung der benötigten Talente, Kostenvorteile und eine Stärkung der eigenen Organisation durch den Zwang zur Auseinandersetzung mit starken lokalen Wettbewerbern.
- Ein weltweiter Produktentwicklungsansatz mit Vorab-Koordination, entweder global oder glocal, ist einer lokalen Produktentwicklung überlegen. Das gilt für die meisten Branchen.
- „Aufgeklärte" Unternehmen binden die Mitarbeiter der verschiedenen regionalen bzw. lokalen Geschäftseinheiten in den Innovationsprozess ein, selbst wenn dieser aus einer Innovationszentrale gesteuert wird. Das beinhaltet zumindest die Einsteuerung von lokalen Innovationsideen und lokalen Insights in den globalen Innovationsprozess. Bei der Markteinführung sind die Innovationszentren sowieso auf das volle Engagement der lokalen Geschäftseinheiten angewiesen.
- Radikale Innovationen erfordern die räumliche Nähe der Mitglieder globaler Innovationsteams. Für inkrementelle Innovationen können virtuelle Teams eine wirksame Lösung sein.
- Virtuelle Teams stützen sich in ihrer Arbeit auf Groupware. Das umfasst Hardware (Intranet, Internet, Videokonferenz und Telekonferenz) und Software (e-mail, Threaded Discussion Software, Document Management Software, Project Management Software, soziale Networking-Software wie z. B. Wikis). Vor dem Einsatz von Groupware ist zu klären: Anzahl begleitender „face-to-face" Meetings, aktive Kontrolle der Teamgröße, welche Groupware soll genutzt werden und Regeln zur Benutzung (sog. Netiquette).

- Die unterschiedlichen kulturellen Hintergründe der Mitglieder globaler Innovationsteams sind als Stärke ins Team einzubringen. Eine erhöhte Sensibilität für die kulturellen Unterschiede verhindert, dass daraus ein dysfunktionaler Kulturkonflikt entsteht. Die über Jahrzehnte entwickelte starke Firmenkultur der führenden globalen Unternehmen überlagert im Laufe der Zeit zunehmend die geographischen Kulturunterschiede der Teammitglieder.
- Die P&G Fallstudie beschreibt, wie das globale Geschäft mittels der „Organisation 2005“ von einer geographischen Organisationsstruktur auf eine produktbasierte weltweite Spartenorganisation umgestellt wird. Das Geschäft wird in die vier Säulen Global Business Units (GBU), Market Development Organization (MDO), Global Business Services (GBS) und Corporate Functions (CF) organisiert. Entsprechend dem Motto „Think global, act local“ will Procter damit sowohl seine Skalenvorteile ausspielen als auch nahe am Markt bleiben. Die Ergebnisse dieser Umorganisation wie z. B. erhöhte organische Wachstumsrate des P&G Umsatzes oder verbesserte „time-to-market“ sehen vielversprechend aus.
- Die SAP Fallstudie stellt ein stark globalisiertes Unternehmen vor, das seine Innovationen genauso wie P&G aus weltweit verteilten Innovationszentren steuert. Im Gegensatz zu P&G behält SAP allerdings die regionale Geschäftsgliederung auf der obersten Unternehmensebene bei. Insbesondere die Herausforderungen, die aus den unterschiedlichen Kulturen der Mitarbeiter globaler Unternehmen resultieren können und die sehr sensibel gemanagt werden müssen, werden offenbar.

13 Innovationsmanagement in der Zukunft

Innovation ist nicht gleich Innovationsmanagement. Eine einzelne bahnbrechende Innovation zu lancieren ist schon schwer genug, vor allem auch für ein junges Unternehmen. Aber sie ist nur die Eintrittskarte zum Erfolg. Die wirkliche Herausforderung ist die Absicherung dieses Erfolges durch einen Strom von Folgeinnovationen, die die gewonnene Marktstellung nachhaltig absichern und ausbauen. Das ist die Herausforderung eines professionellen Innovationsmanagements. Es muss durch Vision und Strategie, Struktur, Prozesse, Kultur und die richtigen Mitarbeiter die Voraussetzungen für einen nachhaltigen Innovationserfolg schaffen.

Sie erinnern sich sicherlich an diese Kernaussage, die ich im 1. Kapitel gemacht habe. Die Betonung liegt hier auf Nachhaltigkeit. Es ist diese Nachhaltigkeit des Innovationsmanagements, die die zehn innovativsten Unternehmen der Welt von Apple bis Sony auszeichnet. Deshalb habe ich diese Firmen ins Zentrum dieses Buches gestellt.

Auf der anderen Seite gibt es aber bereits erste Stimmen, die vor der Überstrapazierung der Worte Innovation und Innovationsmanagement warnen. Sie wollen vermeiden, dass Manager dieser Begriffe überdrüssig werden und Innovationsmanagement in einer Art Gegenreaktion als eine modische Managementtechnik abtun mit der Folge, dass Innovationsmanagement dann wie so oft in der Vergangenheit wieder für einige Jahre in einem tiefen Tal der Nichtbeachtung versinkt (Jana 2007). Ich will hier klarstellen: falls ein Manager wirklich so reagieren sollte, tut er das auf seine eigene Gefahr und die seines Unternehmens.

Es sind die Innovationen, die die Wirtschaft treiben. Das war in der Vergangenheit so. Und das wird auch in der Zukunft so sein. Schon in der ersten Hälfte des letzten Jahrhunderts hat Schumpeter die kreative Zerstörungskraft von Innovationen beschrieben, und ich habe sie in diesem Buch anhand von diversen Beispielen illustriert. Dass Manager mit dem Zustand des Innovationsmanagements in ihrem Unternehmen noch nicht zufrieden sind (siehe Kap. 2), ist eine Tatsache. Aber die Schlussfolgerung daraus kann nicht sein, auf Innovationen und deren Management zu verzichten. Für ein erfolgreiches Innovationsmanagement biete ich die Fallstudien und Werkzeuge in den Kap. 3 bis 12 dieses Buches an in der Erwartung, dass sie zur permanenten Beschäftigung mit dem Innovationsmanagement und zu dessen nachhaltiger Praktizierung anregen.

Über das organische Wachstum eines Unternehmens, insbesondere das Wachstum durch Innovationen hat Procter & Gambles Vorstandsvorsitzender A.G. Lafley gesagt (Sellers 2004):

„Es ist die kostbarste Art des Wachstums … Organisches Wachstum ist wertvoller; denn es kommt aus Deinen Kernkompetenzen. Organisches Wachstum trainiert Deinen Innovationsmuskel. Es ist ein Muskel. Wenn Du ihn benutzt, wird er stärker“.

Literatur

A Bücher

Anderson C (2006) The Long Tail. How Endless Choice is Creating Unlimited Demand. Random House Business Books, London

Arthur D. Little (2004) Globale Konzernorganisation – Erfahrungen und Trends

Arthur D. Little (2005) How Top Innovators Get Innovation Right: Results from Arthur D. Little's Third Innovation Excellence Survey

Battelle J (2005) Die Suche. Geschäftsleben und Kultur im Banne von Google & Co. Börsenmedien, Kulmbach

BCG (2006-1) Innovation 2006. Boston Consulting Group Senior Management Survey

BCG (2006-2) Measuring Innovation 2006. Boston Consulting Group Senior Management Survey

Binner HF (1996) Umfassende Unternehmensqualität. Ein Leitfaden zum Qualitätsmanagement. Springer, Berlin

Brandes D (1998) Konsequent einfach. Die ALDI-Erfolgsstory. Campus, Frankfurt

Brown SL, Eisenhardt KM (1998) Competing on the Edge. Strategy as Structured Chaos. Harvard Business School Press, Boston

Bullinger HJ, Engel K (2006) Best Innovator. Erfolgsstrategien von Innovationsführern, FinanzBuch Verlag München

Cagan J, Vogel CM (2002) Creating Breakthrough Products. Innovation from Product Planning to Program Approval. Prentice Hall Upper Saddle River

Capodagli B, Jackson L (2006) The Disney Way, 2nd ed., McGraw-Hill, New York

Chesbrough H (2003) Open Innovation. The New Imperative for Creating and Profiting from Technology. Harvard Business School Press, Boston

Christensen CM (1996) The Innovator's Dilemma. When New Technologies Cause Great Firms to Fail. Harvard Business School Press, Boston

Christensen CM, Raynor ME (2003) The Innovator's Solution. Creating and Sustaining Successful Growth, Harvard Business School Press, Boston

Collins JC, Porras JI (1997) Built to Last. Successful Habits of Visionary Companies. HarperCollins, New York

Collins J (2001) Good to Great. Why Some Companies Make the Leap … and Others Don't. HarperCollins Publisher, New York

Cooper RG (1998) Product Leadership. Creating and Launching Superior New Products. Perseus Books, Cambridge

Cooper RG (2001) Winning at New Products. Accelerating the Process from Idea to Launch. 3rd ed. Perseus Publishing, New York

Cooper RG, Edgett SJ, Kleinschmidt EJ (2001) Portfolio Management for New Products, 2nd edn., Perseus Publishing, New York

Cooper RG (2005) Product Leadership. Pathways to Profitable Innovation. 2nd ed. Basic Books, New York

Coyne WE (1997) 3M: Vision is the engine that drives our enterprise, in: Moss Kanter R et al. (Editors) Innovation: Breakthrough Thinking at 3M, DuPont, GE, Pfizer, and Rubbermaid, HarperCollins, New York

Cruikshank JL (2006) The Apple Way. 12 Management Lessons from the World's Most Innovative Company. McGraw-Hill, New York et al.

Davila T, Epstein MJ, Shelton R. (2006) Making Innovation Work. How to Manage It, Measure It, and Profit from It. Wharton School Publishing, Upper Saddle River

Deming WE (2000) Out of the Crisis, MIT Press, Cambridge

(The) Disney Imagineers (2005-1) The Imagineering Field Guide to Magic Kingdom at Walt Disney World, Disney Editions, New York

(The) Disney Imagineers (2005-2) The Imagineering Workout: Exercises to Shape Your Creative Muscles, Disney Editions, New York

Fortini-Campbell L (1992) Hitting the Sweet Spot. How Consumer Insights Can Inspire Better Marketing and Advertising. The Copy Workshop, Chicago

Foster R, Kaplan S (2001) Creative Destruction, From „built to last" to „built to perform". Financial Times Prentice Hall, London et al.

Freiberg K, Freiberg J(1996) Nuts! Southwest Airlines' Crazy Recipe for Business and Personal Success. Broadway Books, New York

Gassmann O, Keupp MM (2005) Globales Management von Innovation, in Albers S u. Gassmann O (2005) Handbuch Technologie- und Innovationsmanagement. Gabler Verlag, Wiesbaden

Gemünden HG, Högl M (2001) Teamarbeit in innovativen Projekten, in: Gemünden HG, Högl M (2001) Management von Teams. Theoretische Konzepte und empirische Befunde, 2. Aufl., Gabler Verlag, Wiesbaden

Geschka H, Lantelme G (2005) Kreativitätstechniken, in: Albers S u. Gassmann O (Hrsg.) Handbuch Technologie- und Innovationsmanagement. Gabler Verlag, Wiesbaden

Gittell JH (2003) The Southwest Airline Way. Using the Power of Relationships to Achieve High Performance. McGraw-Hill, New York et al.

Grant RM (2005) Cases to Accompany Contemporary Strategy Analysis. 5 edition. Blackwell Publishing Professional, Maiden et al.

Gundling E (2000) The 3M Way To Innovation. Balancing People and Profit. Kodansha International, Tokio et al.

Hargadon A (2003) How Breakthroughs Happen. The Surprising Truth About How Companies Innovate. Harvard Business School Press, Boston

Hauschildt J (2004) Innovationsmanagement, 3. Aufl. Verlag Franz Vahlen, München

Herstatt C, Lüthje C (2005) Quellen für Neuproduktideen, in: Albers S u. Gassmann O (2005) Handbuch Technologie- und Innovationsmanagement. Gabler Verlag, Wiesbaden

Högl M (2005) Führung von Innovationsteams, in: Albers S u. Gassmann O (2005) Handbuch Technologie- und Innovationsmanagement. Gabler Verlag, Wiesbaden

IBM (2006) Expanding the Innovation Horizon. The Global CEO Study 2006, abgerufen unter http://www-935.ibm.com/services/us/gbs/bus/pdf/ceostudy.pdf am 22.3.2007

Janis IL (1982) Groupthink: Psychological Studies of Policy Decisions and Fiascoes, 2nd ed., Houghton Mifflin Company, Boston

Jaruzelski B, Dehoff K, Bordia R. (2006) Smart Spenders: The Global Innovation 1000, strategy + business, Booz Allen Hamilton, Reprint Nr. 06405

Juran JM (1989) Juran on Leadership for Quality. Free Press, New York

Katzenbach JR, Smith, DK (2001) The Discipline of Teams. A Mindbook-Workbook for Delivering Small Group Performance. John Wiley & Sons, New York et al.

Katzenbach JR, Smith, DK (2003) The Wisdom of Teams, HarperCollins, New York

Kelley T (2001) The Art of Innovation. Lessons in Creativity from IDEO, America's Leading Design Firm, Doubleday, New York

Kim WC, Mauborge R (2005) Blue Ocean Strategy, How to Create Uncontested Market Space and Make the Competition Irrelevant. Harvard Business School Press, Boston

Kotter JP (1996) Leading Change, Harvard Business School Press, Boston

Liker JK (2003) The Toyota Way. 14 Management Principles from the World's Greatest Manufacturer. McGraw-Hill, New York et al.

Markides CC, Geroski PA (2004) Fast Second: How Smart Companies Bypass Radical Innovation to Enter and Dominate New Markets. Jossey-Bass, San Francisco

May ME (2007) The Elegant Solution. Toyota's Formula for Mastering Innovation. Free Press, New York et al.

Mehrabian A (1972) Nonverbal Communication. Aldine-Atherton, Chicago

Möhrle MG, Isenmann R (2005) Technologie-Roadmapping. Zukunftsstrategien für Technologieunternehmen. 2. Aufl., Springer, Berlin

Morgan JM, Liker JK (2006) The Toyota Product Development System. Integrating People, Process, and Technology, Productivity Press, New York

Nathan J (2001) Sony. Mariner Books Houghton Mifflin Company, New York

Osterwalder A (2004) The Business Model Ontology. A Proposition in a Design Science Approach. Dissertation, Université de Lausanne

Peters TJ, Waterman RH (2004) In Search of Excellence, Lessons from America's Best-Run Companies. Reprint edition, HarperCollins, New York

Porter ME (1985) Competitive Advantage. Creating and Sustaining Superior Performance. The Free Press, New York

Prahalad CK (2006) The Fortune at the Bottom of the Pyramid: Eradicating Poverty Through Profits, Wharton School Publishing, Upper Saddle River

Ries A, Trout J (2000) Positioning: The Battle for Your Mind. 20th ed. McGraw-Hill, New York

Riordan M, Hoddeson L (1997) Crystal Fire: The Birth of the Information Age. WW. Norton & Company, New York

Rogers EM (2003) Diffusion of Innovations. 5th ed. Free Press, New York
Schisgall O (1981) Eyes on Tomorrow. The Evolution of Procter & Gamble, G. Ferguson Publishing, Chicago
Schultz H (1997) Pour Your Heart Into It. How Starbucks Built a Company One Cup at a Time. Hyperion, New York
Schumpeter JA (1939) Business Cycles. A Theoretical, Historical, and Statistical Analysis of the Capitalist Process. McGraw-Hill, New York u. London
SCN Education B.V. (Editor) (2000) Webvertising: The Ultimate Internet Advertising Guide. Vieweg & Sohn, Braunschweig u.Wiesbaden
Sloane P (2003) The Leader's Guide to Lateral Thinking Skills, Kogan Page, London u Sterling
Slywotzky AJ (1996) Value Migration. How to Think Several Moves Ahead of the Competition. Harvard Business School Press, Boston
Smethers PA, France A (2007) Five Myths of Consumer Behavior: Create Technology Products Consumers Will Love. ConsumerCase Publishing, Seattle
Snyder NT, Duarte DL (2003) Strategic Innovation: Embedding Innovation as a Core Competency in Your Organization. Jossey-Bass, Hoboken
Sommer R (2000): Innovationsmanagement, in: Matheis R (Hrsg.) Erfolgsmanagement, Gabler Verlag, Wiesbaden
Sommerlatte T, Krautter J (2005) Innovationsportfolio-Management, in: Albers S u. Gassmann O (Hrsg.) Handbuch Technologie- und Innovationsmanagement. Gabler Verlag, Wiesbaden
Stähler P (2001) Geschäftsmodelle in der digitalen Ökonomie. Merkmale, Strategien und Auswirkungen. Josef Eul Verlag, Lohmar
Sutton RI (2002) Weird Ideas that Work. 11 ½ Practices for Promoting, Managing, and Sustaining Innovation, The Free Press, New York et al.
Tapscott D, Williams AD (2006) Wikinomics. How Mass Collaboration Changes Everything, Portfolio Penguin New York
Taylor WC, LaBarre P (2006) Mavericks at Work. Why the Most Original Minds in Business Win. William Morrow HarperCollins Publishers, New York
Teichert Th (2001) Nutzenschätzung in Conjoint-Analysen. Theoretische Fundierung und empirische Aussagekraft, Gabler Verlag, Wiesbaden
Treacy M, Wiersema F (1997) The Discipline of Market Leaders: Choose Your Customers, Narrow Your Focus, Dominate Your Market. Expanded ed. Perseus Books Group, New York
Trommsdorff V, Steinhoff F (2007) Innovationsmarketing, Verlag Franz Vahlen, München
Tushman ML, O'Reilly III CA (2002) Winning through Innovation. A Practical Guide to Leading Organizational Change and Renewal, Harvard Business School Press, Boston
Vahs D, Burmester R (2005) Innovationsmanagement. Von der Produktidee bis zur erfolgreichen Vermarktung. 3. Aufl., Schäffer-Poeschel Stuttgart
Vise DA, Malseed M (2005) Die Google-Story, Murmann-Verlag, Hamburg
Von Hippel E (2005) Democratizing Innovation. The MIT Press, Cambridge
Wiersema F (2002) The New Market Leaders: Who's Winning and How in the Battle for Customers. Reprint ed. Free Press, New York
Womack JP, Jones DT, Roos D (1990) The Machine that Changed the World. Rawson Associates, New York et al.

Womack JP, Jones DT (2003) Lean Thinking. Banish Waste and Create Wealth in Your Corporation. Free Press Business Simon & Schuster, London u. Sydney

Womack JP, Jones DT (2005) Lean Solutions. How Companies and Customers Can Create Value and Wealth Together. Free Press, New York et al.

Young JS, Simon WL (2005) iCon Steve Jobs. The Greatest Second Act in the History of Business. John Wiley & Sons, Inc. Hoboken

Zweifel TD (2003) Culture Clash. Managing the Global High-Performance Team. Select Books, New York

B Beiträge in Zeitschriften, Zeitungen, Internet

Agassi (2003) Shai Agassi 1968, abgerufen unter http://www.referenceforbusiness.com/biography/A-E/Agassi-Shai-1968.html am 12.6.2007

Agassi (2006) On the Record: Shai Agassi He's looking to find genius – all over the world, San Francisco Chronicle, 11.6.2006 abgerufen unter http://www.sfgate.com/cgi-bin/article.cgi?file=/chronicle/archive/2006/06/11/BUGMKJB6UJ1.DTL am 12.6.2007

Arndt M (2002) Whirlpool Taps Its Inner Entrepreneur. Business Week Online, 7.2.2002

Arndt M (2005) Online Extra: 3M: Reading Between the Lines, Business Week Online, 1.8.2005

Arndt M (2006/1) How Whirlpool Defines Innovation, Business Week Online, 6.3.2006

Arndt M (2006/2) Creativity Overflowing, Business Week Online, 8.5.2006

Arndt M (2006/1) Online Extra: Whirlpool's Future Won't Fade, Business Week Online, 8.5.2006

Berner R (2003) Online Extra: „A Catalyst and Encourager of Change", Business Week Online, 7.7.2003

Bittner U (2007) Aufholjagd mit 42 Jahren, Wie Michael Dell seinem Computerkonzern neuen Schwung verleihen will, FAZ 9.6.2007

Brady D (2005-1) The Immelt Revolution, Business Week Online, 28.3.2005

Brady D (2005-2) Jeff Immelt on Taking "Swings", Business Week Online, 28.3.2005

Brightman J (2006) The X Factor, Business Week Online, 19.9.2006

Brightman J (2007) MS Game Studios Head Grades Xbox at B+, Business Week Online, 21.3.2007

Brown JS, Hagel III J (2005) Innovation blowback: Disruptive management practices from Asia, The McKinsey Quarterly, Jg. 2005 Nr.1

Bryan-Low C (2007-1) Calling Out Around the World. Cellphone usage is exploding in emerging markets, posing big challenges for the wireless industry, Wall Street Journal Europe, 13.2.2007

Bryan-Low C (2007-2) Nokia plans cellphones for videogame players, Wall Street Journal Europe, 16.–18.2.2007

Bulkeley WM (2005) By Focusing on Women Kodak Snaps a Picture of New Digital Viability, Wall Street Journal Europe, 6.7.2005

Bulkeley WM (2007) Playing well with others – on the job. IBM employees take social networking to an unusual level, Wall Street Journal Europe, 18.6.2007

Burrows P (2005) Commentary: Apple's Blueprint for Genius, Business Week Online, 21.3.2005

Burton TM (2004) Rwandan's Calculations Help Lilly Find Success In Cancer Drug's Failure, Wall Street Journal Europe, 21.4.2004

Business Week (25.8.03) Speaking Out: Apple's and Pixar's Steve Jobs, Business Week Online, 25.3.2003

Business Week (4.5.2007) Inside the Innovative Companies Survey, abgerufen unter http://images.businessweek.com/ss/07/05/0503_inno_rankings/index_01.htm?chan=innovation_special+report+--+2007+most+innovative+companies_2007+most+innovative+companies am 18.6.2007

Campbell C (2007) You Tube for Games? Business Week Online, 16.3.2007

Captain S (2002) Apple iPod: Coming to a PC near you, Business Week Online, 5.2.2002

Clark D, Grant P (2007) Devices look at big picture, Wall Street Journal Europe 4.1.2007

Day GS (2007) Sustaining Corporate Growth Requires „Big I" and „small I" Innovation, Knowledge@Wharton, 21.2.2007

Delaney KJ (2007) Luring Google's talent, Wall Street Journal Europe, 29.6.–1.7.2007

Dvorak P, Ramstad E (2006) Asian electronic rivals join forces, The Wall Street Journal Europe, 3.1.2006

Dvorak P (2007) Through the looking glass for Japan firm, Wall Street Journal Europe, 29.1.2007

Dvorak P, Abboud L (2007) Internal Revolution: How SAP's globalization effort opened up a world of concerns, Wall Street Journal, 11.–13.5.2007

Fandray D (2007) The Roar of the Crowd, Continental Magazine, Jan. 2007

FAZ (16.3.06) Sony muß Markteinführung der neuen Playstation verschieben, Frankfurter Allgemeine Zeitung, 16.3.2006

FAZ (28.8.06) Spaß am Spiel statt Technikfrust, Frankfurter Allgemeine Zeitung, 28.8.2006

FAZ (7.9.06) Sony verschiebt Einführung der neuen Playstation in Europa, Frankfurter Allgemeine Zeitung, 7.9.2006

FAZ (27.10.06) Pannenserie stürzt Sony in eine Krise, Frankfurter Allgemeine Zeitung, 27.10.2006

FAZ (26.1.07) 2006 war ein Rekordjahr für Nokia, Frankfurter Allgemeine Zeitung, 26.1.2007

FAZ (26.2.07) „In Meilenstein im Internet", Frankfurter Allgemeine Zeitung, 26.2.2007

FAZ (7.7.07) Xbox wird für Microsoft zum Milliardengrab, Frankfurter Allgemeine Zeitung, 7.7.2007

FAZ.NET (4.7.07) Apple iPhone: Gelungener Start, Frankfurter Allgemeine FAZ.NET 4.7.2007

Finsterbusch S (2006) Sony steht vor einer Niederlage gegen Nintendo, FAZ 2.12.2006

Frederick J (2005): Can Sony Rise Again?, Time, 21.3.2005

Füller J, Matzler K (2007) Virtual product experience and customer participation – A chance for customer-centred, really new products, Technovation, Vol. 27, Issues 6–7, Juni–Juli 2007

Graft K (2007) Xbox to Lead U.S. Market Through 2009, Business Week Online, 3.4.2007

Greif A, Whalen J (2007) Novartis, Speedel get boost as U.S. approves Tekturna, The Wall Street Journal Europe, 7.3.2007

Grover R (2007) How Bob Iger Unchained Disney, Business Week Online, 5.2.2007

Guth RA (2005) Microsoft's Xbox shows new focus on hardware, Wall Street Journal Europe, 23.11.2005

Guth, RA (2007) IPod envy: Microsoft's Xbox whiz engineers a shift in strategy, Wall Street Journal Europe, 8.1.2007

Harrington J (1997) Disposable diaper inventor dies, Cincinnati Enquirer, 7.11.1997

Hensley S, Winslow R (2006) Drug's demise rocks Pfizer. Failure of heart-disease treatment complicates company's revamp plan. Wall Street Journal Europe, 5.12.2006

Hesseldahl A (2006) Apple's iPod Season Looms, Business Week Online, 24.8.2006

Heuer S (2007) Sandkastenspiele, Brand Eins 05/07

Hindo B (2007-1) At 3M, A Struggle Between Efficiency and Creativity, Business Week Online, 11.6.2007

Hindo B (2007-2) Six Sigma: So Yesterday? Business Week Online, 11.6.2007

Immelt (2006) Growth as a Process. An Interview with Jeffrey R. Immelt, Harvard Business Review Juni 2006

James G (2003) Sony's Dream Team, Electronics Design Chain, Spring 2003 abgerufen unter http://www.designchain.com/ coverstory.asp?issue=spring03 am 25.5.2007

Ivan T (2007) The Xbox Turnaround. Microsoft predicts that its game console will be profitable in 2008, Business Week Online, 7.5.2007

Jana R (2007) The Innovation Backlash, Business Week Online, 12.2.2007

Jokisch M (2004) User Based Innovations bei BMW. Vom Bedürfnisträger zum Innovator. Vorlesung Innovations-Management Universität München, abgerufen unter http://www.inno-tec.bwl.uni-muenchen.de/aktuell/ Jokisch_BMW_InnoII.pdf am 22.3.2007

Kane YI, Dvorak P (2007) Howard Stringer, Japanese CEO, The Wall Street Journal Europe, 5.3.2007

Kanzaki (1995) The Nikkei Trendy '95 Best Sellers 30, abgerufen unter http://www.kanzaki.com/jpoll/1995/favorites-1995.html am 17.3.2007

Karp J (2005) Sci-Fi Technology Is Pitched to Military, The Wall Street Journal Europe, 12.4.2005

Katzenbach JR (2000) Team Leadership: Emerging Challenges, Innovative Leader Volume 9, Number 8 August 2000 abgerufen am 25.5.2007 unter http://www.winstonbrill.com/bril001/html/article_index/articles/451-500/ article482_body.html

Kharif, O (2006) Microsoft Plays it Cool on Games, Business Week Online, 28.9.2006

Klingen J (2005) 3M Deutschland, innovativ-in – der Business Club, abgerufen unter http://www.innovativ-in.de/c.3117.htm am 25.5.2007

Knop C (2005) Supercomputer für das Wohnzimmer, FAZ 6.8.2005

Kölling M, Hess H (2007) Sony wagt sich mit OLED-Fernsehern auf neues Terrain, Financial Times Deutschland, 13.4.2007

Kröher MOR (2005) Durchbruch von unten, managermagazin 4/2005

Larson CF (2000) R&D in Industry, AAAS Report XXIV: Research & Development FY 2000, abgerufen unter http://www.aaas.org/spp/ rd/xxiv/chap4.htm am 24.5.2007

Lashinsky A (2006) Chaos by design, CNNmoney.com, 2.10.2006

Lashinsky A (2007) The perks of being a Googler, CNNmoney.com, 7.1.2007

Lechler T, Gemünden HG (1998) Kausalanalyse der Wirkungsstruktur der Erfolgsfaktoren des Projektmanagements, DBW, Jg. 58 (1998) 04

LP (2004) HIT 2004. Lebensmittel-Praxis Nr. 13 9.7.2004

Marr M (2005) Now playing, likely near you: redirecting Disney, Wall Street Journal Europe, 5.12.2005

Mathews AW, Winslow R (2006) New U.S regulations expedite testing of drugs, The Wall Street Journal Europe, 13.–15.6.2006

Mayer M (2006) Entrepreneurial Thought Leaders Seminars Series, ETL Seminar/ Stanford University, 17.5.2006, abgerufen als Video unter MS&E 472 Course: „Entrepreneurial Thought Leaders Seminar Series.“ *ETL Seminar Series/Stanford University*. May 17, 2006 am 12.Mai 2007

McGregor J (2007) The World's Most Innovative Companies, Business Week Online, 4.5.2007

Mills E (2007) Newsmaker: Meet Google's culture czar, CNET News.com, 27.4.2007, abgerufen unter http://news.com.com/Meet+Googles+culture+czar/ 2008-1023_3-6179897.html am 10.5.2007

Morison E (1968) Men, Machines, and Modern Times, MIT Press Cambridge

Mossberg WS, Boehret K (2006) Apple goes to battle with better products. Company overhauls its iPod and iTunes in face of challenges, The Wall Street Journal Europe, 4.10.2006

Müller (2007) Ein weltweites Netz spinnen. Erstmals steuert SAP ein globales Projekt von Indien aus, Handelsblatt 20.3.2007

Nonnast T (2006) SAP und die Globalisierung. „Durchmarsch der Amerikaner“, Handelsblatt, 24.1.2006

Norton K (2007) Nokia's Grand Plans for 2007, Business Week Online, 26.12.2006

Nussbaum B (2005) Get Creative! How to build innovative companies, Business Week Online, 1.8.2005

Pepper JE (1999) National Benefits from Global R&D, Industrial Research Institute Annual Meeting May 26, 1999 abgerufen am 22.3.2007 unter http://www.ineer.org/Special/PGSpeech990526.pdf

Radd D (2005) XBox Live Arcade Details, Business Week Online, 17.10.2005

Rhoads C (2005) Invention at Bell Labs Fueled Telecom Boom – And AT&T's Downfall. Wall Street Journal Europe, 2.2.2005

Rowley I (2006) iPod Takes Japan by Storm, Business Week Online, 24.2.2006

Scanlon J (2007) NineSigma: Nurturing „Open Innovation", Business Week Online, 12.6.2007

Sellers P (2004) P&G: Teaching An Old Dog New Tricks. CEO A.G. Lafley has kicked up the good ideas at the stodgy Midwestern giant – and the company's growth too. Here is an inside look at how he's doing it, Fortune, 31.5.2004

Silver S (2006) Bell Labs turn to commerce. Wall Street Journal Europe, 22.8.2006

Spiegel (2007) „Sollen wir alle Trabi fahren ?", Der Spiegel 10/2007

Symonds WC (2006) Kodak: Is This the Darkest Hour? Business Week Online, 2.8.2006

Teresko J (2004) Technology Leader of the Year – P&G's Secret: Innovating Innovation, Industry Week, Dec. 2004

US DOT (2006) US Bureau of Transportation Statistics, 15.11.2006 abgerufen am 27.3.2007 unter http://www.bts.gov/press_releases/2006/bts054_06/html/bts054_06.html

Vara V (2007) Corporations consider „Wikipedia" approach, Wall Street Journal Europe, 18.6.2007

Wallentowitz H, Biermann JW, Bady R, Renner C (1999) Strukturvarianten von Hybridantrieben, VDI-Tagung „Hybridantriebe", 25./26.02.1999, München abgerufen am 22.3.2007 unter http://www.ika.rwth-aachen.de/forschung/veroeffentlichung/1999/25.-26.02/index.php?PHPSESSID=0a3d

Wang N (2007) Niniane's web page, abgerufen unter http://niniane.org/ am 10.5.2007

WStJE (3.1.07) Kodak, Sony End Patent Dispute. Wall Street Journal Europe, 3.1.2007

WStJE (8.6.07) Feeling pressure, Sony to cut jobs at U.S. game unit, Wall Street Journal Europe, 8.–10.6. 2007

WStJO (1.12.06) Is Microsoft Driving Innovation Or Playing Catch-up with Rivals? Wall Street Journal Online, 1.12.2006

WStJO (3.12.06) Timeline of Pfizer's Torcetrapib, Wall Street Journal Online, 3.1.22006

Whalen J (2007) Tiny drug firm is making a name, Wall Street Journal Europe, 7.2.2007

Wingfield N (2006) New Microsoft software lets players design Xbox games, Wall Street Journal Europe, 15.8.2006

Wingfield N, Smith E (2007) Music world's gatekeeper. Apple flexes muscles on iTunes site, riling some artists, firms, Wall Street Journal Europe, 8.–11.3.2007

Winkelhage J (2006) Deutschland am Drücker. Frankfurter Allgemeine Zeitung, 26.9.2006

Winkelhage J (2007) Nokia navigiert. Frankfurter Allgemeine Zeitung, 8.2.2007

C Firmenpublikationen

3M Story (2002) A Century of Innovation. The 3M Story, abgerufen unter http://multimedia.mmm.com/mws/mediawebserver.dyn?6666660Zjcf6lVs6EVs666IMhCOrrrQ- am 22.5.2007

3M R&D (2003) 3M Aligns R&D to Drive Sustained Buisiness Growth, 3M Press Release vom 26.9.2003 abgerufen unter http://home. businesswire.com/portal/site/3m/index.jsp?epi-content=NEWS_VIEW_POPUP_TYPE&newsId=20030926005258&ndmHsc=v2*A1041426000000*B1180039149000*C1072961999000*DgroupByDate*G2*J2*M403*N1000988&newsLang=en&beanID=75290669&viewID=news_view_popup am 24.5.2007

3M GS (2003) 3M Presentation to Goldman Sachs am 5.11.2003 abgerufen unter http://media.corporate-ir.net/media_files/NYS/MMM/Presentations/mmm_111303.pdf am 13.5.2007

3M (2003) 3M Annual Report 2003, abgerufen unter http://media.corporate-ir.net/media_files/nys/mmm/reports/2003ar.pdf am 24.5.2007

3M (2005) 3M Annual Report 2005 abgerufen unter http://media.corporate-ir.net/media_files/nys/mmm/reports/2005ar.pdf am 24.5.2007

3M (2006) 3M Annual Report 2006, abgerufen unter http://media.corporate-ir.net/media_files/nys/mmm/reports/2006ar.pdf am 24.5.2007

3M Principles (2007) McKnight Principles, abgerufen unter http://solutions.3m.com/wps/portal/3M/en_US/our/company/information/history/McKnight-principles/ am 24.5.2007

Alcoa (2003) Verschluss-Sache Vino-Lok: Nie mehr Korkgeschmack, abgerufen unter http://www.vino-lok.de/ am 22.3.2007

Apple (2006) Annual Report 2006

Apple (9.1.07) iTunes Store Tops Two Billion Songs, abgerufen unter http://www.apple.com/pr/library/2007/01/09itunes.html am 30.3.2007

Apple (25.4.07).Apple Reports Second Quarter Results, abgerufen unter http://www.apple.com/pr/library/2007/04/25results.html am 4.7.2007

Ariel (2009) Ariel Historie, abgerufen unter http://www.ariel.de am 7.3.2007

Beiersdorf (2007) Unternehmensgeschichte, abgerufen unter http://www.beiersdorf.de/Area-About-us/Unternehmensgeschichte.aspx?l=1 am 1.3.2007

Disney (2005) Disney Annual Report 2005

Disney (2006) Disney Annual Report 2006

GE (2001) General Electric Annual Report 2001

GE (2004) General Electric Annual Report 2004

GE (2006) General Electric Annual Report 2006

GE Eco (2006) GE 2006 Ecomagination Report: Delivering on ecomagination, abgerufen unter http://ge.ecomagination.com/site/downloads/news/2006ecoreport.pdf am 30.6.2007

Google (2006) Google Annual Report 2006
Google Info (2007) Google Unternehmensinformationen: Unsere Philosophie, abgerufen am 13.5.2007 unter http://www.google.com/corporate/tenthings.html
Google Jobs (2007) What's it like to work in Engineering, Operations, & IT? abgerufen am 10.5.2007 unter http://www.google.com/support/jobs/bin/static. py?page=about.html
IBM (2005) Innovativer Cell Chip erreicht in Labortests bis zu 4 GHz, 7.2.2005 abgerufen unter http://www.ibm.com/news/at/de/2005/02/07.html am 25.5.2007
IBM (2007) Der Cell Prozessor – neue Dimensionen in der Chip-Technologie, 13.3.2007, abgerufen am 25.5.2007 unter http://www-05.ibm.com/de/pressroom/cebit/pressreleases/070313_3de.htm
Innocentive (2007) innocentive.com Website, abgerufen am 2.7.2007
Kao (2007) Complex Nonwovens Create Quickle Sheets, abgerufen am 17.3.2007 unter http://www.kao.co.jp/en/rd/products/household/household_03.html
Kodak (2005) Eastman Kodak Annual Report 2005
Lego (2007) Lego Factory auf http://factory.lego.com/
Microsoft (2006) Microsoft Annual Report 2006
Microsoft (2007) Microsoft Reports Record Profits, Third Quarter 2007 Earnings Release, abgerufen als ppt.Präsentation unter http://www.microsoft.com/msft/earnings/FY07/earn_rel_q3_07.mspx am 29.6.2007
NineSigma (2007) ninesigma.com Website, abgerufen am 2.7.2007
Nokia (Q4 2006) Quarter 4 2006 Report
P&G (1999) P&G Annual Report 1999
P&G (2002) P&G Annual Report 2002
P&G (2003) P&G Annual Report 2003
P&G (7-03) Sharing and Caring – The Route to Growth, abgerufen am 12.6.2007 unter http://www.de.pg.com/infomaterial/downloads/Inside-out-07-03.pdf
P&G (2004) P&G Annual Report 2004
P&G (2005) P&G Annual Report 2005
P&G (2006) P&G Annual Report 2006
P&G Values (2007): Our Values. Our Principles, abgerufen unter http://www.pg.com/company/who_we_are/ppv.jhtml#values am 13.5.2007
P&G R&D (2007) Company Science Behind the Brands. R&D's Formula for Success, abgerufen am 12.6.2007 unter http://www.pg.com/science/rd_formula_success.jhtml
Pampers (2007-1) Pampers History, abgerufen am 13.5.2007 unter http://us.pampers.com/en_US/pampershistory.do
Pampers (2007-2) From Pampers: Don't Spring a Leak, abgerufen unter http://www.pg.com/science/bf_pampers.jhtml am 12.6.2007
Pfizer (2006 8-K) Pfizer Inc. Form 8-K report filed Nov. 30, 2006, abgerufen unter http://www.pfizer.com/pfizer/download/investors/financial/8k_1130_06.pdf am 9.4.2007
Pfizer (2006) Pfizer Inc. 2006 Financial Report
Pfizer (2006 AR) Pfizer 2006 Annual Review, abgerufen am 9.4.2007 unter http://www.pfizer.com/pfizer/annualreport/2006/annual/index_review.jsp

Pfizer (20.12.06) Pfizer Pipeline as of December 20, 2006, abgerufen unter http://www.pfizer.com/pfizer/help/mn_research_pipeline.jsp am 9.4.2007

SAP History: From Start-Up Software Vendor to Global Market Leader, abgerufen unter http://www.sap.com/company/history.epx am 12.6.2007

SAP (18.4.02) SAP Expands Commitment to Open Solutions, abgerufen unter http://www.sap.com/company/press/press.epx?pressid=1277 am 12.6.2007

SAP (1.3.05) SAP Realigns Board Responsibilities. New Management Structure Increases Focus on Customers and Long-Term Strategy, abgerufen unter http://www.sap.com/company/press/press.epx?pageview=print&pressid=4129 am 12.6.2007

SAP (2006) SAP Annual Report 2006

SAP (28.3.07) SAP Realigns Board Responsibilities. Executive Board Member Shai Agassi to Leave the Company, abgerufen am 12.6.2007 unter http://www.sap.com/company/press/press.epx?pressid=7506

Skysails (2007) www.skysails.info, abgerufen am 20.1.2007

Sony (2005) Sony Group Mid-Term Corporate Strategy FY2005-FY2007 Strengthening Group Performance through Revitalization of Electronics, abgerufen unter http://www.sony.net/SonyInfo/News/Press/200509/05-050E/ am 26.6.2007

Sony (2006) Annual Report 2006

Sony (2007) Sony Form 20-F for the fiscal year ended March 31, 2007 abgerufen unter http://www.sec.gov/Archives/edgar/data/313838/000114554907001097/k01348e20vf.htm am 26.6.2007

Toshiba (2001) Sony Computer Entertainment Inc., IBM and Toshiba Join to Develop "Supercomputer-on-a-chip" for the Broadband Era, 13.3. 2001, abgerufen unter http://www.toshiba.co.jp/about/press/2001_03/pr1201.htm am 25.5.2007

Toyota (2006) Toyota Annual Report 2006

Whirlpool (2005) Whirlpool Annual Report 2005

Whirlpool (2006) Whirlpool Annual Report 2006

yet2.com (2007) yet2.com Website, abgerufen am .7.2007

Your Encore (2007) yourencore.com Website, abgerufen am 2.7.2007

Sachverzeichnis

G

H

I

J

K

P

Druck: Krips bv, Meppel, Niederlande
Verarbeitung: Stürtz, Würzburg, Deutschland